Cahiers libres

Du même auteur

Voleurs d'organes. Enquête sur un trafic, Bayard Éditions, Paris, 1996.

Les Cent Photos du siècle, Éditions du Chêne/Arte Éditions, Paris, 1999.

Le Sixième Sens. Science et paranormal (avec Mario Varvoglis), Éditions du Chêne, Paris, 2002.

Escadrons de la mort, l'école française, La Découverte, Paris, 2004.

L'École du soupçon. Les dérives de la lutte contre la pédophilie, La Découverte, Paris, 2006.

Le Monde selon Monsanto. De la dioxine aux OGM, une multinationale qui vous veut du bien, La Découverte/Arte Éditions, 2008.

100 photos du XXIe siècle (avec David Charrasse), La Martinière, Paris, 2010.

Notre poison quotidien. Comment (et pourquoi) l'industrie chimique a provoqué l'épidémie des maladies de l'époque moderne, La Découverte/Arte Éditions, 2011.

Les Moissons du futur. Comment l'agroécologie peut nourrir le monde, La Découverte/Arte Éditions, 2012.

Sacrée Croissance !, La Découverte/Arte Éditions, 2014.

Marie-Monique Robin

Le Roundup face à ses juges

Éditions La Découverte
9 *bis*, rue Abel-Hovelacque
Paris XIIIe

ARTE Éditions
8, rue Marceau
Issy-les-Moulineaux

2017

L'édition de cet ouvrage a été assurée par François Gèze.
Pour les références en notes des documents cités disponibles en ligne, les adresses url correspondantes sont données dans leur version raccourcie produite grâce au précieux site non marchand <https://frama.link/>.

Remerciements. Je remercie toutes celles et tous ceux qui m'ont aidée pour cette enquête difficile, et tout particulièrement les membres du comité de pilotage du Tribunal international Monsanto (voir <http://fr.monsantotribunal.org/>) : René Lehnherr et Esther Gerber, qui sont à l'origine de cette initiative exceptionnelle, Corinne Lepage, Olivier de Schutter, Arnaud Apoteker, Émilie Gaillard, Dominique Audouze, Mindi Schneider, Hans Lammler, Ruchi Shroff, Vandana Shiva, Andre Leu, Tjerk Dalhuisen, Ronnie Cummins, Katherine Paul, François Veillerette. Je remercie aussi Fabrice Puchault d'Arte, qui a permis la réalisation du film *Le Roundup face à ses juges*, sans lequel ce livre n'aurait pu voir le jour. Je remercie aussi François Gèze qui m'a convaincue de l'écrire. Je remercie enfin David Charrasse, le producteur de M2R Films, qui m'a soutenue pour que je puisse réaliser le film et le livre, malgré les nombreux obstacles…

Composition Facompo, Lisieux
Dépôt légal : octobre 2017

ISBN 978-2-7071-9739-9

Introduction

Pour en finir avec le Roundup, arme d'un écocide

Depuis la sortie de mes film et livre *Le Monde selon Monsanto*[1a] en 2008, on m'a régulièrement demandé si je préparais une « suite » à cette enquête qui a fait le tour du monde. Il m'est arrivé de répondre que cette « suite » existait déjà, puisque j'avais publié en 2011 un autre opus – film et livre – intitulé *Notre poison quotidien*[2], qui montrait que le comportement irresponsable, voire criminel, de Monsanto était une caractéristique commune à toutes les grandes entreprises chimiques, mues par la seule obsession du profit, au détriment de la santé des organismes vivants et de l'intégrité des écosystèmes. Il m'est arrivé aussi de dire la vérité toute crue, à savoir que je n'avais nullement l'intention de replonger dans les méandres nauséabonds de la multinationale américaine, leader des semences transgéniques et inventeur du Roundup, l'herbicide le plus vendu au monde.

Pour être franche, la seule idée de m'*attaquer* de nouveau – j'ai bien choisi le mot, car ce genre d'investigation est un vrai combat – à l'activité de l'entreprise créée en 1901 à Saint Louis dans l'État du Missouri (États-Unis) me paralysait littéralement : trop de travail, de nuits blanches et, pour faire

a. Toutes les notes de référence sont classées par chapitre, en fin de ce livre, p. 259.

court, de soucis en perspective. Et puis – dernier argument –, depuis 2012, j'ai choisi de mettre en sourdine mon soutien aux lanceurs d'alerte, ces hommes et femmes qui dénoncent des dysfonctionnements majeurs au péril de leur carrière et parfois de leur vie, pour mettre en lumière ceux que j'appelle les « lanceurs d'avenir », ces citoyens et citoyennes qui, un peu partout dans le monde, montrent qu'un autre monde est possible ici et maintenant[3]. D'aucuns ont prétendu que je suis passée du « journalisme de dénonciation » au « journalisme de proposition ». Tout semblait, en effet, l'indiquer.

L'incroyable projet de René Lehnherr : un vrai *procès pour la reconnaissance du crime d'écocide*

Mais la vie, comme on dit, en a décidé autrement. Le 8 novembre 2014, j'ai reçu la visite à mon domicile francilien de René Lehnherr et Esther Gerber, deux citoyens suisses particulièrement têtus (!) qui avaient fait le forcing pour me rencontrer. À l'époque, j'étais en pleine écriture de mon livre *Sacrée Croissance !* et sans la persévérance de David, mon mari et producteur, ce rendez-vous n'aurait jamais eu lieu. C'eût été fort dommage, car mes deux visiteurs m'ont embarquée dans une aventure exceptionnelle, qui a permis à ce livre et au film qui l'accompagne de voir le jour.

René et Esther sont membres de la communauté Longo Maï qui regroupe dix coopératives agricoles et artisanales autogérées, installées dans six pays[a]. Vivant à Amsterdam depuis de nombreuses années, René est informaticien et permanent de Longo Maï, dont il est l'un des cofondateurs. Quant à Esther, elle est

a. D'inspiration libertaire, la première coopérative Longo Maï a été créée en 1973 à Limans, dans les Alpes-Maritimes. En occitan, *longo maï* signifie « que cela dure longtemps ! ». Le réseau Longo Maï est installé en France, Allemagne, Autriche, Suisse, Ukraine et au Costa Rica.

biologiste et vit avec son compagnon, apiculteur et éleveur de moutons, dans la ferme suisse du réseau, située à Le Montois, dans le canton du Jura. J'apprendrai plus tard que René avait demandé à Esther de l'accompagner, car il craignait que je décline sa proposition. Avec un air débonnaire, alliant une extrême modestie et une grande détermination – des qualités qui ne cesseront de m'impressionner au cours des deux années qui suivront –, René m'a expliqué qu'il avait été bouleversé par mon film *Le Monde selon Monsanto* et qu'il voulait organiser un tribunal contre la multinationale, dans la ville hollandaise de La Haye, où siège la Cour pénale internationale (CPI). Diantre !, avais-je pensé, en voilà un qui n'a pas froid aux yeux ! À dire vrai, la proposition me paraissait tout à fait farfelue mais, consciente de l'effort qu'avaient consenti mes deux visiteurs, je les avais poliment laissé parler. René voulait créer une fondation à Amsterdam, baptisée « Tribunal international Monsanto », contacter des personnalités de la société civile internationale pour constituer un « comité de pilotage » et lancer une plate-forme internationale de *crowdfunding* (financement participatif), permettant de rassembler les fonds nécessaires au financement de l'événement, estimés à un million d'euros[a]. Il voulait aussi que je sois la « marraine » de ce tribunal exceptionnel, car il estimait que mon nom était une garantie capable de mobiliser l'opinion publique autour de cette initiative. Tout un programme !

Après deux heures de discussion, j'ai donné mon accord de principe, même si je doutais fortement de la faisabilité du projet, en posant deux conditions. En premier lieu, je ne voulais pas que ce soit un simple « tribunal d'opinion », avec des gens qui jouent des rôles pour dénoncer, voire mettre en scène, les dégâts sanitaires et environnementaux causés par Monsanto. Je suggérai à mes deux interlocuteurs d'organiser un *vrai* procès,

a. Finalement, l'organisation du Tribunal international Monsanto a coûté environ 500 000 euros, financés par des donateurs privés (comme les Biocoop en France, ou Lehman Natur en Allemagne) et par l'opération internationale de *crowdfunding*.

avec de *vrais* juges qui auditionneraient de *vraies* victimes et de *vrais* experts. Certes, ce tribunal citoyen ne serait pas habilité à rendre un verdict exécutoire mais, s'inspirant des « tribunaux Russel[a] », il pourrait émettre un avis juridique fondé sur le droit international qui servirait de base légale pour que des victimes et avocats du monde entier puissent – enfin ! – intenter des actions en justice contre Monsanto. En second lieu, j'insistais pour que le Tribunal international Monsanto (TIM) ait une dimension prospective, en contribuant à la reconnaissance du crime d'« écocide », c'est-à-dire du crime contre les écosystèmes.

En novembre 2013, j'avais été sollicitée par Valérie Cabanes, porte-parole du mouvement End Ecocide on Earth (Arrêtons l'écocide sur la Terre) pour réaliser une vidéo de soutien à l'Initiative citoyenne européenne « Arrêtons l'écocide en Europe ». Celle-ci s'appuyait sur un dispositif, prévu dans le traité de Lisbonne, qui permet à un million de citoyens, venant d'au moins sept pays de l'Union européenne, de signer une pétition transmise à la Commission pour qu'elle se saisisse de la question soulevée, en l'occurrence la reconnaissance du crime d'écocide, en rédigeant éventuellement une proposition législative[b]. Dans la vidéo, je prenais l'exemple des PCB[c] de

---

a. Du nom de Bertrand Russel, un philosophe britannique qui a publié en 1967 un livre intitulé *War Crimes in Vietnam* ; le premier Tribunal Russel a été organisé avec Jean-Paul Sartre pour dénoncer les crimes de guerre perpétrés par les États-Unis au Vietnam. Cette initiative a inspiré d'autres tribunaux d'opinion, comme le Tribunal permanent des peuples, qui examinera notamment les violations des droits humains commises en Argentine, au Zaïre, au Tibet ou en Algérie.

b. L'Initiative citoyenne européenne (ICE) « Arrêtons l'écocide en Europe : une initiative des citoyens pour donner des droits à la Terre » a été lancée au Parlement européen de Bruxelles le 22 janvier 2013. Elle a été clôturée le 21 janvier 2014, après avoir recueilli 126 829 signatures…

c. Les PCB sont des huiles chimiques, autrefois vendues en France sous le nom de « pyralène » qui servaient d'isolants dans les transformateurs électriques. Considérés comme des perturbateurs endocriniens, les PCB provoquent des maladies graves, comme des cancers, du diabète, des troubles de la reproduction, notamment chez les personnes qui ont été exposées *in utero*, pendant la grossesse de leur mère. La production et l'utilisation des PCB ont été interdites au Japon en 1972, aux États-Unis en 1979, en France en 1987, mais ces « polluants organiques persistants » continuent de polluer l'environnement et de provoquer

Monsanto qui, quarante ans après leur première interdiction, continuaient de polluer le lait maternel ou le saumon de la mer du Nord[4]. Certes, en 2002, Monsanto a été condamnée à payer la plus forte amende de l'histoire industrielle – 700 millions de dollars –, lors d'une *class action* (action collective) lancée par les habitants de la ville d'Anniston (Alabama) où la multinationale possédait une usine de PCB, mais ses dirigeants n'ont jamais été inquiétés, alors qu'ils connaissaient parfaitement et ont même caché la nocivité de leur produit.

Comme nous le verrons avec l'exemple du Roundup, la reconnaissance du crime d'écocide permettrait de poursuivre au pénal les responsables des entreprises dont l'activité menace l'intégrité des écosystèmes et la santé, voire la survie, de tous les organismes vivants dépendant de ces derniers. Pour l'heure, seules des actions au civil sont possibles, qui visent à obtenir une indemnisation pour les dommages subis. Ces procédures sont un parcours d'obstacles pour les victimes, qui hésitent à investir du temps et de l'argent dans un procès à l'issue incertaine. Monsanto l'a bien compris : chaque année, la firme provisionne des sommes colossales pour faire face aux procès que pourraient lui intenter les victimes de ses produits. Ce qui ne l'incite pas à changer de pratiques : tant qu'il demeurera plus profitable pour les actionnaires des multinationales de faire courir des risques à la collectivité – quitte à devoir dédommager des victimes de temps à autre quand des procès sont engagés –, les crimes contre l'environnement et la santé des êtres vivants continueront de prospérer.

La défense de la planète est l'affaire de tous

Le projet de René Lehnherr et d'Esther Gerber deviendra réalité au terme de deux années intenses de préparation,

---

des maladies graves comme des cancers ou des troubles de la reproduction (voir Marie-Monique Robin, *Le Monde selon Monsanto, op. cit.*).

où mon rôle de marraine s'est révélé aussi énergivore que chronophage ! D'abord, j'ai immédiatement contacté Olivier de Schutter, un éminent juriste belge qui fut rapporteur des Nations unies pour le droit à l'alimentation (2008-2014), avant d'enseigner le droit international à l'Université catholique de Louvain (Belgique) et à l'université Yale (États-Unis). Je l'avais filmé pour mon documentaire *Les Moissons du futur* et il a aussitôt accepté de faire partie du comité de pilotage du TIM, aux côtés de l'avocate française Corinne Lepage, spécialisée dans le droit environnemental, qui fut ministre de l'Environnement (1995-1997) et fondatrice du CRIIGEN[a]. Ces deux personnalités ont joué un rôle capital pour la mise en œuvre du tribunal, en constituant les piliers de l'équipe juridique.

Plus tard, j'ai aussi sollicité la juriste Valérie Cabanes, déjà citée, qui, par manque de temps[b], proposera le nom d'Émilie Gaillard, maîtresse de conférences en droit privé à l'université de Caen, spécialisée dans le droit des générations futures et qui s'impliquera fortement dans le projet, dont elle sera une des chevilles ouvrières. Petit à petit, plusieurs personnalités que j'avais croisées au fil de mes enquêtes ont rejoint le comité directeur du TIM : l'Indienne Vandana Shiva, prix Nobel alternatif, que j'avais filmée une première fois en 2005 pour mon film *Les Pirates du vivant* ; Hans Herren, le P-DG du Millenium Institute de Washington, que j'avais interviewé pour *Les Moissons du futur* ; ou François Veillerette, porte-parole de l'ONG Générations futures. Lors de la marche contre Monsanto organisée à Paris en mai 2015 par des collectifs citoyens et de nombreuses associations comme Greenpeace ou Alternatiba, j'ai retrouvé Arnaud Apoteker, l'ancien responsable de la campagne anti-OGM de Greenpeace France, qui venait de

a. Le Comité de recherche et d'information indépendantes sur le génie génétique (CRIIGEN) a été créé en 1999 par Corinne Lepage et les professeurs Gilles-Éric Séralini et Jean-Marie Pelt.

b. Valérie écrivait alors son livre *Un nouveau droit pour la Terre. Pour en finir avec l'écocide*, Seuil, Paris, 2016.

terminer une mission au Parlement européen pour le groupe écologiste et deviendra le premier salarié du TIM. De son côté, René Lehnherr a convaincu Ronnie Cummins, directeur de l'Organic Consumers Association des États-Unis, et l'Australien André Leu, président de l'IFOAM[a], de rejoindre le bateau.

La première réunion formelle du « comité de pilotage » s'est tenue, début juillet 2015, dans le restaurant de Commune Image à Saint-Ouen, où je finissais alors le montage de mon film *Bhoutan : à la recherche du bonheur*. Lors de cette rencontre, nous avons décidé que le TIM se tiendrait les 15 et 16 octobre 2016, pour coïncider avec la journée mondiale de l'alimentation. En parallèle et en soutien au tribunal, serait organisée une *People Assembly* à laquelle seraient conviés les représentants des associations, ONG et mouvements populaires, qui partout dans le monde considèrent « Monsanto comme le symbole d'une agriculture industrielle et chimique qui pollue, accélère la perte de biodiversité et contribue de manière massive au réchauffement climatique », ainsi que l'affirme le texte de présentation du TIM que René, Esther et moi avons rédigé et qui fut longtemps le seul texte disponible sur notre site Internet. Traduit en six langues (français, anglais, allemand, néerlandais, espagnol et portugais), le texte se poursuivait en ces termes : « Depuis le début du XXe siècle, cette multinationale a commercialisé des produits hautement toxiques qui ont durablement contaminé l'environnement et rendu malades ou causé la mort de milliers de personnes dans le monde : les PCB qui font partie des douze "polluants organiques persistants" (POP) et affectent la fertilité humaine et animale ; le 2,4,5 T, l'un des composants de l'agent orange contenant de la dioxine qui fut déversé par l'armée américaine pendant la guerre du Vietnam et continue

a. L'International Federation of Organic Agriculture Movements (IFOAM, Fédération internationale des mouvements d'agriculture biologique) a été créée en 1972 par de nombreuses associations du monde entier, dont Nature et Progrès en France et la Soil Association en Grande-Bretagne.

de provoquer malformations congénitales et cancers ; le Lasso, un herbicide aujourd'hui interdit en Europe ; ou le Roundup, l'herbicide le plus utilisé au monde, qui est à l'origine de l'un des plus grands scandales sanitaires et environnementaux de l'histoire moderne. Ce désherbant très toxique est associé aux monocultures transgéniques, principalement de soja, maïs et colza, destinées à l'alimentation animale ou à la production d'agrocarburants. [...]

« Selon les critiques de Monsanto, la multinationale a pu ignorer les dommages humains et écologiques causés par ses produits et maintenir ses activités dévastatrices grâce à une stratégie d'occultation systématique : lobbying auprès des agences de réglementation et des autorités gouvernementales, mensonges et corruption, financement d'études scientifiques frauduleuses, pression sur les scientifiques indépendants, manipulation des organes de presse, etc. L'histoire de Monsanto constituerait ainsi un paradigme de l'impunité des entreprises transnationales et de leurs dirigeants qui contribuent au dérèglement du climat et de la biosphère et menacent la sûreté de la planète. »

Le texte de présentation se terminait par un appel que j'ai relayé en quatre langues dans une vidéo postée sur le site du TIM : « La défense de la sûreté de la planète et des conditions mêmes de la vie est l'affaire de tous et seul un sursaut collectif des forces vives permettra de stopper la machine de destruction en marche[5] ! »

Le glyphosate sous les projecteurs : un énorme scandale sanitaire

La réunion constitutive du comité de pilotage du TIM fut excitante. D'abord parce que les personnalités contactées avaient répondu à l'appel, soit physiquement (comme Vandana Shiva ou Corinne Lepage), soit par Skype (comme Olivier de Schutter ou André Leu). Et puis parce que l'initiative tombait à point nommé. L'année 2015 était en effet capitale pour Monsanto et tous les industriels fabriquant des herbicides à base de glyphosate, la matière active du Roundup, dont le brevet était tombé dans le domaine public en 2000 (voir chapitre 1). L'Autorité européenne de sécurité des aliments (EFSA) en Europe et l'Agence de protection de l'environnement (EPA) aux États-Unis devaient décider si elles renouvelaient l'autorisation de mise sur le marché de la molécule, en vertu d'un processus de révision qui a lieu automatiquement tous les dix ans. Réunies au sein de la Glyphosate Task Force (« force d'intervention du glyphosate »), Monsanto et les autres firmes chimiques productrices de l'herbicide le plus vendu au monde avaient déposé auprès des deux agences de réglementation un dossier concluant à son innocuité. L'enjeu économique était de taille, puisqu'en 2014 plus de 800 000 tonnes d'herbicides à base de glyphosate avaient été déversées sur la planète par les agriculteurs et les producteurs de plantes transgéniques, les jardiniers et les gestionnaires d'espaces verts.

Pour les industriels et leurs partenaires institutionnels, tout indiquait que la réhomologation allait être une simple formalité. Et puis, patatras ! Le 20 mars 2015, le Centre international de recherche sur le cancer (CIRC), qui dépend de l'Organisation mondiale de la santé, publiait un avis qui a fait l'effet d'une bombe : dix-sept experts venus de onze pays ont épluché les études publiées dans la littérature scientifique sur le glyphosate et ont conclu que la substance était « cancérigène probable pour les humains ». Dans le jargon du CIRC, qui a pour mission de classer les produits chimiques en fonction de leur potentiel cancérigène, la molécule active du Roundup fait partie du « groupe 2A » (voir *infra*, chapitre 3), ce qui signifie que son usage devrait être sérieusement restreint, voire interdit. Comme on le verra dans ces pages, la classification du CIRC a provoqué une incroyable bataille qui a contraint l'EFSA et l'EPA à repousser leur décision. Au moment où j'écris ces lignes, à l'été 2017, l'issue de cette « bataille » opposant, d'un côté, les industriels et les agences de réglementation et, de l'autre, les citoyens et les scientifiques indépendants, était toujours incertaine.

Au fur et à mesure que montait la polémique, il m'est apparu que l'objet central du TIM devrait être le glyphosate. En effet, depuis la sortie du *Monde selon Monsanto*, de nombreuses études scientifiques, publiées par des chercheurs de laboratoires indépendants d'Amérique du Nord, du Sud et d'Europe, ont confirmé l'extrême toxicité de la molécule, constat qui m'a également guidée dans l'élaboration de mon documentaire et la rédaction de ce livre. Toutes ces études montrent que l'exposition à cette substance omniprésente, y compris à de très faibles doses, provoque chez les humains des problèmes de stérilité, des fausses couches, des malformations congénitales (chapitres 1 et 2), des cancers (chapitre 3), des troubles neurologiques et immunitaires et une maladie rénale fatale (chapitre 4). De plus, les scientifiques ont observé que l'usage massif des herbicides à base de glyphosate est lié à la prolifération de quarante maladies nouvelles ou anciennes qui frappent les cultures transgéniques (chapitre 5) et qu'il cause des dégâts dans toute la chaîne des écosystèmes : microbes bénéfiques des sols, poissons et amphibiens, papillons, abeilles, oiseaux et mammifères, dont les animaux des élevages intensifs nourris avec des OGM (chapitre 6). Du nord au sud de la planète, l'« herbicide-qui-tue-tout » (son surnom en espagnol) rend malades ou tue les sols, les plantes, les animaux et les humains, en raison de ses multiples modes d'action, dont deux sont totalement ignorés par les agences de réglementation : le glyphosate est à la fois un chélateur de métaux (chapitres 4 et 5) et un antibiotique puissant (chapitres 5 et 6).

Tout indique qu'il s'agit d'un énorme scandale sanitaire, d'une magnitude sans doute bien supérieure à celle du scandale de l'amiante. Car, à la différence de l'amiante, le glyphosate est partout : dans l'eau, les sols, l'air, la pluie et les aliments. De sorte que la grande majorité des citoyens du monde, notamment européens, en sont imprégnés (chapitre 8). Quarante-deux ans après la mise sur le marché du Roundup, les dégâts causés par l'herbicide sont empiriquement constatés au quotidien dans les fermes et dans les hôpitaux des régions de fort épandage, et scientifiquement vérifiés par les chercheurs des laboratoires indépendants. Pourtant, malgré les preuves accumulées et présentées de manière rigoureuse devant le TIM, les agences de réglementation niaient toujours à l'été 2017 la toxicité du produit, alors qu'il a été établi que les études fournies par Monsanto et ayant fondé l'autorisation de mise sur le marché ont été manipulées, voire sciemment minimisées. L'affaire est tellement grave que des scientifiques de renom sont sortis de leur silence pour dénoncer une « fraude scientifique » de grande envergure (chapitre 8).

Face à la défaillance manifeste des autorités publiques qui privilégient les intérêts de Monsanto et consorts, au détriment de la santé des citoyens et des écosystèmes, la société civile s'organise et assume sa part. Au moment où j'écris ces lignes, une nouvelle Initiative citoyenne européenne demandant l'interdiction du glyphosate avait déjà réuni plus d'un million de signatures, quatre mois après son lancement[6]. La Commission européenne en tiendrait-elle compte ? Rien n'était moins sûr... En attendant, les juges du TIM ont rendu public leur « avis juridique d'autorité », le 18 avril 2017. Dans leurs conclusions, ils ont estimé que si le crime d'écocide était reconnu par le droit international, le glyphosate pourrait être considéré comme un outil de ce crime (voir conclusion).

1

France : le combat de la famille Grataloup

« Nous vivons une journée historique et nous en avons aujourd'hui tous conscience. Ce qui va se passer durant ces deux jours va marquer très certainement l'histoire des hommes et des femmes du XXIe siècle que nous sommes. Je voudrais dire la confiance que nous avons dans un tribunal qui est indépendant et impartial, composé de magistrats expérimentés et d'éminents juristes. Nous regrettons l'absence volontaire de Monsanto, qui n'a voulu être ni présent, ni représenté, ni fournir de témoins. La fonction de ce tribunal, il faut le rappeler, n'est pas de condamner Monsanto, que ce soit au pénal ou au civil, mais de dire le droit et de répondre à des questions concernant la conformité ou non du comportement de Monsanto aux règles du droit international. La démarche que nous avons initiée et la décision, Mme la Présidente, Mesdames et Messieurs du tribunal, que vous rendrez, quelle qu'elle soit, doivent permettre à la société civile, aux hommes et aux femmes du monde entier, de pouvoir initier dans leurs pays respectifs les actions nécessaires en se fondant sur les mêmes bases juridiques et scientifiques qui seront mises en évidence ici, au cours de ces deux jours. Elles devront également permettre aux États de prendre conscience de la nécessité de faire évoluer le droit international en reconnaissant le crime d'écocide. Cela va évidemment dans le sens de l'Histoire. Je vous remercie de votre attention. »

Un tribunal historique

C'est par ces mots que l'avocate Corinne Lepage a ouvert le Tribunal international Monsanto au nom de son comité de pilotage, le 15 octobre 2016 à 9 h 30. Son allocution a été suivie d'une salve d'applaudissements qui a parcouru l'immense salle du restaurant universitaire de l'Institut des sciences sociales (ISS) de La Haye, transformé pour l'occasion en prétoire. Plus de quatre cents personnes avaient eu le privilège[a] d'assister aux auditions des vingt-quatre témoins venus des cinq continents pour témoigner des dégâts sanitaires et environnementaux causés par les produits de Monsanto, principalement le Roundup, auquel la première journée du TIM était entièrement dédiée. En tant que marraine du tribunal, j'avais été chargée d'établir la liste des victimes et experts auditionnés. Pour garantir la rigueur des témoignages, j'avais mené une enquête d'un an, en plongeant une nouvelle fois dans les études scientifiques, les rapports des agences de réglementation ou des ONG, et dans les documents internes de Monsanto. Puis, avec mes fidèles compagnons, le caméraman Guillaume Martin et l'ingénieur du son Marc Duployer, j'avais voyagé aux États-Unis, en Argentine, au Sri Lanka et dans plusieurs pays européens, pour filmer le bilan agricole, écologique, social, économique et sanitaire du Roundup et interviewer ceux et celles qui avaient le courage de dénoncer ses méfaits.

Je dois avouer qu'il fut particulièrement émouvant de retrouver tous ces hommes et femmes à la gare centrale de La Haye, où ils ont convergé tout au long de la journée du 14 octobre 2016. Certains étaient encore sous le coup du déca-

a. Pour assister au tribunal, il fallait s'inscrire ; plusieurs centaines de personnes ont été refusées, faute de place.

lage horaire, comme les Sri Lankais Kolon Saman et Channa Jayasumana, la Californienne Christine Sheppard ou les Argentins María Liz Robledo et Damián Verzeñassi ; d'autres, comme la Française Sabine Grataloup, venaient de beaucoup moins loin, mais tous étaient galvanisés par l'immense espoir d'être enfin écoutés par de « vrais juges », après des années de batailles solitaires.

Il fut émouvant aussi de les voir tous réunis à l'hôtel Courtgarden, où Émilie Gaillard les accueillit au nom du comité de pilotage. Aux victimes et experts du Roundup se mêlaient d'autres lanceurs d'alerte que j'avais filmés lors de mes précédentes enquêtes, comme l'agriculteur français Paul François, victime d'une grave intoxication au Lasso[1], un herbicide de Monsanto, ou le Canadien Shiv Chopra, qui avait dénoncé une tentative de corruption de la multinationale dans l'affaire de l'hormone de croissance laitière[2]. D'un coup se concrétisait un vieux rêve qui m'a longtemps taraudée : rassembler les protagonistes de mes documentaires d'investigation dans un même lieu pour leur permettre de se rencontrer et de partager directement leurs expériences. À voir les embrassades, accolades et nombreuses marques d'affection qui ont été échangées à l'hôtel Courtgarden, je me suis dit que la réalisation de ce rêve constituait en soi un vrai miracle.

Il fut émouvant, encore, de les voir prendre place aux premiers rangs du TIM, bien avant son ouverture officielle. Émouvant, enfin, de les voir se lever avec toute l'assistance quand fut annoncée l'arrivée des cinq juges, emmenés par Françoise Tulkens, la présidente du tribunal, qui fut vice-présidente de la Cour européenne des droits de l'homme, où elle a œuvré pendant quatorze ans.

À dire vrai, il n'avait pas été facile de convaincre des magistrats de participer au TIM. La première raison tombe sous le sens : il fallait une certaine dose de courage pour accepter de siéger dans un tribunal d'opinion, censé juger l'une des entreprises les plus puissantes de la planète. La deuxième raison, c'est que, liés par le devoir de réserve attaché à leur fonction, seuls des juges retraités ou en fin de carrière pouvaient officier dans ce tribunal exceptionnel. Enfin, pour corser le tout, le comité de pilotage tenait à ce que soit respectée une parité de sexe et d'origine géographique. Autant dire que ce fut un véritable casse-tête qui a failli faire capoter le projet, car sans juges pas de tribunal ! Au total, ce ne sont pas moins de trente juges et juristes de renom qui ont été contactés. Certains ont poliment décliné la proposition ou l'ont carrément ignorée ; d'autres n'ont pas pu venir, en raison d'un agenda surchargé ; d'autres ont dû renoncer en raison de problèmes de santé, comme le très respecté Christopher Weeramantry, un juge sri lankais qui fut vice-président de la Cour internationale de justice ou l'éminent juriste indien Upendra Baxi. Finalement, ont siégé, aux côtés de la Belge Françoise Tulkens, la Sénégalaise Dior Fall Sow, qui fut avocate générale du Tribunal pénal international pour le Rwanda ; le Canadien Steve Shrybman, spécialiste en droit international et environnemental ; l'Argentine Eleonora Lamm, avocate et experte en bioéthique, chargée des droits de l'homme à la Cour suprême de Mendoza, et le Mexicain Jorge Fernandez Souza, magistrat à la cour des contentieux administratifs de Mexico, qui fut rapporteur au Tribunal Russell sur la répression en Amérique latine.

Pour préparer leur « mission importante », selon les termes de Corinne Lepage, les cinq juges avaient reçu un « mémoire juridique » rédigé par quarante étudiants en droit international de l'Université catholique de Louvain (Belgique) et de l'université Yale (États-Unis), sous la houlette du professeur Olivier de Schutter. Dans ce document de 236 pages, les étudiants avaient recensé toute la jurisprudence concernant Monsanto, examiné les dossiers des victimes sélectionnées et identifié les possibles chefs d'inculpation. Ils avaient aussi synthétisé les grands textes de droit international, sur la base desquels les juges devaient évaluer les faits reprochés à Monsanto. Parmi eux figuraient les Principes directeurs des Nations unies relatifs aux entreprises et aux droits de l'homme, adoptés par le Conseil des droits de l'homme de l'ONU en juin 2011. Ces

« principes » énoncent les responsabilités des entreprises au regard des droits humains fondamentaux que sont les droits à un environnement sain, à la santé, à l'alimentation et à la liberté d'expression et de la recherche scientifique. Afin d'établir leur « avis juridique consultatif », les juges devaient estimer si « la firme Monsanto a, par ses activités, porté atteinte » à l'un ou l'autre de ces droits. Ils devaient ensuite répondre à une cinquième question concernant une éventuelle complicité de crime de guerre, dans le cadre de l'opération « Ranch Hand » déclenchée par les États-Unis au Vietnam en 1962, au cours de laquelle Monsanto avait livré à l'armée américaine l'infâme « agent orange ». Enfin, les juges devaient déterminer si « les activités passées et présentes de la firme Monsanto sont susceptibles de réunir les éléments constitutifs du crime d'écocide, entendu comme consistant dans le fait de porter une atteinte grave à l'environnement ou de détruire celui-ci de manière à altérer de façon grave et durable des communs globaux ou des services écosystémiques dont dépendent certains groupes humains ». S'ils répondaient positivement à cette question, les juges devaient faire des recommandations en vue d'amender le statut de Rome, qui fonde la Cour pénale internationale[a], afin que l'écocide soit reconnu comme le cinquième crime relevant du mandat de la CPI, aux côtés des crimes contre l'humanité, de génocide, de guerre et d'agression.

Le 15 septembre 2016 – un mois, jour pour jour, avant l'ouverture du TIM –, la procureure de la CPI, Fatou Bensouda, créait la surprise en annonçant qu'elle était disposée à inclure dans son champ d'action les crimes qui conduisent à la « destruction de l'environnement », à l'« exploitation des ressources naturelles » et à l'« accaparement des terres »[3]. Cette déclaration fut interprétée comme un signal positif, voire un message de soutien discret, par le comité de pilotage du TIM,

---

a. Dépendant de l'ONU, la CPI a été créée en 2002 à La Haye. En 2017, 124 États sur les 193 États membres de l'ONU avaient ratifié le Statut de Rome, qui fonde cette juridiction pénale universelle.

mais pas par Monsanto ! Le 12 octobre, alors que l'initiative du tribunal était largement relayée par la presse internationale, la multinationale publiait une « lettre ouverte », dénonçant une « mascarade de procès », qui « détourne d'un vrai dialogue sur les besoins alimentaires et agricoles du monde et la pleine réalisation des droits humains ». Signée par Brian Lowry, le « président du comité directeur des droits de l'homme globaux et du bureau de la durabilité de la compagnie Monsanto »[4] (*sic*), la missive a été aussitôt versée dans le dossier des juges.

Sabine, la mère courage

« Mesdames, Messieurs, je déclare ouverte la première session des auditions du Tribunal international Monsanto. Au nom du tribunal, je remercie tous les participants de cet événement important. » Quand Françoise Tulkens a prononcé ces mots, un silence puissant régnait dans la salle du TIM. Après avoir marqué une pause, où elle sembla mesurer l'extrême attention du public, la présidente a poursuivi : « Le premier groupe de témoins concerne l'impact des activités de Monsanto sur la santé humaine. J'appelle Mme Sabine Grataloup et Mme María Liz Robledo de France et d'Argentine. Vous avez la parole ! »

Assises l'une à côté de l'autre au premier rang du public, les deux mamans se sont levées pour rejoindre la barre du tribunal. La veille, elles s'étaient rencontrées fortuitement dans le tramway qui les conduisait de la gare de La Haye vers l'hôtel Courtgarden. Malgré le barrage de la langue, elles avaient longuement échangé sur le drame qui a frappé leurs familles, car chacune a donné naissance à un enfant souffrant de la même malformation congénitale.

« C'est un honneur pour moi d'ouvrir la longue marche des victimes de Monsanto, a commencé Sabine Grataloup, la voix nouée par l'émotion. Je sais que vous allez entendre beaucoup de chiffres et de statistiques pendant les deux jours qui vont venir, aussi j'ai voulu mettre un visage sur ces statistiques. Je me suis permis d'apporter quelques photos de mon fils Théo qui a neuf ans aujourd'hui et a déjà subi plus de cinquante opérations chirurgicales très lourdes. » Longuement examinés par les juges, les clichés tirés en format A4 montraient un bébé entubé de partout, puis un joli petit garçon aux yeux très bleus qui souriait en fixant l'objectif, avec un trou béant au niveau de la trachée, ce qu'on appelle une trachéotomie dans le jargon médical.

La première fois que j'avais rencontré Sabine et Théo, c'était très exactement le 23 mars 2016, à l'Hôpital Femme-Mère-Enfant de Lyon, où ils avaient rendez-vous avec le docteur Rémi Dubois, un spécialiste de chirurgie pédiatrique et viscérale et de transplantation hépatique. C'est lui qui avait opéré en urgence le petit Théo, quelques heures après sa naissance, le 2 mai 2007. L'enfant avait failli mourir étouffé, en raison d'une malformation congénitale très rare qui concerne en France deux cents bébés par an, appelée « atrésie de l'œsophage ». « C'est Thomas, mon mari, qui s'est aperçu tout de suite que Théo avait un problème, m'avait raconté Sabine, lors de sa visite annuelle avec le docteur Dubois. La sage-femme avait couché le bébé sur le dos : quand il inspirait, Thomas voyait ses poumons se gonfler, et quand il expirait, c'était l'estomac qui se gonflait. » En fait, l'œsophage de Théo ne rejoignait pas l'estomac et était relié aux poumons à travers la trachée, ce qui l'empêchait de respirer et de s'alimenter. « Cette malformation doit être opérée en urgence pour séparer l'estomac des voies respiratoires et reconstituer la continuité de l'œsophage, m'avait expliqué le docteur Dubois. L'opération s'était bien passée, mais l'état de Théo est resté longtemps préoccupant en raison d'une seconde malformation, celle du larynx. Après plusieurs opérations infructueuses, nous avons dû pratiquer une trachéotomie lorsqu'il avait quatre mois. »

Le bébé est sorti de l'Hôpital Édouard-Herriot le 19 septembre 2007, après avoir passé plus de cinq mois en réanimation. Il a été transporté en ambulance au domicile de ses parents et de sa sœur Alicja, qui habitent une magnifique demeure champêtre située près de Vienne (Isère). « Notre vie a totalement basculé, m'a raconté Sabine, lorsque je suis venue filmer la famille le 29 juin 2016. La chambre de Théo s'est transformée en salle de réanimation avec le tube de gavage pour le nourrir, car il ne pouvait pas avaler ; la bombe à oxygène, car il respirait encore très difficilement en raison des sécrétions liées à la trachéotomie qu'il fallait aspirer toutes les quarante-cinq minutes, pendant la nuit, avec un appareil spécial qui fait vraiment un bruit d'aspirateur ! » Pendant les explications de sa mère, Théo avait ouvert un grand placard d'où il a déballé consciencieusement tous les appareils médicaux qui ont accompagné sa petite enfance, allant jusqu'à remettre en marche l'aspirateur à sécrétions qui fait effectivement un bruit carrément insoutenable quand il pénètre dans le trou de la trachéotomie. « Nous l'avons toujours associé de très près à sa maladie et au combat que nous menons, a commenté Sabine, les larmes aux yeux, car nous pensions que c'était une condition essentielle pour qu'il puisse surmonter ses graves handicaps. »

De fait, Théo va bien. Petit à petit, il a appris à avaler, même s'il a toujours des « problèmes avec les trucs secs, comme le riz », pour reprendre ses termes, en raison de la contraction laborieuse de son œsophage qui provoque des « fausses routes ». En février 2009, le professeur Philippe Monnier, de Lausanne, a tenté de reconstruire son larynx avec du cartilage prélevé sur ses côtes et lui a posé un moule en silicone. Mais, malgré cette performance chirurgicale, l'espoir d'enlever la trachéotomie s'est envolé. Qu'à cela ne tienne ! Avec une énergie qui force l'admiration, Sabine et Thomas ont remué ciel et terre pour que leur enfant apprenne à... parler, car sa malformation du larynx le prive de cordes vocales et il n'a pas émis un son – et donc pas un cri ni un pleur – jusqu'à l'âge de quatre ans. C'est ainsi qu'au prix d'« énormes efforts », Théo a appris à parler avec la voix œsophagienne des laryngectomisés, qui sont souvent des adultes à qui on a enlevé le larynx en raison d'un cancer de la gorge. Cette technique, qui consiste à apprendre à roter tout en faisant vibrer l'entrée de l'œsophage pour émettre un son contrôlé, n'avait jamais été enseignée à un enfant en France. Et ça a marché ! « Quand je parle, certains croient que je m'amuse à imiter la voix des robots », m'a raconté le petit garçon, au moment où il s'apprêtait à monter son poney Nougat, tandis que sa sœur Alicja, de trois ans son aînée, s'entraînait sur un cheval, sous l'œil attentif de sa mère.

« L'herbicide le moins mauvais »

« C'est sur cette carrière d'équitation que j'ai empoisonné mon bébé, pendant l'été 2006, m'a dit Sabine, avec un regard soudainement très sombre. Je ne savais pas que j'étais enceinte et j'ai passé pendant deux jours un herbicide à base de glyphosate avec un pulvérisateur à pompe sur cette surface de 700 m^2. »

Ancienne cadre commerciale dans une entreprise chimique, Sabine partage avec son mari la passion des voyages et des chevaux. En 1998, ils décident de créer ensemble Randocheval, une agence de tourisme qui propose des randonnées à cheval dans plus de cinquante pays. À la maison, toute la famille pratique l'équitation et s'entraîne sur une carrière qui jouxte la belle demeure familiale. Lorsque ont été détectées les malformations de Théo, « tout naturellement » Sabine a demandé au docteur Rémi Dubois quelle pouvait en être la cause. Le chirurgien, qui s'est très bien souvenu de cette conversation lors de la visite médicale de mars 2016, lui a répondu que « des publications scientifiques ont établi un lien entre l'exposition à des herbicides en tout début de grossesse et les malformations congénitales. Ces produits chimiques affectent le processus de l'organogenèse, c'est-à-dire la période très délicate où les organes se mettent en place. Or nous savons que l'œsophage et la trachée se forment chez un embryon entre la quatrième et la sixième semaine de gestation. Les grandes malformations se déterminent de façon très précoce ». Pourtant, Sabine n'a pas été convaincue par les explications du médecin, car, lui a-t-elle dit, « à la maison, nous mangeons bio et vivons dans un endroit très privilégié au fin fond de la campagne où nous n'utilisons pas de produits chimiques ».

C'est en juillet 2007, alors que Théo était toujours hospitalisé à Lyon que Sabine a eu le « déclic ». « Ce jour-là, m'a-t-elle expliqué, un bidon à la main, j'allais faire ce que je faisais tous les ans à la même époque. J'ai sorti mon pulvérisateur à pompe et ce bidon de Glyper, qui contient un herbicide à base de glyphosate. Et, d'un coup, j'ai compris ! Tout était clair ! Depuis je n'ai plus jamais touché à ce bidon que j'ai gardé comme une pièce à conviction. »

Lors de son audition au Tribunal international Monsanto, Sabine a expliqué pourquoi elle avait été « trompée » par la multinationale américaine : « J'avais vu une publicité à la télévision, qui disait que le Roundup – équivalent du Glyper – était biodégradable et très peu nocif et donc je me suis dit que c'était le produit qu'il fallait utiliser, car c'était le moins mauvais. C'est pourquoi je ne me suis pas non plus protégée, car, sur l'étiquette, il n'était pas indiqué qu'il fallait mettre un masque ou une combinaison pour un usage privé et occasionnel. Je me souviens qu'en fin de journée, j'avais de violents maux de tête et j'étais complètement imprégnée par le produit – la bouche, les cheveux, la peau – au point de devoir littéralement me récurer sous la douche. Mais jamais je n'ai imaginé ce qui allait m'arriver... »

Et pour cause. Afin de comprendre la « tromperie » dont a été victime la mère de Théo, il faut reconstituer l'histoire du Roundup – un mot qui signifie « rafle » en anglais –, que Monsanto a mis sur le marché en 1974. Le Roundup est le nom commercial donné par la firme à un herbicide dont le glyphosate est la matière active. Dans le célèbre bidon vert, orné d'un oiseau en guise de logo, on trouve en moyenne 41 % de glyphosate auxquels s'ajoutent de l'eau et des adjuvants chimiques, destinés à favoriser la pénétration de la molécule dans les plantes. La particularité de ce désherbant dit « non sélectif » ou « total », c'est qu'il vient à bout de toutes les formes de végétation grâce à son mode de fonctionnement : il est absorbé par la plante au niveau des feuilles et transporté rapidement par la sève jusqu'aux racines et rhizomes, en affectant la « voie du shikimate », un intermédiaire métabolique essentiel à la synthèse des acides aminés aromatiques, ce qui entraîne une diminution de l'activité de la chlorophylle ainsi que de certaines hormones. Son action bloque la croissance végétale, provoquant une nécrose des tissus qui aboutit à la mort de la plante.

L'un des arguments avancés par Monsanto pour affirmer que le glyphosate n'est pas toxique pour les humains ni pour les animaux, c'est que la voie du shikimate est présente chez les plantes, les algues et les bactéries mais est absente chez les vertébrés. Comme nous le verrons plus loin (voir *infra*, chapitre 5), cet argument est fallacieux parce que le glyphosate affecte toutes les bactéries, dont celles qui peuplent la flore intestinale des vertébrés ; de plus, son mode d'action est multiple et ne se limite pas à ce mécanisme, ce qui explique la diversité des dégâts qu'il peut causer.

Dès sa mise sur le marché en 1975, d'abord aux États-Unis puis en Europe, le Roundup connaît un « succès spectaculaire », pour reprendre les termes d'un site publicitaire sponsorisé par Monsanto et le groupe Scotts qui distribue le produit en France[5]. Très fière de son « innovation », la firme de Saint Louis en vante les mérites sur les cartons d'emballage : « respecte l'environnement », « 100 % biodégradable » et « ne laisse pas de résidus dans le sol ». « Le Roundup permet de désherber efficacement et d'éliminer les mauvaises herbes jusqu'au bout des racines si bien qu'elles ne repoussent pas, précise la propagande sur Internet. On peut semer ou planter immédiatement après traitement puisque le produit est inactivé au contact du sol. »

Toutes ces affirmations mensongères – j'y reviendrai – expliquent pourquoi le Roundup est devenu le chouchou des agriculteurs qui l'utilisent massivement pour nettoyer leurs champs des mauvaises herbes avant de semer leurs cultures. Auréolé de sa réputation écologique, il est aussi devenu la coqueluche des gestionnaires privés ou publics qui s'en servent pour l'entretien des routes, fossés et espaces verts, des golfs, des voies navigables de France, sans oublier les trains « désherbeurs » de la SNCF. Qui n'a pas vu, au printemps, jusqu'à une date récente, ces équipes de techniciens habillés comme des cosmonautes – combinaison étanche les couvrant de la tête aux pieds, masque à gaz et bottes de protection – en train d'arpenter les rues de nos villes, un bidon sur le dos[a] ? En 1988, Monsanto crée sa division Jardin, avec une gamme de produits destinée au grand public et aux jardiniers amateurs. Le glyphosate fait ainsi son entrée dans tous les potagers de France et de Navarre où on l'utilise abondamment, sans protection aucune, avant de semer les légumes et salades qui feront le bonheur des familles. Aujourd'hui encore, la notice exhibée sur les bidons affirme que, « utilisé selon le mode d'emploi, Roundup ne présente pas de risque pour l'homme, les animaux et leur environnement ».

« Messages publicitaires trompeurs »

Au printemps 2000, Monsanto a lancé une grande campagne publicitaire mondiale, tout particulièrement en Europe. Pour la multinationale américaine, l'heure était grave : cette même année expirait son brevet sur le Roundup, ce qui mettait fin à son monopole sur l'herbicide le plus vendu au monde et ouvrait la porte à la fabrication de génériques,

---

a. Depuis le 1er janvier 2017, la loi n° 2014-110 du 6 février 2014 dite « loi Labbé » – du nom du sénateur EELV Joël Labbé, dont je salue le travail – interdit l'usage des herbicides, dont ceux à base de glyphosate, pour l'entretien des espaces verts, promenades, forêts et voiries, et dans l'ensemble des espaces publics dépendant de l'État, des collectivités locales et les établissements publics.

comme le Glyper (fabriqué par Barclay Chemical) utilisé par Sabine sur sa carrière d'équitation. Cette concurrence inévitable inquiétait l'entreprise, qui, comme nous le verrons (voir *infra*, chapitre 3), promouvait alors les cultures transgéniques, baptisées « Roundup Ready » (RR), parce qu'elles ont été manipulées génétiquement pour tolérer précisément les épandages de glyphosate. Autant dire que l'enjeu financier était colossal et que Monsanto allait tout faire pour ne pas « perdre un dollar de business[6] ».

En France, la propagande est incarnée par un charmant toutou, surnommé Rex. Les amateurs de journaux télévisés se souviennent certainement de ce spot publicitaire où l'on voit un chien pulvériser allègrement du Roundup sur des mauvaises herbes au beau milieu d'une pelouse, avant de déterrer l'os qu'il avait caché à l'endroit même où l'herbicide a ratatiné les racines des plantes. On ne voit pas la suite de l'histoire, mais les aboiements enthousiastes de Rex suggèrent qu'il va ronger son os en toute tranquillité, car le Roundup, on s'en doute, est absolument inoffensif. Diffusée trois cent quatre-vingt-une fois, du 20 mars au 28 mai 2000, sur les principales chaînes de télévision françaises, cette campagne publicitaire a coûté à Monsanto la bagatelle de 3,5 millions d'euros.

L'image du sympathique Rex, prêt à déguster un os imbibé de Roundup, a manifestement convaincu Sabine et, avec elle, de nombreux concitoyens, mais elle a fait bondir l'association Eaux et rivières de Bretagne, qui a assigné en janvier 2001 la filiale française du géant américain pour « publicité mensongère ». « Des études scientifiques ont montré qu'on retrouvait dans les eaux des rivières bretonnes une présence massive de glyphosate », m'avait expliqué Gilles Huet, le délégué de l'association, lors d'une conversation téléphonique au printemps 2006, alors que je préparais *Le Monde selon Monsanto* (dont je reprends ici l'essentiel du passage relatant cet épisode judiciaire). Il avait cité un rapport publié en janvier 2001 par l'Observatoire régional de santé de Bretagne : des prélèvements effectués en 1998 dans les eaux bretonnes révélaient que 95 %

des échantillons contenaient un taux de glyphosate supérieur au seuil légal de 0,1 µg/litre, avec des pointes à 3,4 µg/litre dans la Seiche, un affluent de la Vilaine[7]. « Or, en 2001, lors de la réhomologation du glyphosate, la Commission européenne l'a classé "toxique pour les organismes aquatiques" et "pouvant entraîner des effets néfastes à long terme pour l'environnement", avait commenté Gilles Huet. Nous demandons un minimum de cohérence : un produit "biodégradable" et "respectueux de l'environnement" ne peut pas finir "toxique et néfaste" dans les eaux bretonnes ! »

Pour préparer son procès, l'association Eaux et rivières de Bretagne s'est inspirée d'une plainte déposée en 1996 par une coalition d'associations nord-américaines auprès du Bureau de la répression des fraudes et de la protection du consommateur de New York. Celle-ci avait contraint la multinationale à négocier un arrangement à l'amiable avec le ministère de la Justice de l'État qui a ouvert une enquête pour « publicité mensongère concernant la sécurité de l'herbicide Roundup (glyphosate) ». Dans un jugement très détaillé[8], le ministère, sous la plume de Dennis C. Vacco, interdit à Monsanto de proclamer que son herbicide est « biodégradable, bon pour l'environnement, non toxique, inoffensif et connu pour ses caractéristiques environnementales », sous peine d'amende, en concluant que ce sont des « messages trompeurs ».

Le 4 novembre 2004, le tribunal correctionnel de Lyon, où siège la filiale française de Monsanto, ouvrait le procès pour « publicité mensongère ou de nature à induire en erreur », intenté par l'association Eaux et rivières de Bretagne. Pendant les quatre ans qu'a duré l'instruction, l'entreprise agrochimique a continué à diffuser la pub du toutou Rex en toute tranquillité. Et elle va même gagner deux ans de sursis en optant tout simplement pour la politique de la chaise vide ! À l'audience, en effet, les représentants de l'entreprise ont brillé par leur absence : ils ont prétendu n'avoir jamais reçu le courrier « faute d'une adresse dans l'Hexagone », pour reprendre les termes du parquet, qui décida de repousser le procès à juin 2005. « Erreur administrative ou manœuvre de la firme pour échapper à une condamnation infamante en termes d'image de marque ? », s'est interrogée l'association de consommateurs UFC Que Choisir, qui s'était jointe à la plainte de l'association bretonne[9]. Les mauvaises langues ont susurré que le renvoi permettait à l'entreprise de sauver la campagne de désherbage de printemps, capitale pour son chiffre d'affaires : en 2004, Monsanto France détenait 60 % du marché du glyphosate, ce qui représentait une vente annuelle de 3 200 tonnes de Roundup, la consommation de l'herbicide ayant été multipliée par deux entre 1997 et 2002.

Finalement, l'audience du tribunal correctionnel de Lyon s'est tenue le... 26 janvier 2007, exactement six ans après le dépôt de la plainte ! Les dirigeants des sociétés Scotts France et Monsanto ont été condamnés à 15 000 euros d'amende, une somme dérisoire au vu des profits permis par l'herbicide. Dans son jugement, le tribunal a estimé que « l'utilisation combinée sur les étiquettes et emballages des termes et expressions "biodégradable" et "laisse le sol propre" [...] pouvait laisser faussement croire au consommateur à l'innocuité totale et immédiate desdits produits par suite d'une dégradation biologique rapide après usage, [...] alors qu'ils peuvent au contraire demeurer durablement dans le sol, voire se répandre dans les eaux souterraines ».

Plus gênant encore pour Monsanto, la justice a considéré que l'industriel savait parfaitement, et « préalablement à la diffusion des messages publicitaires litigieux, que les produits visés présentaient un caractère écotoxique », puisque « selon les études effectuées par le groupe Monsanto lui-même, un niveau de dégradation biologique de 2 % seulement peut être obtenu après vingt-huit jours ». En d'autres termes, la firme disposait de données contraires à ce qu'elle affirmait publiquement, mais s'est bien gardée de les communiquer. Un comportement récurrent, comme nous le verrons au fil de ces pages.

Monsanto avait fait appel de la décision du tribunal de Lyon. En octobre 2008, la cour d'appel a confirmé sa culpabilité. La multinationale s'est pourvue en cassation, mais a été déboutée, le 6 octobre... 2013, par la chambre criminelle de la Cour de cassation. Pendant tout ce temps, les bidons de son herbicide continuaient de prétendre qu'il était « biodégradable ».

Le 15 juin 2015, Ségolène Royal, ministre de l'Environnement et de l'Énergie, annonçait qu'elle allait interdire la vente en accès libre des herbicides à base de glyphosate dans les jardineries. Cette déclaration soudaine sema la confusion un peu partout en France car, dans la précipitation, certains médias laissèrent entendre que le « Roundup était définitivement banni » ! Je fus moi-même sollicitée par une radio, me demandant ce que je pensais de cette « interdiction ». En fait, un amendement à la loi de transition énergétique, entré en vigueur le 1er janvier 2016, ordonne que les herbicides à base de glyphosate, dont le Roundup, soient placés sous clé et vendus au comptoir, après consultation d'un commercial. On estime, aujourd'hui, qu'un millier de tonnes d'herbicides à base de glyphosate sont pulvérisées chaque année par les quelque 17 millions de jardiniers amateurs de France. Cet usage prendra fin le 1er janvier 2019, en vertu de la loi Labbé qui interdit l'utilisation de *tous* les pesticides par les particuliers à compter de cette date.

Le silence des autorités

« Monsieur le Président,

« Il est de mon devoir de citoyenne de vous alerter sur le risque potentiel de malformations liées à une exposition aux désherbants à base de glyphosate, principe actif le plus utilisé au monde et en France. Il faut savoir que 50 % des cours d'eau en France sont contaminés par le glyphosate. Si le lien entre ce produit et les malformations de mon fils est avéré, il s'agit donc d'un risque sanitaire majeur pour la population française. C'est pourquoi il me semble nécessaire que l'État ordonne des recherches [...] menées par des scientifiques compétents, indépendants et selon un protocole qui sera incontestable, de façon à valider ou invalider cette hypothèse, et prendre les éventuelles mesures de précaution qui se révéleraient nécessaires au cas où le lien serait avéré. J'insiste sur le fait que ces malformations interviennent au tout début de la grossesse, quand la future maman ignore son état et ne peut donc pas prendre de précautions pour protéger son futur enfant. Il est de mon devoir de vous avertir de ce risque, il est de votre devoir de protéger la population française et ses futurs enfants[10]. »

Ces phrases sont extraites de la lettre recommandée que Sabine Grataloup a adressée au président Nicolas Sarkozy le 12 novembre 2009, avec copie à François Fillon, Premier ministre, Bruno Lemaire, ministre de l'Agriculture, Jean-Louis Borloo, ministre de l'Environnement, et Roselyne Bachelot, ministre de la Santé. Dans ce courrier, la maman de Théo citait « plusieurs études [qui] permettent de soupçonner une implication des désherbants à base de glyphosate » dans les malformations dont souffre son fils, dont deux que j'avais présentées dans *Le Monde selon Monsanto*. « En fait, m'a-t-elle expliqué, quand votre ouvrage est sorti, ma mère en a acheté une dizaine d'exemplaires qu'elle a offerts à tout notre entourage. Pour moi, ce livre fut déterminant, car il m'a donné la force de me battre. »

La première étude citée par Sabine a été publiée par l'université de Carleton (Canada). Portant sur des familles de paysans de l'Ontario, elle a révélé que l'usage de glyphosate dans les trois mois précédant la conception d'un enfant était associé à un risque accru de fausses couches tardives (entre la douzième et la dix-neuvième semaine)[11]. La seconde étude a été conduite par le professeur Gilles-Éric Séralini et a montré les effets toxiques du glyphosate pur, et encore plus du Roundup, d'abord, sur des cellules de placenta humain, puis sur des cellules d'embryons[12]. J'avais moi-même filmé le biochimiste, le 10 novembre 2006, dans son laboratoire de l'université de Caen – où il conduira quelques années plus tard une étude injustement controversée (voir *infra*, chapitre 8) sur des rats nourris avec du maïs transgénique tolérant au Roundup, présentant d'énormes tumeurs cancéreuses, dont les photos ont défrayé la chronique internationale.

« Nous avons constaté qu'à des doses nettement inférieures à celles utilisées dans l'agriculture, le Roundup tuait littéralement les cellules de placenta humain en quelques heures et, de manière encore plus sensible, les cellules issues d'embryons humains[a], m'avait expliqué le biologiste en 2006. C'est pourquoi je dis que le Roundup est un tueur d'embryons. Quand on utilise une concentration extrêmement faible – en diluant le produit acheté dans le magasin 10 000 ou même 100 000 fois –, on constate qu'il ne tue plus les cellules mais bloque leur production d'hormones sexuelles, ce qui est aussi très grave, car c'est grâce à ces hormones que le fœtus peut développer ses os ou former son futur système de reproduction. »

Dans son courrier au président Sarkozy, Sabine Grataloup citait une troisième étude réalisée par des chercheurs néerlandais qui avait montré une association statistiquement significative entre l'atrésie de l'œsophage et deux facteurs de risque déterminants : l'alcoolisme maternel et l'exposition à des pesticides pendant la période comprise entre le mois précédant la conception et la fin du premier trimestre de gestation[13].

D'après le courrier qui accompagnait l'accusé de réception, la présidence de la République a transmis la lettre de Sabine aux ministres de la Santé et de l'Agriculture, où elle est restée sans réponse. La mère de Théo a aussi contacté son député et maire de Vienne, Jacques Rémiller, et Julien Dray, député de l'Essonne, lesquels ont adressé une question écrite au gouvernement, restée elle aussi sans réponse[14]. « L'inertie des pouvoirs publics est énorme, m'a dit Sabine, avec un ton

a. Les cellules d'embryons étaient issues d'une lignée de cellules de reins d'embryon cultivée au laboratoire, ce qui ne nécessite aucune destruction d'embryon.

où se mêlaient l'indignation et le dépit. On a vraiment l'impression de crier dans le désert. »

« Vous n'avez pas imaginé porter plainte ?, ai-je demandé aux parents de Théo, après qu'ils m'eurent montré l'épais dossier qu'ils ont constitué au fil des années.

— C'est très difficile pour un individu de se lancer dans un procès contre Monsanto, m'a répondu sans hésiter Thomas Grataloup. Nous n'avons pas les outils juridiques ni scientifiques pour pouvoir le faire. Il faudrait déjà prouver que c'est bien Sabine qui a passé le produit à la date incriminée. Il n'y avait pas d'huissier ce jour-là pour confirmer que c'est bien elle ! En fait, on se sent complètement démunis et je dirais même abandonnés par ceux qui sont censés protéger notre santé et celle de nos enfants. »

Cela n'a pas empêché Sabine de poursuivre son combat de lanceuse d'alerte. Le 7 janvier 2010, elle publiait un communiqué de presse intitulé « Désherbants et malformations : une maman alerte le gouvernement ! ». À l'exception du magazine *Marie Claire* et du journal en ligne *Handicap.fr*, qui ont rédigé un article en novembre 2010, la presse a totalement ignoré le cri d'alarme. Le 14 février 2011, la maman de Théo expédiait une nouvelle lettre au président Sarkozy, car elle pensait avoir – enfin – l'argument qui ferait bouger les institutions : une étude scientifique publiée en août 2010 par le professeur argentin Andrés Carrasco dans la prestigieuse revue *Chemical Research in Toxicology*. Mais, comme nous allons le voir, l'étude n'a pas provoqué le sursaut institutionnel escompté. Bien au contraire...

2

Argentine : « Un génocide silencieux »

« Je trouve qu'il y a un manque dans le droit actuel, car il n'est pas normal que ce soit à des individus et à des victimes isolées, comme nous, de tirer la sonnette d'alarme. C'est pour ça que je suis devant vous, en espérant qu'une instance internationale sera en mesure de se saisir de ces problèmes, pour que les femmes et leurs bébés puissent être protégés. » C'est par ces mots que Sabine Grataloup a conclu son témoignage devant les juges du Tribunal international Monsanto (TIM).

« Merci beaucoup », a seulement dit la présidente, tandis que des applaudissements nourris parcouraient le public, provoquant chez elle une moue de surprise teintée d'un zeste de réprobation. Plus tard, Françoise Tulkens m'expliquera qu'elle avait alors hésité à interdire les applaudissements, conformément aux règles prévalant dans les tribunaux, mais qu'elle avait finalement renoncé, car elle était consciente du « caractère exceptionnel du TIM et de l'extraordinaire charge émotionnelle qui accompagnait le témoignage des victimes présumées ». « Je donne maintenant la parole à Mme Robledo d'Argentine », a-t-elle poursuivi, dès que le silence fut revenu.

Martina, trois ans, victime de la « sojisation » du pays

« Bonjour ! Je suis de Baigorrita, un village de 1 900 habitants situé dans la province de Buenos Aires », a commencé María Liz Robledo, une jeune femme de quarante et un ans, qui tenait serrée dans sa main droite une carte d'identité plastifiée. C'était celle de sa fille Martina, née le 23 avril 2013. « Ce jour-là, je l'ai aussitôt mise au sein et elle s'est étouffée, a-t-elle expliqué. L'équipe médicale l'a emmenée, puis m'a dit qu'elle avait une malformation congénitale, dont je n'avais jamais entendu parler : une atrésie de l'œsophage avec fistule trachéo-œsophagienne. »

J'avais rencontré María Liz Robledo à son domicile, le 4 juin 2016. Pour rejoindre Baigorrita, j'avais parcouru 250 kilomètres sur une route rectiligne traversant la Pampa, cette vaste plaine mythique de l'Argentine qui couvre 650 000 kilomètres carrés, un territoire plus grand que la France. En ce jour d'automne austral, le paysage était d'une affligeante désolation : pas un arbre et un sol gris et nu, à perte de vue. Autrefois aussi fertile que la *Corn Belt* aux États-Unis, la *llanura pampeana* représentait, pourtant, l'un des meilleurs pâturages du monde où l'on cultivait, depuis le XIXe siècle, des céréales (maïs, blé), des oléagineux (tournesol, arachide, soja), mais aussi des légumes et des fruits, sans oublier la production de viande et de lait, si développée que l'Argentine était surnommée le « pays de la vache et du lait ». Mais tout cela appartient au passé. Aujourd'hui, la Pampa n'est plus qu'une vaste étendue morne, dédiée à la monoculture de soja Roundup Ready et où les vaches ont disparu. Celles-ci sont désormais confinées dans des *feedlots*, ces usines à viande, dont le modèle a été importé des États-Unis. En m'approchant de la ville de Rojas, où Monsanto possède une usine de semences transgéniques, j'avais essayé de filmer l'un de ces camps de concentration bovins que l'on apercevait du bord de la route. Entassées dans un terrain boueux, les vaches poussaient d'infinis gémissements. À peine avions-nous sorti la caméra que des gardiens armés nous avaient intimé l'ordre d'arrêter, au motif que nous n'avions pas le droit de filmer une « propriété privée ». Derrière le *feedlot* (le mot anglais a été repris en Argentine) se dressait un énorme silo bourré de soja transgénique. Bienvenue dans le « nouvel ordre agricole » promu par Monsanto, qui, en vingt ans, est parvenu à transformer l'un des anciens greniers du monde en un producteur de fourrage destiné aux élevages industriels de Chine ou d'Europe !

J'ai raconté cette triste histoire dans un reportage, intitulé *Argentine : le soja de la faim*, que j'avais tourné en avril 2005[1]. À l'époque, rares étaient les voix qui s'élevaient contre ce que l'on a appelé la « sojisation » du pays. L'Argentine sortait alors tout juste d'une terrible crise financière et économique qui avait contraint le président Fernando de La Rua à démissionner en 2001. En 1996, le gouvernement corrompu de Carlos Menem (1989-1999) avait autorisé la mise sur le marché des semences de soja transgénique, qui remportaient alors un vif succès aux États-Unis. Dans la Pampa, les agriculteurs les avaient surnommées les « semences magiques ». « C'était incroyable !, m'avait expliqué Hector Barchetta, qui exploitait 127 hectares au cœur de la Pampa. Malgré l'érosion de nos sols, nous avons retrouvé des rendements élevés, en réduisant les coûts de production et en travaillant moins. » Comme aux États-Unis, la culture transgénique est promue avec la technique du « semis direct » (*siembra directa*), qui permet de semer, sans labour préalable, dans les résidus de la récolte précédente. Suivent alors (au moins) deux passages de Roundup, l'un après les semis et l'autre quelques semaines avant la récolte. Effectivement de la pure magie : le glyphosate détruit les mauvaises herbes sans affecter le soja, qui a été manipulé génétiquement pour pouvoir tolérer l'herbicide.

En 2005, pourtant, Hector Barchetta commençait à douter du miracle, car à force d'arroser ses champs de glyphosate, les mauvaises herbes s'étaient adaptées en développant une résistance qui les rendait de plus en plus difficiles à contrôler.

« Avant l'arrivée du soja transgénique, les producteurs utilisaient plusieurs herbicides différents, comme le 2-4 D, l'atrazine ou le paraquat[a], m'avait expliqué Walter Pengue, un agronome de l'université de Buenos Aires, spécialisé dans la sélection génétique. « L'alternance chimique empêchait les mauvaises herbes de développer une résistance à l'un ou l'autre des produits. L'utilisation exclusive du Roundup a entraîné l'apparition de biotypes qui furent d'abord "tolérants" au glyphosate : pour en venir à bout, il a fallu augmenter les doses de l'herbicide. Après la tolérance vint la résistance, que l'on peut déjà constater dans certains secteurs de la Pampa. » C'était en 2005 et, dix ans plus tard, le phénomène s'est généralisé en Amérique du Sud et du Nord (voir *infra*, chapitre 5). Commencée comme un conte de fées, l'aventure transgénique s'est transformée en un véritable cauchemar, au fur et à mesure que le soja RR se répandait comme une traînée de poudre sur tout le territoire argentin, où il recouvrait en 2017 quelque 21 millions d'hectares, soit 60 % des terres cultivées[b]. La ruée vers le nouvel « or vert » a été favorisée par l'interdiction des farines animales en Europe, après la crise de la vache folle, qui a provoqué une flambée des cours de l'oléagineuse. Alors qu'avant l'arrivée des OGM, la consommation argentine de glyphosate s'élevait à un million de litres, elle était passée à 150 millions en 2005 puis à 240 millions en 2016.

« Nous détenons le record mondial de consommation de glyphosate, soit l'équivalent de cinq litres par habitant ! », m'a dit, avec un air navré, María Liz Robledo, alors que sa famille – son mari Patricio, son fils Francisco âgé de quatorze ans et la petite Martina – partageait le dîner avec

a. Le 2-4 D constituait l'un des composants de l'agent orange ; il est aujourd'hui interdit en Europe. L'atrazine a été interdite dans l'Union européenne en 2003 ; quant au paraquat, il y a été interdit le 10 juillet 2007.

b. Alors qu'elles ne représentaient que 37 000 ha en 1971, les cultures de soja sont passées à... 8,3 millions d'ha en 2000, 9,8 en 2001, 11,6 en 2002 et 16 millions d'ha en 2007. La progression a été d'environ un million d'hectares par an, au prix d'une énorme déforestation notamment dans le nord de l'Argentine.

Jorge Herce, le pédiatre de l'hôpital le plus proche, situé à Los Toldos.

« Est-ce qu'on épand du glyphosate près de Baigorrita ?, ai-je demandé.

— Oui !, m'a répondu sans hésiter María Liz. On pulvérise dans les champs qui entourent le village. Derrière ma maison, il y a eu pendant des années un dépôt de bidons de pesticides. Il y avait aussi un pulvérisateur qui rentrait des champs, en vidangeant le glyphosate dans les rues, avant de se garer sur un terrain mitoyen de ma maison. Mais quand Martina est née, je n'ai pas fait le rapprochement. »

La maman fut interrompue par une toux violente de sa fille qui avait avalé de travers une olive, l'un de ses mets préférés. Comme Théo, l'enfant a subi plusieurs opérations pour rétablir la continuité de l'œsophage et couper la connexion anormale avec les poumons. Mais n'ayant pas de malformation du larynx, elle n'a pas eu à subir de trachéotomie.

« Quand Martina a eu un an et demi, mon médecin de famille m'a informée qu'un autre bébé était né avec une atrésie de l'œsophage, et elle m'a demandé si j'avais été en contact avec des produits chimiques pendant ma grossesse, a poursuivi María Liz. C'est là que j'ai compris ce qui s'était passé.

— Au niveau mondial, l'atrésie de l'œsophage représente une naissance sur 3 500, a commenté Jorge Herce. C'est pourquoi la situation de Baigorrita est exceptionnelle : alors qu'il n'y a qu'une trentaine de naissances par an, nous avons eu deux cas en peu de temps. Ce qui aurait dû se produire en cent vingt ans, s'est produit en seulement un an.

— C'est très révoltant, a dit María Liz, en essuyant une larme furtive. J'ai essayé de transformer mon indignation en un combat pour la prise de conscience de cette problématique. Mais c'est très difficile, car ici tout le monde vit plus ou moins des retombées de l'économie du soja. L'exportation des graines rapporte 30 % des devises nationales et le fait de dénoncer publiquement les méfaits causés par le modèle agro-industriel est souvent très mal vu. C'est vrai pour une simple citoyenne comme moi, ou pour un chercheur de renommée internationale comme le professeur Andrés Carrasco, qui a été victime d'une incroyable campagne de diffamation menée par des dirigeants de son propre pays. »

La violente campagne contre le professeur Andrés Carrasco

Décédé en 2014 à l'âge de soixante-huit ans, le professeur Carrasco dirigeait le laboratoire d'embryologie moléculaire de l'université de médecine de Buenos Aires. Il a incubé des embryons de *Xenopus laevis*, une grenouille (qui était) très fréquente en Argentine, dans une dilution contenant un herbicide à base de glyphosate à des doses de 50 à 1 540 fois inférieures à celles utilisées dans les cultures de soja transgénique. Il a constaté que les têtards se développaient de manière « hautement anormale » en présentant des altérations « très marquées » du système neurologique et céphalique ainsi que des malformations de la face, des os du crâne, des yeux et du système auditif. Il a obtenu des résultats similaires en injectant du glyphosate pur dans des embryons de batraciens, puis de poulets, chez qui il a noté des microcéphalies[a] ainsi que des malformations cardiaques et intestinales, à des doses jusqu'à 300 000 fois inférieures à celles utilisées en agriculture. Il en a déduit que c'était le « glyphosate lui-même qui était responsable de ces phénotypes[b], et non pas un adjuvant ou un autre composant des formulations commerciales » des herbicides à base de glyphosate, comme le Roundup. De plus, il a observé que les embryons exposés au glyphosate présentaient un taux excessif d'acide rétinoïque, un dérivé de la vitamine A essen-

a. La microcéphalie désigne la taille anormalement petite du cerveau des nouveau-nés.

b. En médecine, un phénotype désigne l'ensemble des caractéristiques visibles d'un organisme.

tiel pour l'expression de certains gènes qui conditionnent le développement du système nerveux central[a]. Et de conclure : « Les effets directs du glyphosate sur les mécanismes précoces de la morphogenèse chez les embryons de vertébrés sont préoccupants, car on pourrait observer les mêmes résultats cliniques chez des enfants nés dans des populations exposées aux herbicides à base de glyphosate qui sont utilisés dans les champs agricoles[2]. »

« L'étude d'Andrés Carrasco a été très bien conduite, m'a expliqué en 2017 le docteur Michael Antoniou, chercheur en génétique moléculaire au King's College de Londres[3]. Les embryons de grenouilles et de poulets ont été parfaitement analysés et étaient suffisamment nombreux pour que le résultat soit statistiquement significatif. De plus, le fait que le dysfonctionnement de l'acide rétinoïque soit la cause des malformations constatées a été clairement démontré. On pense souvent que l'acide rétinoïque, qui est lié à la vitamine A, n'a une influence que sur la vue, notamment sur la capacité de vision nocturne. Mais il agit aussi comme une hormone, qui contrôle le développement de l'embryon au tout début de la gestation. C'est ce que nous appelons la “fenêtre de sensibilité” car, pendant les premières semaines de la grossesse, les cellules embryonnaires sont particulièrement sensibles aux effets des produits chimiques. Le glyphosate stimule de manière excessive l'activité de l'acide rétinoïque à un moment clé de l'organogenèse, ce qui provoque des malformations du fœtus.

— Pourrait-on observer les mêmes effets chez les humains ?, ai-je demandé.

— Sans aucun doute !, m'a répondu le docteur Antoniou. L'acide rétinoïque est un agent modulateur de la croissance cellulaire qui est présent chez tous les vertébrés, et donc chez les amphibiens, oiseaux, mammifères, y compris chez les humains. Les mécanismes que le professeur Carrasco a mis

a. Les gènes impliqués sont les gènes hedgehog, slug et otx 2.

en évidence chez ses modèles animaux sont donc tout à fait valides pour les humains. »

L'étude d'Andrés Carrasco a provoqué une tempête internationale d'une violence inouïe. Conscient des implications que pouvait avoir sa découverte pour la population argentine, le chercheur décida d'informer la presse sans attendre la publication de son étude dans la revue *Chemical Research in Toxicology,* qui avait soumis ses données à un comité de lecture. Le 13 avril 2009, son enquête fit la une du quotidien *Página 12*[4]. « Après, plus rien ne fut comme avant, a raconté Dario Aranda, l'auteur de l'article, dans une interview publiée après la mort du chercheur. Les organisations sociales, les paysans, les familles victimes des épandages et les militants se saisirent du travail de Carrasco comme preuve de ce qu'ils vivaient sur le terrain[5]. » Sollicité aux quatre coins du pays, le scientifique accepta de participer à de multiples réunions publiques et congrès scientifiques où il avait coutume de dire : « Je n'ai rien découvert de nouveau. Je dis la même chose que les familles victimes des épandages. Je n'ai fait que le confirmer dans un laboratoire. » Et la riposte fut terrible.

Elle provint d'abord de la Casafe (Cámara de sanidad agropecuaria y fertilizantes), l'association des grandes entreprises de produits agrochimiques, dont les avocats n'hésitèrent pas à menacer directement les collaborateurs du professeur Carrasco en faisant irruption dans son laboratoire. S'ensuivirent des appels téléphoniques anonymes à son domicile. Un jour, il fut invité à participer à une discussion organisée dans le village de Leonesa, dans la province du Chaco au nord de l'Argentine. La rencontre dut être annulée car une bombe explosa, tandis que les organisateurs étaient violemment pris à partie et qu'Andrés Carrasco et un collaborateur étaient retenus plusieurs heures. Loin de soutenir un chercheur internationalement respecté qui fut le président du Conseil national de la recherche scientifique et technique (CONICET), Lino Barañao, le ministre des Sciences, le discrédita publiquement dans un programme télévisé, animé par le très influent

Héctor Huergo, le directeur de *Clarín Rural*, connu pour son lobbying virulent en faveur des OGM et de Monsanto[a].

Bien évidemment, la multinationale américaine elle-même ne tarda pas à entrer dans la danse macabre. Le 16 mars 2011, des « scientifiques » de la firme de Saint Louis, mais aussi de Dow Chemical et Syngenta, publiaient dans la revue *Chemical Research in Toxicology* une lettre dénigrant les travaux du biologiste argentin et de ses collègues. Dans ce texte *pro domo*, les salariés de l'agro-industrie affirmaient que « le glyphosate ne provoque pas d'effets néfastes sur le système de reproduction des animaux adultes ni de malformations congénitales chez les descendants d'adultes exposés, y compris à des doses élevées ». Et de conclure avec cet argument massue : « Toutes les études que nous avons présentées ont été validées par de nombreuses autorités de réglementation publiques[6]. »

2010 : branle-bas de combat à la Commission européenne

La lettre des scientifiques de l'industrie était accompagnée d'une réponse d'Andrés Carrasco, qui soulignait « le dialogue de plus en plus difficile entre ceux qui ont un intérêt privé dans la vente des produits et les chercheurs indépendants qui souhaitent simplement tester l'impact sanitaire desdits produits. [...] Les études qui concluent que le glyphosate n'est pas tératogène et ne cause pas d'effets nocifs sur la reproduction ont été fournies par l'industrie, d'ailleurs les auteurs de la lettre le reconnaissent. Ce conflit d'intérêts évident entache les résultats de ces études qui sont pourtant considérées comme valides par les autorités publiques, bien qu'elles ne soient

a. *Clarín Rural* est le supplément agricole du quotidien *Clarín*, qui jouit de l'un des plus gros tirages mondiaux. Dans mon livre *Le Monde selon Monsanto*, j'avais montré le rôle joué par Héctor Huergo pour la promotion des OGM de Monsanto.

pas corroborées par les expériences des scientifiques indépendants[7] ». L'analyse du chercheur argentin était globalement exacte, même si, comme nous allons le voir, les faits sont encore plus pernicieux que ce qu'il pouvait imaginer.

Le 1er octobre 2010, le député européen Michális Tremópoulos (Verts) adressa une question écrite à la Commission européenne, lui demandant si elle était informée de l'étude de Carrasco, publiée deux mois plus tôt[8]. L'élu grec soulignait l'enjeu pour les citoyens européens qui consomment de la viande issue d'élevages industriels où les animaux sont nourris avec du soja transgénique provenant d'Argentine ou des États-Unis, imbibé de glyphosate (voir *infra*, chapitre 6). « En Europe, le taux maximum de résidus autorisé sur le soja est de 20 mg/kg », rappelait le député qui soulignait qu'on a trouvé des concentrations allant jusqu'à 17 mg/kg dans le soja importé. Or, « selon les résultats de l'étude, les malformations des embryons ont été causées par une exposition à une concentration de glyphosate de 2,03 mg/kg ».

La question était d'autant plus pertinente qu'en 2012 les autorités européennes devaient effectuer un réexamen de l'autorisation de mise sur le marché du glyphosate, selon une procédure de révision qui a lieu automatiquement tous les dix ans, afin précisément de pouvoir prendre en compte les dernières données scientifiques sur l'herbicide. Le 12 novembre, John Dalli, le commissaire européen chargé de la santé et de la consommation, adressa une réponse écrite au député écologiste, dans laquelle il lui disait qu'il avait demandé à l'Office fédéral allemand pour la protection du consommateur et la sécurité des aliments (Bundesamt für Verbraucherschutz und Lebensmittelsicherheit, BVL) d'examiner l'étude de Carrasco pour voir si elle justifiait de « réduire les usages » du glyphosate « ou, dans le pire des cas, d'interdire complètement la substance[9] ».

Pour bien comprendre cette partie capitale de l'histoire, il faut savoir comment fonctionne la mécanique européenne pour l'homologation des pesticides. Pour obtenir le précieux sésame, les industriels doivent déposer une demande d'autorisation de mise sur le marché auprès de l'un des États membres de l'Union, considéré comme l'« État rapporteur ». C'est lui qui est chargé d'évaluer les études toxicologiques fournies par les fabricants et d'établir un rapport préliminaire, transmis à l'Autorité européenne de sécurité des aliments (European Food Safety Authority, EFSA), laquelle donne ensuite son avis sur la classification de la molécule quant à ses effets potentiellement cancérigènes, mutagènes et tératogènes. Privilège non anodin : ce sont les industriels qui choisissent l'« État rapporteur » et, dans le cas du glyphosate, Monsanto et ses alliés ont choisi l'Allemagne. Les mauvaises langues prétendent que ce choix s'expliquerait par la bienveillance des experts d'outre-Rhin, où règne une industrie chimique puissante, comme BASF ou Bayer (qui a annoncé, le 14 septembre 2016, le rachat de Monsanto pour un montant de 59 milliards d'euros).

Toujours est-il que, le 19 octobre 2010, le BVL rendit son verdict et il était sans appel : « Les données toxicologiques nombreuses et fiables obtenues sur des rats et des lapins » permettent d'affirmer que « le glyphosate n'est pas tératogène », écrivaient en substance les auteurs... anonymes de l'Office fédéral[10]. En d'autres termes : « Circulez, il n'y a rien à voir ! » S'appuyant sur ce rapport, le commissaire Dalli adressait une réponse définitive au député Tremópoulos : « La Commission considère qu'il n'y a pas actuellement de base solide pour restreindre ou interdire le glyphosate[11]. » Dans la foulée, on apprenait que non seulement la révision de l'autorisation du glyphosate n'allait pas être avancée, mais qu'au contraire elle allait être repoussée à 2015, ainsi que l'annonça une directive de la Commission européenne de novembre 2010[12].

Le mensonge des experts allemands

Mais l'affaire n'était pas terminée. Scandalisés par l'avis du BVL, huit scientifiques internationaux dont Michael

Antoniou, le chercheur du King's College de Londres, ont conduit une enquête serrée, qu'ils ont d'abord publiée dans un rapport disponible en ligne[13], puis dans la revue scientifique *Journal of Environmental & Analytical Toxicology*[14]. Elle montrait que, pour rédiger son avis, le BVL s'était appuyé sur un… résumé de données fourni par Monsanto, Bayer et Dow, pour la dernière évaluation du glyphosate, datant de 2002. Ce résumé était fondé sur des études toxicologiques non publiées dans la littérature scientifique et couvertes par le « secret commercial ». Et là, surprise ! Plusieurs études conduites par les industriels, dont une de Monsanto datant de 1980, révélaient que, contrairement à la conclusion du BVL, le glyphosate est tératogène et provoque des malformations congénitales, semblables à celles constatées dans le laboratoire d'Andrés Carrasco, mais aussi de Rick Relyea de l'université de Pittsburgh (États-Unis) ou de Rafael Lajmanovich de l'université de Santa Fe (Argentine), pour ne citer que quelques exemples.

J'ai rencontré ce dernier dans son laboratoire, le 2 juin 2016. Biologiste, spécialiste des amphibiens, Rafael Lajmanovich a constaté un effondrement des populations de batraciens, qui coïncide avec l'introduction des OGM en 1997. En 2003, il a conduit une première étude où il exposa des embryons de grenouilles à des doses de glyphosate similaires à celles utilisées dans les champs de soja. Il constata un important taux de mortalité et de malformations congénitales[15]. Il décida alors de parcourir la campagne argentine pour collecter des grenouilles vivant à proximité des cultures transgéniques. Il nota un taux anormalement élevé de malformations, dont il a conservé plusieurs exemplaires significatifs dans des bocaux soigneusement répertoriés sur les étagères de son bureau[16]. « Les malformations que nous observons le plus fréquemment sont liées aux membres, m'a-t-il expliqué en ouvrant un bocal. Par exemple, nous avons ici une grenouille qui a cinq pattes. D'autres, au contraire, ont des membres atrophiés, avec des moignons non développés. En 2015, nous avons démontré que les grenouilles malformées provenant des zones agricoles intensives présentaient un excès d'acide rétinoïque. Les résultats que le professeur Carrasco a obtenus dans son laboratoire sont confirmés par ceux provenant de la vie réelle[17]. »

C'est incroyable, mais vrai : toutes les études conduites par l'industrie ou des chercheurs indépendants montrant que le glyphosate est tératogène ont été systématiquement « minimisées », pour reprendre le terme utilisé par Michael Antoniou et ses collègues dans leur rapport, voire carrément ignorées par les autorités allemandes et européennes. Et pour justifier leur tour de passe-passe, les « experts » ont eu recours à des arguments absolument fallacieux. J'avais d'abord pensé en faire grâce au lecteur, par crainte que ce livre ne lui tombe des mains. Mais, finalement, il me paraît très important qu'il comprenne de quoi sont capables les « scientifiques » des agences de réglementation, qui sont censés protéger notre santé, pour servir les intérêts des multinationales et de leurs actionnaires.

Le premier argument invoqué par les petites mains anonymes du BVL porte le doux nom de « toxicité maternelle ». L'idée est que les cobayes femelles ayant donné naissance à des petits malformés devaient être contaminées par une substance (« y compris des substances communément ingérées comme le sel ou la caféine » !) qui a provoqué un dysfonctionnement de l'organogenèse, lequel n'était donc pas dû au glyphosate. Il fallait y penser, n'est-ce pas ? Le deuxième argument est un peu plus technique : ont été écartées toutes les études qui ne suivaient pas le principe dit de la « dose-effet », à savoir une courbe linéaire où l'effet augmente avec la dose. Or, comme le soulignent Michael Antoniou et ses coauteurs, il existe des substances, notamment les hormones de synthèse comme le célèbre Bisphénol A utilisé dans les biberons, qui présentent des « effets toxiques à de faibles doses, mais pas à des doses élevées[18] ». Comme je l'ai montré dans mon film et livre *Notre poison quotidien*, pour ces molécules qu'on appelle « perturbateurs endocriniens », ce n'est pas la dose qui fait le poison, mais le moment de l'exposition[a]. Or « le Roundup et le glyphosate sont considérés comme des perturbateurs endocriniens », notent froidement Michael Antoniou et ses coauteurs.

Enfin, le troisième argument relève quasiment de la malhonnêteté, voire de la fraude scientifique. Pour pouvoir l'apprécier, il faut bien comprendre comment fonctionnent les expériences de laboratoire. Pour tester les effets toxiques éventuels d'une substance, les chercheurs utilisent deux groupes de cobayes : le premier, dit « groupe expérimental », est constitué d'animaux exposés à la substance, généralement par voie orale ; le second, dit « groupe contrôle », n'est pas exposé au produit testé. À la fin de l'expérience, les cobayes des deux groupes sont autopsiés et comparés. Le but est de voir s'il y a des pathologies ou des anomalies qui sont apparues dans le groupe expérimental mais pas dans le groupe contrôle, dont l'origine pourrait donc être attribuée à la substance. Pour que l'expérience soit valide, il faut bien sûr que les animaux des deux groupes soient de la même espèce et qu'ils aient les mêmes conditions de vie (hygiène, alimentation, etc.), la seule et unique différence étant la présence ou non de la molécule testée. Qu'ont fait les « experts allemands » ? Ils ont décidé de comparer les résultats obtenus dans les groupes expérimentaux présentant des malformations congénitales à ce qu'on appelle dans leur jargon une « base de données contrôle historiques ». En clair : ils sont allés chercher les données de groupes contrôle provenant d'autres études, dans lesquelles ils ont constaté quelques malformations congénitales, ce qui a leur a permis de conclure que les observations réalisées dans

a. Les perturbateurs endocriniens sont des hormones de synthèse utilisées par les industriels pour toutes sortes de raisons, comme les phtalates qui rendent le plastique mou, le Bisphénol A qui rend le plastique dur, le PFOA qui rend les poêles antiadhésives, les retardateurs de flamme ou de nombreux pesticides (comme le glyphosate). Ces molécules interfèrent avec le système endocrinien, notamment des fœtus, provoquant des malformations congénitales, des cancers hormonodépendants, du diabète, des troubles de la reproduction et de l'attention ou de l'obésité (voir Marie-Monique Robin, *Notre poison quotidien*, *op. cit.*).

les études qu'ils étaient censés évaluer n'étaient pas statistiquement significatives ! Le problème, c'est qu'ils se sont bien gardés de dire de quelles études provenaient les « données historiques ». On ne sait donc pas quelle était l'« espèce de cobayes » utilisée, quel était leur « régime alimentaire » ou s'il y avait des « pathogènes dans leur environnement », ainsi que le soulignent Michael Antoniou et ses coauteurs qui estiment que le procédé est « contraire à une méthodologie scientifique rigoureuse ».

En attendant, l'astuce a permis aux « experts » allemands de blanchir le glyphosate et donc de recommander à l'Autorité européenne de sécurité des aliments (EFSA) de ne pas changer les normes d'exposition ni les recommandations accompagnant son utilisation !

La mobilisation des médecins argentins

« Merci beaucoup pour vos témoignages. J'ai une question pour toutes les deux. Est-ce qu'il y avait sur les bidons de glyphosate une mise en garde concernant une exposition en tout début de grossesse ?, a demandé le juge canadien Steve Shrybman.

— Non, sur l'étiquette du bidon que j'ai utilisé, il n'y avait aucune mention indiquant une toxicité spécifique pour la femme enceinte, a répondu Sabine Grataloup.

— Le propriétaire du dépôt de bidons qui jouxtait ma maison a toujours dit que le glyphosate était inoffensif, a confirmé María Liz Robledo, dont la voix s'est subitement brisée, tandis qu'elle agitait la carte d'identité de sa fille. Moi, j'ai encore ma fille, elle est en vie. Mais je ne veux plus de Martina, je ne veux plus de familles qui réclament mais ne sont pas écoutées. Dans mon pays, les lois ne sont pas appliquées ni au niveau municipal, ni régional, ni national. De plus, l'information que nous donnent les grands médias est totalement manipulée pour que l'ignorance nous maintienne dans la soumission et que nous soyons complices de ce modèle assassin qui ne cesse de nous rendre malades. » Les mots de María Liz ont déclenché un tonnerre d'applaudissements, tandis que le docteur Damián Verzeñassi était invité à la barre.

« Mesdames et Messieurs les juges, je représente une équipe d'universitaires de l'université publique d'Argentine qui a décidé de mettre son travail au service de la société qui soutient notre université », a commencé le jeune professeur de médecine de l'université de Rosario, faisant écho aux paroles de sa concitoyenne. Fondateur de l'Institut de santé socio-environnementale, qu'il dirige depuis 2013, le docteur Verzeñassi fit une déposition brillante qui ne m'a pas surprise, car je connaissais bien ses qualités professionnelles et humaines. Il m'avait en effet demandé de participer à deux reprises au congrès latino-américain de santé socio-environnementale qu'il organise tous les deux ans dans son université. La première fois, c'était en juin 2013 et n'ayant pu me déplacer, j'avais fait ma conférence par Skype. Je l'ai beaucoup regretté, car j'aurais pu rencontrer le professeur Carrasco qui était l'invité d'honneur de l'événement. La seconde fois, c'était en juin 2015 et j'avais fait le voyage, mais Andrés Carrasco n'était plus de ce monde.

Lors de ce congrès, j'avais pu mesurer l'ampleur de la mobilisation de la société civile argentine, avec en tête le secteur médical. Rien à voir avec la situation prévalant dix ans plus tôt, lorsque je réalisai mon documentaire sur la « sojisation » du pays. À l'époque, seuls quelques *locos* (fous), comme on les surnommait, dénonçaient le désastre sanitaire en cours. Parmi eux, le docteur Dario Gianfelici, qui exerçait à Cerrito, une petite ville de 5 000 habitants située dans la province d'Entre Ríos, au cœur de l'empire transgénique. Si le médecin était devenu un militant anti-OGM, ce n'était pas par opposition aux techniques de manipulation génétique, sur lesquelles il n'avait pas d'avis, mais parce qu'il s'inquiétait de l'évolution des pathologies auxquelles il était confronté dans son cabinet et qu'il attribuait aux épandages massifs de glyphosate. Mais il avait l'impression, tel Don Quichotte, de se « battre contre des moulins à vent ».

« Pour les médecins de ma génération, il y eut deux déclics, m'avait expliqué Damián Verzeñassi, lors du congrès de juin 2015, auquel participait le docteur Gianfelici. Le premier fut le film *Le Monde selon Monsanto* qui a provoqué un électrochoc dans les milieux militants[a] ; le second fut l'étude d'Andrés Carrasco et son engagement pour dénoncer l'empoisonnement collectif de la population par les pesticides. » C'est ainsi que fut organisée, les 27 et 28 août 2010, la première Rencontre nationale des médecins des villages victimes d'épandage[b], à l'instigation du docteur Medardo Ávila, un pédiatre et néonatologue[c] de l'université de Córdoba, et du professeur Carrasco.

Et puis, en décembre 2010, Damián Verzeñassi lançait une initiative absolument unique, baptisée « campement sanitaire », qu'il organise depuis une fois par trimestre universitaire. « Nos étudiants et leurs professeurs s'installent pendant une semaine dans une ville d'environ 10 000 habitants pour conduire une enquête à domicile, maison par maison, a-t-il expliqué lors de son audition au TIM. Le but est de construire ce que nous appelons un "profil épidémiologique de morbi-mortalité rapporté par la communauté". C'est une sorte de photographie qui nous permet de savoir quels sont

a. Je confirme que la version espagnole du film a été largement piratée en Argentine ! Quant au livre, publié par l'éditeur espagnol Península, il fut rapidement introuvable en Argentine. Pour des raisons obscures, le distributeur Océano n'est jamais parvenu à l'acheminer dans ce pays, ni d'ailleurs au Mexique... Je remercie l'éditeur argentin La Campana d'avoir finalement réussi à publier une édition locale, sortie au printemps 2017.

b. En Argentine, ce réseau s'appelle « Red de los médicos de pueblos fumigados ». En espagnol, *fumigar* signifie « pulvériser », sous-entendu des pesticides. Les épandages sont tellement courants partout dans le pays, y compris par avion, que le mot est désormais utilisé à la forme passive pour désigner ceux qui ont été victimes de pulvérisation (*fumigados*).

c. La néonatologie désigne la spécialité médicale qui s'intéresse au développement de l'embryon et du fœtus ainsi qu'aux nouveau-nés.

les problèmes de santé des communautés, à travers la voix même de ces communautés. »

Les « campements sanitaires » du docteur Verzeñassi

J'ai pu filmer du 30 mai au 3 juin 2016 le vingt-sixième « campement sanitaire » organisé à Basavilbaso, une ville de 9 800 habitants située dans la province d'Entre Ríos, à 300 kilomètres au nord de Buenos Aires. C'est Gustavo Hein, le maire de la commune, qui avait sollicité l'équipe de Damián Verzeñassi, en collaboration avec la section locale du collectif « Paren de fumigar las escuelas » (Arrêtez de pulvériser les écoles), qui regroupe des enseignants et des parents d'élèves. En décembre 2014, la petite école rurale de Santa Anita, située à une quarantaine de kilomètres de Basavilbaso, avait été victime d'un épandage de glyphosate par avion, qui avait gravement intoxiqué les élèves et les instituteurs : vomissements, troubles oculaires et respiratoires, éruptions cutanées. La directrice, Mariela Leiva, avait décidé de porter plainte contre le pilote de l'avion et le producteur de soja transgénique, ce qui lui avait valu des menaces téléphoniques. Soutenue par son syndicat, l'enseignante avait convaincu la municipalité de Basavilbaso de recevoir un « campement sanitaire » en fournissant le gîte et le couvert aux cent quatre-vingt-trois étudiants et vingt-trois professeurs de l'université de médecine de Rosario qui ont débarqué au petit matin en bus, après un voyage de 200 kilomètres. Ils ont été accueillis dans le gymnase de la ville, transformé pour l'occasion en dortoir et cantine, avec un solide petit déjeuner qui fut fort apprécié après une nuit blanche.

« Bonjour, nous allons commencer le plus grand campement de notre histoire, a dit Damián Verzeñassi, qui avait endossé une sweet-shirt orange sur lequel on pouvait lire *Campamento sanitario*. Nous sommes ici parce qu'il y a un maire et un groupe d'enseignants et de citoyens qui veulent savoir ce qui se passe avec la santé à Basavilbaso, afin de construire ensemble une information qui est primordiale pour pouvoir concevoir des politiques de santé et des politiques générales. Ce que nous allons faire devrait se faire partout, mais malheureusement ce n'est pas le cas, c'est pourquoi nous sommes ici ! » Debout à ses côtés, Andrea Leanza, « médecin et fille de médecin », en charge de la santé au sein du conseil municipal, a acquiescé : « Il est très important que les élus de la ville sachent où nous en sommes en termes de santé afin de pouvoir élaborer les programmes d'action les plus adéquats pour le futur. »

Je me souviens qu'en filmant cette séquence, j'avais été surprise que les mots « pesticides », « glyphosate » ou « épandages » n'aient jamais été prononcés, voire aient été soigneusement évités. « C'est volontaire, m'avait expliqué Damián Verzeñassi avec un large sourire. La participation à un campement sanitaire fait partie des épreuves finales pour l'obtention du diplôme de médecin. Nous ne voulons pas que nos étudiants viennent à Basavilbaso pour conforter une thèse préétablie, mais qu'ils conduisent une vraie enquête épidémiologique, sans aucun *a priori*. Nous leur demandons de poser des questions très ouvertes, qui ont été soigneusement formulées dans un questionnaire standard, le même pour tous. Les résultats sont d'autant plus pertinents que les habitants ont la liberté de dire ce qu'ils ont envie de dire ! »

Les apprentis médecins furent répartis en groupes de dix, sous la houlette d'un professeur, identifiable à son sweet-shirt orange. À chaque groupe était attribué un pâté de maisons (*manzana*) qui allait être ratissé systématiquement. J'ai suivi le groupe de Analía Zamorano, une jeune femme d'une trentaine d'années enceinte jusqu'aux yeux. Pendant une heure, elle a expliqué la méthode que les étudiants devaient respecter à la lettre : « La participation à l'enquête est volontaire et anonyme, les habitants ayant le droit de refuser ; il faut poser les questions telles qu'elles sont formulées pour éviter les biais ; il faut noter, dans chaque quartier, la présence d'éléments susceptibles d'avoir un impact environnemental ou sanitaire : relais de téléphonie mobile, décharges, usines ou champs agricoles. » Le questionnaire était divisé en plusieurs sections permettant de connaître la situation sociale et familiale de chaque foyer (profession des parents, nombre et âge des enfants, affiliation ou non à la sécurité sociale), mais aussi son histoire sanitaire (maladies, avec la date du diagnostic ; décès ; prise de médicaments). Une section concernait les problèmes sanitaires ou environnementaux que les habitants estimaient fréquents dans la ville.

Puis les étudiants se sont éparpillés aux quatre coins de Basavilbaso. La première rencontre que nous avons filmée s'est déroulée dans un faubourg populaire, situé en bordure de champs. L'homme s'appelait Juan Carlos, il avait soixante-deux ans, mais en paraissait dix de plus. Il vivait dans une petite maison en parpaings avec sa fille et son petit-fils âgé de trois ans.

« Est qu'un membre du foyer a eu un problème de santé au cours de l'année dernière ? », a demandé Analía, qui conduisait l'entretien.

— Oui, le petit a été opéré d'un rein, a répondu Juan Carlos. Comment ça s'appelle... Un fer à cheval...

— Ah oui !, a dit Analía, un rein en fer à cheval, c'est une malformation congénitale. Est-ce que quelqu'un est mort au cours des quinze dernières années ?

— Oui, ma femme.

— Quel âge avait-elle ?

— Cinquante-six ans.

— En quelle année est-elle décédée ?

— L'année dernière. Ça fait un an et quatre mois...

— Et vous savez pourquoi ?

— Elle avait un problème d'asthme. Et elle n'a pas supporté, quand ils ont pulvérisé ici... J'ai dû l'emmener aux urgences, ils l'ont mise sous oxygène, mais c'était trop tard...

— Où s'est passée la pulvérisation ?

— Juste en face, de l'autre côté de la rue, a répondu Juan Carlos en montrant d'un geste de la main le champ situé à dix mètres.

— Avec quoi ont-ils pulvérisé ?

— Cette fois-là, c'était avec un *mosquito* (un pulvérisateur à rampes), mais parfois c'était avec un avion.

— Ils vous prévenaient quand ils allaient pulvériser ?

— Non ! Ils faisaient ça à n'importe quelle heure, plusieurs fois par an, et pour ma femme c'était terrible. Ça a fini par la tuer...

— Ils continuent ?

— Ben oui ! »

Puis nous avons rejoint Enrique, l'un des étudiants du groupe d'Analía, au moment où il interrogeait un jeune couple devant sa maison. Je retranscris ici l'extrait de l'échange, qui a duré quarante minutes, tel que je l'ai monté dans le film qui accompagne ce livre.

« Vous fumez ?, a demandé l'étudiant.

— Non !, a répondu la femme.

— Depuis combien de temps habitez-vous dans la ville ?

— Je suis née ici.

— Donc ça fait trente et un ans.

— Oui

— Avez-vous des enfants ?

— Oui...

— On va commencer par le plus grand. Combien en avez-vous ?

— Non... Nous avions une fille qui est morte, a murmuré la femme dans un souffle à peine audible, suivi d'un long silence.

— Je voudrais savoir son âge et l'année de son décès, a poursuivi l'étudiant, les yeux rivés sur son questionnaire.

— Elle avait onze ans quand elle est morte, c'était en 2015...

— Vous pouvez me dire la cause de son décès ?, a demandé l'étudiant, de plus en plus gêné.

— Pneumonie et arrêt respiratoire. »

Après cet entretien qui nous a bouleversés, nous avons accompagné Emmanuel, un étudiant que ses camarades nous avaient présenté comme le « premier de la classe ». Le hasard a voulu qu'il frappe à la porte de quelqu'un dont je connaissais le nom, sans savoir qu'il habitait à Basavilbaso. Je n'oublierai jamais le choc que nous avons eu quand nous avons pénétré dans la petite maison verte, ornée d'une plaque indiquant « Fabián Tomasi ». À cinquante ans, l'homme était devenu une figure de la résistance au modèle agro-industriel qui a plongé l'Argentine dans l'enfer. Après avoir travaillé comme ouvrier du bâtiment, il avait été embauché comme « assistant terrestre des pulvérisations », car il avait toujours rêvé d'être... pilote d'avion. La suite, il l'a racontée à Emmanuel, en présence de sa fille de vingt ans et de sa mère octogénaire, qui veillent sur lui avec un amour bouleversant. Il m'est difficile de trouver les mots justes pour décrire le délabrement physique de Fabián, qui souffre d'une maladie dégénérative affectant le système nerveux périphérique.

« Où avez-vous travaillé ?, a demandé Emmanuel, qui avait beaucoup de mal à rester concentré sur le questionnaire.

— Je remplissais les réservoirs des avions qui pulvérisaient les champs de soja, a répondu Fabián, tandis que ses mains et pieds étaient pris de violents tremblements.

— Quels produits avez-vous utilisé ?

— Nous utilisions toutes sortes de poisons agricoles : l'endosulfan, le méthamidophos, le chlorpyriphos, le 2-4 D, mais surtout le glyphosate, qui avec l'arrivée des OGM a remplacé tous les autres herbicides. Je suis dans cet état à cause des pesticides... Je souffre d'une polyneuropathie toxique sévère.

— Vous pouvez répéter ?, a demandé Emmanuel, de plus en plus troublé.

— Polyneuropathie... toxique... sévère.

— Est-ce quelqu'un de la maison a eu une tumeur ou un cancer au cours des quinze dernières années ?, a poursuivi l'étudiant.

— Mon frère aîné est décédé il y a un peu moins de deux ans d'un cancer du foie. Je suis convaincu que c'est la même cause que moi. »

Puis, le regard tendu vers son interlocuteur, Fabián a prononcé ces mots qui resteront à jamais gravés dans ma mémoire : « C'est un génocide silencieux, dont je ne veux plus être complice... Je parlerai jusqu'à mon dernier souffle... C'est un sujet tabou. C'est pourquoi je suis seul. Personne ne veut parler avec moi. Ici, je suis un paria et le seul qui ose parler de ce problème. Pour les gens de Basavilbaso, je suis le pauvre type qui s'est intoxiqué avec les pesticides, car il n'a pas su les utiliser correctement. Ici je n'existe pas, car j'ai essayé d'arrêter le massacre que causent les nouvelles technologies agricoles. »

Docteur Roberto Lescano : « Un modèle agricole criminel »

Ce même jour, nous avions rendez-vous avec le docteur Roberto Lescano, un médecin de famille de Basavilbaso âgé de soixante-cinq ans, qui fut aussi directeur de l'hôpital local. Avec le docteur Dario Gianfelici, dont j'ai parlé précédemment, il fut l'un des premiers à tirer la sonnette d'alarme, dans l'indifférence générale. Quand je le rencontre, il fait partie du Réseau des médecins des villages victimes d'épandages. Depuis vingt ans, il accumule les preuves des dégâts causés par le modèle agricole transgénique. Dans sa vieille « bécane informatique », comme il dit, il a accumulé des centaines de photos et vidéos qu'il a prises des nombreux patients qui l'ont consulté après avoir été victimes d'une pulvérisation. Parfois, ce sont les victimes elles-mêmes qui ont pris les clichés sur leur téléphone portable, avant de consulter le médecin dont elles connaissaient le dévouement et le courage. « Ce sont souvent des gens très humbles qui vivent dans les zones rurales et dont la maison est cernée par les champs de soja RR, m'a expliqué le docteur Lescano. Ce sont aussi des ouvriers agricoles, qui, comme Fabián Tomasi, sont payés une misère par les entreprises de l'agrobusiness pour pulvériser les produits. Dans le modèle transgénique, la terre appartient à un propriétaire – souvent un investisseur argentin ou étranger – qui sous-traite tous les travaux : semis, épandages, récolte. Les propriétaires fonciers ne vivent pas sur place, ils n'ont donc pas à subir les conséquences des pulvérisations. »

À ces mots, Roberto Lescano a ouvert un fichier intitulé « pièces à conviction ». « Ici, on voit le résultat d'un épandage de glyphosate sur un petit garçon sorti jouer dans la cour de sa maison, située à une centaine de mètres d'un champ de soja, a-t-il commenté ; aussitôt sa mère a vu qu'il avait une éruption de boutons, suivie de graves problèmes respiratoires, qui perdurent sous forme d'asthme. Sur cette autre photo, on voit les jambes couvertes de lésions d'une fillette de douze ans, qui a eu juste avant la mauvaise idée de couper à travers un champ arrosé de glyphosate pour rentrer chez elle. Là on voit le dos purulent d'un "applicateur terrestre", devenu hypersensible aux produits chimiques et qui ne peut plus vivre sans corticoïdes. Cette vidéo-là a été filmée par Mariela Leiva, la directrice de l'école de Santa Anita (voir *supra*) : on y voit plusieurs passages de l'avion qui pulvérisait du glyphosate tout près de l'école, alors qu'il y avait du vent, ainsi que l'indique ce drapeau argentin qui flotte presque à l'horizontale. Regardez dans quel état est la bouche de l'institutrice, toute boursouflée et rouge, et les enfants qui vomissent ! Pour moi, ce sont des actes *criminels* perpétrés par les agents d'un modèle agricole *criminel* qui, au nom du profit, ne respecte pas la vie », m'a affirmé le médecin, en détachant volontairement le mot « criminel ». « Et ces documents ne représentent que les cas d'intoxication aiguë. Dans mon cabinet, je vois aussi les effets à long terme des intoxications chroniques : les malformations congénitales, les fausses couches, les cancers, les allergies très courantes chez les enfants qui souffrent aussi de déficit de l'attention, avec des formes parfois très agressives, ou d'autisme. Toutes ces pathologies ont explosé après l'arrivée des OGM de Monsanto, je suis formel ! Pour moi, le responsable principal est le gouvernement national qui, en 1996, après un simple décret ministériel et sans aucune loi approuvée par nos députés, a autorisé la commercialisation du "paquet technologique" de Monsanto. Ce fut le début de notre grande tragédie... »

C'est exactement ce qu'a dit Damián Verzeñassi lors de son audition au TIM : « Ce qui nous a frappés, c'est que les problèmes de santé dont souffrent les populations des vingt-six localités où nous sommes intervenus n'avaient pas toujours existé. Le changement dans les types de maladies ou des causes de mortalité coïncide avec l'installation, dans les territoires où sont situées ces villes, d'un modèle de production agro-industrielle de plantes transgéniques "addicts" au glyphosate. L'année 1996 est une année charnière pour l'apparition de la plupart de ces problèmes de santé. »

Et le chercheur de donner un bilan chiffré des vingt-six campements sanitaires : « À ce jour, 96 874 personnes de quatre provinces ont accepté de participer à notre enquête. Alors que, dans la période de 1995 à 1999, il y avait six fausses couches pour cent grossesses, il y en avait 22,5 dans la période de 2010 à 2014. Les données sont aussi terribles pour les malformations congénitales : alors qu'entre 2000 et 2004, il y en avait 8,8 pour mille enfants nés vivants, de 2010 à 2014 le taux était de 17,9 pour mille. De même, dans vingt-cinq des vingt-six localités que nous avons visitées, le cancer représente la première cause de mortalité. En analysant les données de manière statistique, nous avons constaté que la prévalence des cancers – c'est-à-dire le nombre de nouveaux cas apparus dans un temps donné pour une population similaire – avait considérablement augmenté. Si on divise les vingt dernières années en quatre quinquennats, on observe qu'il y a eu autant de nouveaux cancers déclarés dans le dernier quinquennat que dans les trois quinquennats antérieurs réunis. C'est une vraie épidémie qui touche toutes les classes d'âge. Les cancers les plus fréquents affectent le poumon, le sein, le côlon, le foie, le pancréas, le cerveau et le sang, avec un taux élevé de leucémies et de lymphomes. Nous avons aussi constaté une explosion des cas d'hypothyroïdie, qui affecte en moyenne 47 personnes sur 10 000, soit dix fois plus que la moyenne espagnole[a].

« Les enfants sont particulièrement touchés. Nous avons ausculté, pesé et mesuré plus de 2 000 élèves du primaire : 43 % d'entre eux souffraient d'une surcharge pondérale, voire d'obésité. Plusieurs études ont montré que le glyphosate est un perturbateur endocrinien. Or nous savons que ces molécules qui agissent comme des hormones peuvent provoquer de l'obésité chez les sujets qui ont été exposés *in utero* – cela a été notamment démontré pour le Bisphénol A. Enfin, la plupart des enfants que nous avons examinés souffraient d'asthme : cette pathologie est devenue tellement courante qu'elle a été "naturalisée"[b] par les familles, pour qui avoir un enfant qui n'en souffre pas n'est pas "normal". Les enfants sont les premières victimes de ce modèle agro-industriel, qui les attaque de tous les côtés... »

---

a. L'hypothyroïdie est due un dérèglement de la thyroïde, qui ne libère plus assez d'hormones. Chez les jeunes enfants, elle provoque un retard de croissance et des troubles du développement psychologique (allant jusqu'au crétinisme).

b. Le néologisme espagnol *naturalizar* signifie « considérer comme naturel quelque chose qui ne l'était pas auparavant ».

3

Cancer : les manœuvres de Monsanto

« Honorables juges, a conclu Damián Verzeñassi sur un ton extrêmement ferme, ce tribunal est historique parce qu'il a permis de donner une portée internationale à la voix des victimes qui, dans le système actuel, sont malheureusement obligées de prouver qu'elles sont bien des victimes. Honorables juges, ils nous ont imposé un écocide. Et nous sommes ici pour le dénoncer. » « Merci beaucoup, docteur, pour votre exposé extrêmement clair », lui a répondu la juge Eleonora Lamm, qui n'avait cessé de prendre des notes pendant l'audition de son concitoyen. Dans l'interview qu'elle m'a accordée après la fin du TIM, la juriste argentine avouera qu'elle ignorait l'« étendue de la catastrophe sanitaire » frappant son pays, en insistant sur un « besoin urgent » : la formation des avocats et juges aux délits environnementaux.

L'inversion de la charge de la preuve

« Vous savez que, pour pouvoir agir, la justice a besoin de preuves scientifiques, a-t-elle poursuivi. Pour ne pas rester dans les seules données statistiques, j'aimerais que vous nous expliquiez par quel mode d'action le glyphosate provoque les cancers que vous avez évoqués ?

— C'est vrai que la justice exige des preuves scientifiques qui démontrent la relation de cause à effet entre l'exposition au produit incriminé et la pathologie observée, a répondu Damián Verzeñassi. Je tiens d'abord à préciser que ce système est aberrant, car il repose sur une inversion de la charge de la preuve : ce sont les industriels qui devraient apporter la preuve que leur produit est inoffensif avant d'être autorisés à le mettre sur le marché. Or j'affirme qu'on nous a menti quand on nous a dit que le modèle de production transgénique allait permettre d'utiliser moins de poisons chimiques ; de même qu'on nous a menti quand on nous a dit que ces poisons étaient inoffensifs pour la santé humaine, car les industriels savaient que ce n'était pas vrai. L'exigence de preuves scientifiques solides expliquant le mécanisme qui a conduit aux dommages subis est un instrument politique dont le seul but est de faire gagner du temps aux fabricants de poisons et à ceux qui sont censés les réglementer. Cela dit, pour vous répondre très clairement, de nombreuses études publiées dans les revues scientifiques montrent par exemple que le glyphosate est génotoxique, c'est-à-dire qu'il cause des dommages dans le matériel génétique des organismes qui y sont exposés, provoquant à terme le développement de cancers. C'est ce qu'ont révélé les travaux de chercheurs argentins comme Fernanda Simoniello, qui ont mis leurs compétences au service de la société, pour apporter les fameuses "preuves scientifiques" qu'exige la justice. »

J'ai rencontré la biochimiste Fernanda Simoniello en juin 2016, dans son laboratoire de l'université de Santa Fe. Ce jour-là, elle avait une réunion de travail avec sa consœur Delia Aiassa, une généticienne de l'université de Río Cuarto. « Nous avons constaté de nombreuses anomalies génétiques dans les populations qui vivent dans les zones d'épandage, m'a-t-elle expliqué. Mais il est impossible d'imputer ces dégâts au seul glyphosate, car les populations sont généralement exposées à un cocktail de pesticides (herbicides, insecticides, fongicides), dans lequel le glyphosate occupe certes une place prépondérante ; mais ce n'est pas suffisant pour conclure qu'il est l'unique responsable des dysfonctionnements observés. C'est pourquoi nous sommes obligés de travailler sur des modèles animaux. Dans mon laboratoire, nous avons conduit plusieurs expériences sur un caïman local, le *yacare*, qui constitue un parfait indicateur écotoxicologique parce qu'il a la particularité de pondre au moment des épandages de glyphosate sur le soja transgénique. Ma collègue Gisela Poletta a exposé ses œufs à des doses très faibles de glyphosate ; et elle a constaté qu'il provoquait des anomalies dans la division cellulaire en affectant les micronoyaux, qui deviennent instables, et en causant des aberrations dans les chromosomes.

— Nous avons obtenu des résultats similaires avec des rats, des amphibiens et des bulbes d'oignons, a poursuivi Delia Aiassa. Nous avons aussi exposé des cellules sanguines humaines à des concentrations de glyphosate jusqu'à 10 000 fois inférieures à celles utilisées dans l'agriculture. Et, dans tous les cas, les résultats montrent que le glyphosate provoque des ruptures au niveau de l'ADN.

— Est-ce que cela peut entraîner un cancer plus tard ?, ai-je demandé.

— Une rupture du matériel génétique peut être corrigée si les mécanismes de réparation fonctionnent correctement, m'a répondu Delia Aiassa. Mais si l'exposition se poursuit sur une longue période, ce dommage pourra évoluer vers des cancers, comme ceux que l'on observe dans les populations régulièrement exposées à des pesticides. Nous avons aussi réalisé des prélèvements sanguins dans un groupe d'applicateurs de pesticides ; et après avoir retiré de la cohorte les fumeurs ou ceux qui suivaient un traitement médical, nous avons observé les mêmes dégâts génétiques que chez les modèles animaux ou végétaux. De même, nous avons prélevé des échantillons de muqueuse buccale chez des enfants vivant à proximité des champs de soja transgénique : les résultats furent similaires.

— Avez-vous constaté une différence entre le glyphosate pur et les formulations commerciales comme le Roundup ?

— Non, a tranché Delia Aiassa, tandis que sa collègue opinait du chef. Le glyphosate et les formulations causent le même type de dommages dans le matériel génétique. »

« Un cancérigène probable pour les humains »

« Ce que la science nous dit dans ses laboratoires, ce que les mères nous disent de leurs enfants, ce que les paysans voient dans leurs fermes, nous le constatons aussi chez les humains dans nos territoires », a affirmé avec force Damián Verzeñassi, après avoir évoqué plusieurs travaux universitaires en réponse à la question que lui avait posée la juge Eleonora Lamm. « En [mars] 2015, le Centre international de recherche sur le cancer (CIRC), qui dépend de l'Organisation mondiale de la santé, a classé le glyphosate comme "cancérigène probable pour les humains", est intervenu le juge canadien Steven Shrybman. Pensez-vous que les dirigeants de votre pays vont tenir compte de cette décision pour agir en conséquence ? »

La question a provoqué une moue de dépit chez le docteur Verzeñassi, qui a répondu sur un ton soudainement très sombre : « Je viens d'un pays qui, depuis décembre 2015, n'a plus de ministère de l'Agriculture, car le gouvernement de Mauricio Macri a décidé de le remplacer par un ministère de l'Agro-Industrie[a]... Aujourd'hui en Argentine, ce sont les multinationales comme Monsanto qui fournissent les budgets de la recherche scientifique et technologique. Vous comprendrez pourquoi les universités publiques ont beaucoup de mal à remplir leur mission qui est de produire un savoir scientifique indépendant que les agences de réglementation devraient pri-

a. Nommé le 10 décembre 2015, le premier titulaire de ce ministère a été Ricardo Buryaile. Très controversé, l'homme est originaire de la province de Formosa, où sa famille est devenue propriétaire de milliers d'hectares à la fin des années 1970 grâce au soutien de la junte militaire (1976-1982). Buryaile a été accusé d'avoir maintenu en situation d'esclavage des ouvriers paraguayens qu'il avait recrutés pour déforester et planter du soja transgénique...

vilégier, plutôt que celui fourni par les fabricants. Ce n'est malheureusement pas le cas... Quant à la décision du CIRC, elle nous a certes réjouis, mais elle arrive bien tard, comme pour le tabac ou le lindane. Quand le CIRC s'intéresse à un pesticide, c'est qu'il a déjà causé beaucoup de dégâts... »

Damián Verzeñassi a raison. Comme nous allons le voir, son reproche vise le mode de fonctionnement du CIRC, dont l'existence est néanmoins essentielle. Créé en 1965 et basé à Lyon, l'organisme onusien a pour mission de rédiger des rapports, baptisés « monographies sur l'évaluation des risques cancérigènes pour les humains », dont le but est de classer les produits chimiques, mais aussi les matériaux industriels ou certains produits de consommation courante en fonction de leur potentiel cancérigène. Pour cela, le CIRC fait appel à des experts internationaux, choisis en fonction de leur expertise, mais aussi de leur indépendance par rapport au produit évalué. Depuis 2009, les membres du « groupe d'experts » qui participent à la rédaction des monographies sont tenus de « déclarer les programmes de recherche, les activités professionnelles et revenus financiers » qui pourraient relever d'un conflit d'intérêts. Pour l'évaluation du glyphosate, qui faisait partie du volume 112 des monographies[1], dix-sept experts se sont réunis à Lyon du 3 au 10 mars 2015, dont l'identité a été dûment publiée – ce qui est tout sauf un point de détail, j'y reviendrai (voir *infra*, chapitre 8). Ils ont siégé en leur nom propre en raison de leurs « capacités scientifiques individuelles et non en tant que représentants de leur gouvernement ou de l'organisation à laquelle ils sont affiliés ». Dans le groupe, seul Peter Egeghy, un scientifique de l'Agence de protection de l'environnement des États-Unis (EPA) a déclaré un lien avec les fabricants de glyphosate : au cours des quatre dernières années, il avait touché 2 000 dollars par an en remboursement des frais de transport qu'avait occasionnés sa participation à des colloques organisés par l'American Chemistry Council, regroupant les industriels américains de la chimie. Au regard des sommes en jeu, le CIRC a considéré que cela ne constituait pas un conflit d'intérêts. Toutes ces informations sont fournies au début de la monographie, accessible en ligne.

Pendant les douze mois précédant leur réunion lyonnaise, les experts ont examiné la littérature scientifique relative au glyphosate et au Roundup, à savoir toutes les *études publiées dans les revues scientifiques*. Si j'ai souligné ces mots, c'est que ce point est absolument capital. Ainsi que l'explique une « note au lecteur » au début de la monographie, les « évaluations du CIRC » sont des « jugements scientifiques qualitatifs sur les preuves en faveur ou contre la cancérogénicité du produit étudié, telles que fournies par les données disponibles ». Pour être « disponibles », les « données » doivent donc être publiées et accessibles à tous.

Pour le glyphosate, les experts ont examiné un millier d'études. Ils en ont retenu 250, en raison de leur qualité, qu'ils ont évaluées collectivement pendant leur session de travail à Lyon. Aux dix-sept experts étaient associés un « spécialiste invité », Christopher Portier[a], dont je reparlerai ultérieurement (voir *infra*, chapitre 8) et deux « observateurs » : le Britannique Thomas Sorahan, envoyé par Monsanto, et l'Allemand Christian Strupp[b], représentant l'European Crop Protection Association, organisme fédérant tous les producteurs de pesticides européens.

L'objectif des experts était de ranger le glyphosate dans l'un des quatre groupes prévus par la classification du CIRC. Le groupe 1 concerne les molécules considérées comme « cancérigènes pour les humains » : il s'agit d'une catégorie exceptionnelle, car pour qu'une molécule y soit inscrite, il faut disposer de données épidémiologiques sur les humains qui sont très difficiles à obtenir. En 2016, seuls cent dix-neuf

a. Christopher Portier est un scientifique de renommée internationale aujourd'hui retraité. Dans sa déclaration de conflit d'intérêts, il a signalé qu'il travaillait à temps partiel pour l'Environmental Defense Fund, une ONG écologiste de Washington.

b. Le premier travaille à l'université de Birmingham, le second chez ADAMA, un fabricant de pesticides.

« agents » étaient classés dans ce groupe (comme l'amiante, le benzène, la dioxine, le formaldéhyde, le tabac, la pilule anticontraceptive ou le gaz moutarde). Vient ensuite le groupe 2A, « cancérigènes probables pour les humains » qui caractérise les substances pour lesquelles il « existe des preuves limitées de cancérogénicité chez les humains et suffisamment de preuves chez les animaux de laboratoire » (on en comptait quatre-vingt-une en 2016) – c'est dans ce groupe que le glyphosate a été classé. Pour le groupe 2B, les données expérimentales chez l'animal sont moins significatives (292 agents). Le groupe 3 (505 agents) désigne des substances pour lesquelles il n'est pas possible de se prononcer au regard des données éparses et insuffisantes. Enfin, le groupe 4, « probablement non cancérigène pour les humains », ne comptait en 2016 qu'une seule substance : le caprolactame (un composé organique utilisé dans la synthèse du nylon).

Sur les quelque 100 000 produits chimiques qui ont envahi notre environnement depuis la Seconde Guerre mondiale, seuls 998 ont été évalués par le CIRC, dont seulement une trentaine de pesticides. C'est très peu ! J'avais essayé de comprendre pourquoi en février 2010, lorsque j'avais interviewé Vincent Cogliano qui dirigeait alors le programme des monographies. Je retranscris ici une partie de cet entretien très instructif que j'avais réalisé pour mon film et livre *Notre poison quotidien*.

« Il faut savoir que sur les 100 000 produits que vous mentionnez, seuls quelque 2 000 ou 3 000 ont été testés du point de vue de leur potentiel cancérigène, m'avait expliqué l'épidémiologiste américain. Pour les pesticides, il nous est très difficile d'évaluer leur potentiel cancérigène, parce que la majorité des études expérimentales qui les concernent ne sont pas publiques. Certes, les firmes qui produisent les pesticides sont censées fournir des données toxicologiques aux agences de réglementation et elles font des tests. Mais les études ne sont jamais publiées et, de plus, elles sont protégées par le secret commercial... Les seuls pesticides que nous avons pu évaluer sont des substances très anciennes et si controversées qu'elles ont fait l'objet de nombreuses études indépendantes publiées dans les journaux scientifiques. Comme par exemple le DDT ou le lindane, aujourd'hui interdits en agriculture.

— Comment expliquez-vous que les études conduites par l'industrie des pesticides ne soient pas publiées dans des revues scientifiques ?, avais-je demandé, sidérée par ce que je venais d'entendre.

— Euh... Il n'est peut-être pas dans l'intérêt des firmes de publier des résultats qui suggèrent que leurs produits peuvent être nocifs, m'avait répondu Vincent Cogliano, cherchant visiblement ses mots. De toute façon, elles ne sont pas obligées de rendre publiques leurs études[2]... » Pour que le lecteur comprenne bien l'incroyable information qu'avait lâchée le directeur des monographies du CIRC, je me permets de la synthétiser : les fabricants de pesticides conduisent des études toxicologiques car celles-ci sont exigées par les agences de réglementation, mais ils se gardent bien de les publier dans des revues scientifiques, où elles seraient soumises à un comité de lecture et donc à un examen critique. Cela empêche le CIRC de les évaluer, ce qui permet aux industriels de proclamer haut et fort que leurs produits ne sont pas cancérigènes !

Ce beau tour de passe-passe a profité à Monsanto pendant plus de quarante ans. Et puis la machine à embobiner s'est grippée, au fur et à mesure que le glyphosate devenait une molécule « controversée », pour reprendre le terme de Vincent Cogliano. C'est précisément parce que les dégâts causés par l'herbicide devenaient de plus en plus visibles que des dizaines de chercheurs indépendants se sont penchés sur la molécule, ce qui a permis au CIRC de l'évaluer. Mais, comme l'a dit Damián Verzeñassi, le désastre sanitaire était déjà largement entamé...

2015 : Monsanto dénigre le travail du CIRC

La décision du CIRC de classer le glyphosate dans le groupe 2A, celui des « cancérigènes probables pour les humains », a été rendue publique le vendredi 20 mars 2015 sur le site Web de l'organisme. L'information a fait l'effet d'une bombe, provoquant une réponse immédiate de Monsanto, alors que le rapport complet des experts n'était pas encore publié – il ne le sera qu'en juillet 2015. Elle a pris la forme d'un communiqué de presse signé par Philip Miller, le vice-président de la multinationale, en charge des affaires réglementaires mondiales. La ligne de défense, ou plutôt d'attaque, reposait sur trois arguments principaux : 1) « Tous les usages autorisés du glyphosate sont sûrs pour la santé humaine, et soutenus par l'une des bases de données les plus importantes jamais réunies pour un produit d'usage agricole » ; 2) « Nous ne comprenons pas comment le CIRC a pu parvenir à une conclusion aussi dramatiquement différente de celle obtenue par toutes les agences de réglementation du monde » ; 3) « Le CIRC a reçu mais écarté intentionnellement des douzaines d'études scientifiques [...] qui soutiennent la conclusion que le glyphosate ne constitue pas un risque pour la santé humaine[3]. » Quelques jours plus tard, dans une interview accordée à l'agence Reuters, un dirigeant de la multinationale n'hésitait pas à caractériser la monographie du CIRC de *junk science*, c'est-à-dire de « science de caniveau »[4]. Autant dire que la guerre était déclarée et que, comme nous le verrons ultérieurement elle sera d'une extrême violence (voir *infra*, chapitre 8).

Dès lors, les trois arguments avancés par le vice-président Miller pour rejeter l'évaluation du CIRC seront repris en boucle par tous les représentants de Monsanto et consorts, ainsi que j'ai pu moi-même le constater le 17 avril 2015, moins d'un mois après le déclenchement des hostilités. Ce jour-là, j'avais été invitée à faire une conférence à la Webster University de... Saint Louis, dans le Missouri, la ville où siège le quartier général de Monsanto[a] ! Cette conférence s'inscrivait dans une tournée

a. La conférence était organisée par le professeur Lionel Cuillé, qui dirige le département des études françaises à l'université Webster et représente le consulat de France de Chicago à Saint Louis.

que m'avait organisée l'ambassade de France aux États-Unis pour la présentation de mon film *Sacrée Croissance !* à l'ONU et la sortie de mon livre *Notre poison quotidien* aux États-Unis. Dans toutes les villes où je suis intervenue – New York, Gainsville (Floride), Chicago et Boston –, j'avais dédié ma conférence au processus de réglementation des produits chimiques, en montrant comment il favorise les industriels au détriment de la santé des citoyens qu'il est pourtant censé protéger. À Saint Louis – contexte oblige ! –, j'avais décidé de fonder ma démonstration sur l'exemple du glyphosate. Quelques minutes avant de prendre la parole, j'avais été informée que deux représentants de Monsanto étaient dans la salle : Philip Eppard et Samuel Murphey, qui occupaient de bien étranges fonctions, le premier étant le « chef de l'engagement académique » (*academic engagement lead*) et le second celui de la « réponse rapide » (*rapid response lead*), ainsi que le stipulent leurs cartes de visite que j'ai précieusement gardées... Toujours est-il qu'après avoir présenté la décision du CIRC, j'ai demandé leur avis à mes deux illustres auditeurs. J'ai senti un embarras certain, alors que tous les regards du public se tournaient vers eux. Le chef de la « réponse rapide » a sorti un document qui n'était autre que le communiqué du vice-président Philip Miller... J'ai alors méthodiquement répondu aux trois arguments que Samuel Murphey avait laborieusement lus : « 1) De nombreuses études réalisées par des scientifiques indépendants montrent que le glyphosate n'est pas “sûr pour la santé humaine”, mais curieusement elles ne font pas partie de la “base de données” dont dispose Monsanto ; 2) comme je viens de l'expliquer au cours de ma conférence, le travail des agences de réglementation est controversé en raison des conflits d'intérêts qui caractérisent leurs experts et d'une tendance récurrente à écarter les études indépendantes au profit de celles fournies par l'industrie ; 3) j'aimerais savoir quelles sont les “douzaines d'études” que le CIRC aurait “écartées” et où on peut se les procurer ? »

Ma question a plongé dans une profonde perplexité les deux cadres de Monsanto qui ont bafouillé, provoquant l'hilarité du public, constitué essentiellement d'étudiants, d'universitaires et de représentants d'associations écologiques[a]. Dans la foulée, j'annonçais publiquement que je préparais un nouveau film et livre, qui seraient entièrement dédiés au glyphosate et au Roundup.

À la fin de la conférence, j'ai échangé quelques mots au demeurant fort cordiaux avec Philip Eppard et Samuel Murphey qui m'ont invitée à solliciter une interview avec un « représentant habilité de Monsanto », dans le cadre de ma nouvelle investigation. Quinze mois plus tard, le 15 juillet 2016, alors que je préparais un tournage aux États-Unis, j'ai écrit un mail à MM. Eppard et Murphey qui en substance disait ceci : « Comme je vous l'avais indiqué lors de notre rencontre à l'université de Saint Louis, je prépare un film sur le glyphosate qui est l'objet d'une énorme attention internationale. Je m'efforce de passer en revue toutes les données scientifiques qui concernent la molécule, c'est pourquoi je serais très heureuse de pouvoir interviewer Philip Miller qui a publiquement manifesté son désaccord avec la classification du CIRC, en arguant que l'agence de l'OMS avait "écarté des douzaines d'études scientifiques". Je suis disposée à rencontrer M. Miller à la date qui lui convient, de préférence entre le 16 et 22 août. »

Le courriel que j'avais adressé à Philip Eppard m'est revenu avec un message d'erreur. Quant à Samuel Murphey, il m'a répondu le 1er août en me fournissant une dizaine de liens vers les sites Web de Monsanto et d'agences de réglementation comme l'EFSA (l'Autorité européenne de sécurité des aliments) ou le BfR – l'agence allemande, dont il sera beaucoup question dans ce livre –, ou vers des « vidéos d'une minute » disponibles sur YouTube, vantant les mérites de l'herbicide et qu'il m'invitait à incorporer dans mon film. La fin du courriel était sans appel : « Cependant, après des discussions au sein

a. Toute cette séquence a été filmée par un vidéographe amateur que j'avais sollicité avant d'arriver à Saint Louis.

de notre équipe, nous ne sommes pas en mesure de rendre le docteur Miller ni aucun autre représentant de Monsanto disponible pour une interview[a]. » Dont acte !

À dire vrai, cette fin de non-recevoir ne m'a pas surprise. Je l'avais déjà expérimentée lorsque je réalisais *Le Monde selon Monsanto*. Après une rencontre également très cordiale avec Yann Fichet, le directeur des affaires institutionnelles et industrielles de la filiale française, installée à Lyon, et des mois de relances infructueuses, j'avais finalement décidé de me rendre avec mon équipe dans le quartier bien nommé de Crève-Cœur, à Saint Louis, où siège Monsanto. Depuis ma chambre d'hôtel, j'avais enregistré mon ultime conversation téléphonique avec Christopher Horner, le responsable des relations publiques qui lui aussi avait affirmé avoir eu « plusieurs conversations internes », avant de m'éconduire définitivement[5]. Pour avoir étudié pendant deux ans le mode de fonctionnement du leader mondial des OGM, je sais que ses dirigeants honnissent tout particulièrement les journalistes qui ont des questions *précises* à leur poser. Tant qu'il s'agit de filmer quelques images des laboratoires *high tech* et d'interroger un spécialiste de la communication sur les « bienfaits des OGM » ou l'« innocuité du glyphosate », les portes du « Monsanto Tour » s'ouvrent sans problème. Le journaliste est alors baladé avec des collègues dans un bus pour faire le tour des installations, montrant que tout est pour le mieux dans le meilleur des mondes... Mais dès que le prétendant demande à interviewer une personne *précise* – comme par exemple Philip Miller – avec des questions *précises,* comme celle qui concerne les « douzaines d'études » que le CIRC aurait ignorées, il n'y a plus personne...

---

a. La fonction de Samuel Murphey avait changé, puisqu'il a signé son mail en tant que « External Affairs Lead, Chemistry » (chef des affaires extérieures, chimie).

Rencontre avec deux représentants du CIRC en 2016

Qu'à cela ne tienne ! Têtue comme un mulet de mon Poitou d'origine, je n'ai pas abandonné l'espoir d'avoir la réponse à ma question, en contactant les dirigeants du CIRC, qui eux ont accepté de me recevoir. C'est ainsi que j'ai interviewé, le 23 mars 2016, Kurt Straif, un épidémiologiste allemand, qui a succédé à Vincent Cogliano à la tête du programme des monographies ; et, le 29 juin 2016, Kathryn Guyton, une toxicologue américaine, qui coordonna le Groupe de travail sur le glyphosate. Pour préparer mes entretiens, j'avais lu attentivement la monographie 112 qui livre des informations contextuelles très précieuses permettant de comprendre pourquoi Monsanto a déclaré une guerre sans merci contre l'organisme de l'OMS, au moment où l'Europe et les États-Unis sont censés réexaminer l'homologation du glyphosate.

« À travers les monographies, le CIRC vise à identifier les causes du cancer chez les humains, soulignent d'abord ses auteurs. La charge globale du cancer est élevée et ne cesse d'augmenter : le nombre annuel de nouveaux cas était estimé à 10,1 millions en 2000 et devrait atteindre les 15 millions en 2020. » On apprend ensuite qu'au moins quatre-vingt-onze industriels, installés dans vingt pays, fabriquent du glyphosate, le record étant détenu par la Chine qui compte cinquante-trois fabricants (40 % du volume mondial), suivie de l'Inde (neuf fabricants) et des États-Unis (cinq). En 2010, le glyphosate était autorisé dans plus de cent trente pays et représentait « probablement l'herbicide le plus utilisé au monde, avec une production globale annuelle estimée à environ 600 000 tonnes en 2008, qui a grimpé à 650 000 en 2011 et à 720 000 en 2012 ». Je précise qu'en 2016 le volume s'élevait à plus de 800 000 tonnes. L'augmentation importante de l'usage du glyphosate est due à l'expiration, en 2000, du brevet détenu par Monsanto ainsi qu'à l'introduction, en 1996, des plantes transgéniques tolérantes au glyphosate. Malgré l'existence de génériques, le Roundup reste un produit phare pour la firme de Saint Louis, puisque les ventes représentent plus de 30 % de son chiffre d'affaires estimé à 15 milliards de dollars en 2016[a]. Le reste de son chiffre d'affaires provient essentiellement de la vente de semences transgéniques, dont 90 % sont tolérantes au... Roundup ! En clair : si le glyphosate était interdit, la majorité des cultures transgéniques serait menacée de... disparition !

Aux États-Unis, la consommation est passée de moins de 4 000 tonnes en 1987 à 80 000 en 2007. En 2012, les cultures transgéniques dites « Roundup Ready » absorbaient 45 % de la production mondiale. Hormis les OGM, les herbicides à base de glyphosate sont utilisés avant les semis de nombreuses plantes conventionnelles – c'est-à-dire non transgéniques – mais aussi comme agent dessiccatif (desséchant) juste avant la récolte[b] (voir *infra*, chapitre 7). Ils sont aussi pulvérisés dans les vignobles, les vergers, les prairies et forêts, mais également dans les étangs, les rivières et les zones humides. Enfin, un peu partout dans le monde ils restent le désherbant préféré des particuliers, qui en utilisent entre 2 000 et 4 000 tonnes par an aux États-Unis. Résultat : le glyphosate est partout ! On en « trouve dans les sols, l'air, les eaux de surface et les nappes phréatiques, résument les auteurs de la monographie, et des résidus ont été mesurés dans les céréales, les fruits et les légumes ». Autant dire que la molécule représente un enjeu économique énorme, ainsi que me l'ont confirmé les deux représentants du CIRC que j'ai interviewés.

« Peu de temps après la décision du CIRC, Monsanto a dénigré votre évaluation comme relevant de la “science de

---

a. D'après le site <Planetoscope.com>, « Monsanto vend du Roundup pour une valeur de plus de 150 dollars chaque seconde » !

b. Le Roundup est utilisé notamment pour dessécher le blé, mais aussi le colza ou les lentilles juste avant la récolte. Cette pratique est tolérée en Europe et très répandue aux États-Unis.

caniveau". Que répondez-vous à cette accusation très grave ?, ai-je demandé.

— Il y a beaucoup d'argent en jeu et je pense que nous n'avions pas anticipé le niveau d'intérêt que notre évaluation allait susciter, m'a répondu Kathryn Guyton, visiblement embarrassée.

— De puissants intérêts privés sont concernés par notre monographie, a confirmé Kurt Straif. Je peux simplement rappeler que celle-ci a pris en compte toutes les études disponibles et qu'elle a été rédigée par des experts indépendants qui n'ont aucun intérêt privé dans ce domaine...

— Dans un communiqué, le vice-président Philip Miller a reproché au CIRC d'avoir "reçu et écarté des douzaines d'études". À quelles études faisait-il référence ?

— De fait, l'industrie nous a communiqué quelques études qui n'ont pas été publiées dans des journaux scientifiques. Mais le groupe de travail a considéré qu'elles ne fournissaient pas suffisamment de détails pour qu'il puisse les évaluer, m'a expliqué le directeur du programme des monographies.

— Elles n'étaient pas assez rigoureuses ?

— Exact...

— Il y avait notamment une étude qui montrait que des souris exposées au glyphosate avaient développé des lymphomes, a précisé Kathryn Guyton, mais les auteurs affirmaient que c'était dû à une infection des cobayes. Le groupe d'experts a estimé qu'il n'y avait pas suffisamment de données qui étayaient cette conclusion. Je tiens à souligner que nous étions disposés à examiner toutes les études que Monsanto voulait nous soumettre. D'ailleurs, la firme avait un représentant lors de nos sessions de travail. Il eût été préférable qu'elle nous fasse part de ses remarques avant plutôt qu'après notre décision... »

Pour établir la monographie, les experts du CIRC ont pris en compte « trois types de preuves scientifiques ». Le premier concerne les cancers chez les humains. Ce sont des études épidémiologiques réalisées sur des personnes qui ont utilisé le glyphosate dans leur travail. Trois études dites de « cas-contrôle[a] » réalisées au Canada, aux États-Unis et en Suède ont montré « un risque accru de lymphome non hodgkinien, un cancer du système lymphatique qui est rare chez les humains », ainsi que l'a commenté Kurt Straif. L'étude canadienne a révélé qu'il suffisait de deux jours d'exposition par an pour que le risque soit augmenté de manière significative.

La deuxième « ligne de preuves » concerne les cancers chez les animaux de laboratoire. « Il y a suffisamment d'études qui montrent que le glyphosate provoque des cancers chez les rongeurs qui ont ingéré du glyphosate pendant une période plus ou moins longue », m'a dit avec fermeté Kurt Straif[b]. Enfin, le troisième type de preuves concerne la capacité de l'herbicide à endommager l'ADN des organismes vivants, ainsi que l'ont démontré les Argentines Fernanda Simoniello et Delia Aiassa. « La génotoxicité du glyphosate est clairement établie », a affirmé Kathryn Guyton, qui a cité une expérience réalisée en Colombie avec des populations exposées à des épandages aériens : les chercheurs ont constaté que l'herbicide endommageait les chromosomes, en comparant les échantillons sanguins prélevés chez les mêmes personnes *avant* et *après* les pulvérisations[6]. De plus, de nombreux tests conduits *in vitro* sur des cellules humaines ou animales ont confirmé ces dommages.

Enfin, il y a des « preuves solides », écrivent les auteurs de la monographie, que « le glyphosate peut induire un stress oxydant[c] dans les cellules des animaux expérimentaux et

a. Dans une étude de cas-contrôle, les chercheurs comparent un groupe de personnes souffrant d'une maladie donnée, comme le lymphome non hodgkinien, à un groupe comparable (par sa taille ou l'âge des participants) de personnes non malades. Puis, ils essaient de déterminer s'il y a un facteur commun (comme l'usage du glyphosate) qui caractérise l'histoire des malades.

b. Je reviendrai plus en détail sur les études animales retenues par les experts du CIRC dans le chapitre 8.

c. Le stress oxydant désigne une agression des constituants de la cellule par les « espèces réactives oxygénées », dont les radicaux libres. Le stress oxydant dans les cellules humaines exposées *in vitro*. Or « ce mécanisme peut-être réparé expérimentalement en administrant des antioxydants qui éliminent les effets du glyphosate sur le stress oxydant ».

« Pensez-vous qu'il faudrait interdire le glyphosate ?, ai-je demandé à mes deux interlocuteurs du CIRC.

— Cette question n'est pas de mon ressort ni de celui du CIRC, m'a répondu la toxicologue américaine. Nos monographies sont un outil mis à la disposition des autorités gouvernementales pour qu'elles puissent réglementer les produits en fixant des normes d'exposition ou un niveau de résidus autorisé dans les aliments adéquats. Mais, nous ne faisons pas de recommandations... »

Le lymphome non hodgkinien de Christine Sheppard

« Je n'oublierai jamais ce jour de septembre 2015, où j'ai découvert le lien qu'avait établi le CIRC entre l'utilisation du Roundup et le lymphome non hodgkinien. J'étais sur mon ordinateur et j'ai crié à mon mari : “Viens voir !” » Quand elle m'a raconté cette anecdote, le 21 mai 2016, Christine Sheppard avait encore les yeux qui brillaient d'excitation. « C'était incroyable, a-t-elle poursuivi. J'avais enfin l'explication de ma maladie. L'information provenait du site du Bureau de l'évaluation des risques environnementaux et sanitaires (OEHHA) de Californie, qui annonçait qu'il avait proposé d'inclure le glyphosate sur la liste des produits cancérigènes reconnus par l'État – ce qui, à terme, impliquait que cela devrait être signalé sur tous les bidons de Roundup vendus en Californie. Peu de temps après, j'ai appris qu'un cabinet d'avocats recherchait des victimes pour mener des actions en justice contre Monsanto.

---

est un facteur d'inflammation et de mutagenèse propice au développement de cancers.

C'était comme une petite lumière qui s'allumait, enfin, dans la nuit... »

Lors de son audience au TIM, Christine Sheppard a longuement expliqué le « calvaire » qu'elle a vécu. D'origine britannique, cette directrice marketing d'une entreprise informatique s'est installée en 1980 en Californie, où son mari Ken, un ingénieur en aéronautique, avait été promu. En 1995, le couple décide de changer de vie : « Nous étions fatigués des voyages professionnels qui nous éloignaient de notre fille, a-t-elle expliqué. Nous avions envie de faire quelque chose ensemble et de profiter de la vie en réalisant un vieux rêve qui était de travailler la terre. » C'est ainsi que la famille Sheppard déménage à Kona sur l'île d'Hawaii, où elle a acheté une plantation de café. « Comme nous n'y connaissions rien, nous avons suivi une formation au collège d'agriculture tropicale, et on nous a dit : "Pour désherber entre les rangs de café, utilisez le Roundup !", a raconté Christine. On nous a montré des photos de personnes en train de le pulvériser, sans masque, sans gants, sans rien du tout. Notre technicien agricole nous a dit d'utiliser un pulvérisateur à pompe que je mettais sur mon dos. Je passais du Roundup sur les deux hectares de café, avant chaque taille et chaque récolte, environ quatre ou cinq fois par an. C'était mon travail de désherber, parce que mon mari s'occupait plutôt des constructions. Personne ne nous a dit que c'était dangereux... »

Les Sheppard apprennent très vite leur nouveau métier et leur ferme devient une référence dans toute la région de Kona. Grâce à ses compétences en marketing, Christine met en place le premier réseau de vente directe de café sur Internet. C'est elle qui se charge de l'envoi des commandes et de l'accueil des clients à la ferme, tandis que Ken s'occupe de la torréfaction des grains. En 2001, le couple décide de passer en bio et prépare sa reconversion, prévue sur cinq ans. Mais le projet n'aboutira jamais : « En août 2003, on m'a diagnostiqué un lymphome non hodgkinien, stade 4, avec 10 % de chances de survie, a dit Christine, la voix nouée par l'émotion. Nous pensions que j'allais mourir... Je n'arrêtais pas de demander à mon médecin : pourquoi moi ? Mais personne ne pouvait me dire pourquoi j'avais ce cancer, alors que j'avais une vie très saine, avec beaucoup d'activité physique, et que je ne fumais pas. J'ai subi une chimiothérapie très violente à Honolulu, mais, un an plus tard, le lymphome était toujours là. Mon oncologue m'a dit qu'il fallait que je subisse une greffe de cellules souches dans un hôpital de Los Angeles. Pour payer cette opération très risquée, nous avons dû vendre la plantation de café. Ce fut terrible, mais nous n'avions pas le choix, car notre assurance privée ne couvrait qu'une partie des frais. Après quatre mois d'hospitalisation, où j'ai alterné les séances de chimiothérapie et de radiothérapie, j'ai appris, effondrée, que malgré la greffe, le lymphome subsistait dans mon abdomen. Mon oncologue m'a alors proposé de participer à un essai thérapeutique d'un nouveau médicament qui m'a été injecté en avril 2015. Ça a marché !

« Depuis je suis en rémission, mais je souffre des effets secondaires des traitements que j'ai subis. Je suis atteinte d'une neuropathie périphérique qui me provoque d'insoutenables sensations de brûlure dans les pieds et les mains ; je souffre aussi de cécité nocturne et de problèmes cardiaques. Normalement je ne voyage pas et j'évite les endroits où il y a beaucoup de gens, car mon système immunitaire est très fragile. J'ai pris le risque de venir à La Haye parce qu'il est très important de participer à ce tribunal. Je ne veux pas que quelqu'un d'autre ait à vivre ce que j'ai vécu. Je veux que Monsanto arrête d'empoisonner notre planète, je veux que la firme reconnaisse ce qu'elle a fait et qu'elle rende des comptes. C'est pourquoi je suis ici. »

2015-2017 : 3 000 Américains portent plainte contre Monsanto

Dès septembre 2015, Christine et Ken Sheppard ont contacté le cabinet Miller, qui avait lancé un appel aux personnes atteintes d'un lymphome non hodgkinien pouvant prouver qu'elles avaient utilisé du Roundup. Installé à Orange, en Virginie, ce cabinet est spécialisé dans les *class actions* (les recours collectifs) menées au civil pour obtenir des « compensations financières et des dommages et intérêts punitifs » au nom des victimes de multinationales. Aux États-Unis, ces procès ont lieu devant un jury de citoyens tirés au sort, à moins que l'entreprise accusée préfère négocier un règlement à l'amiable pour éviter que ses forfaits fassent la une des journaux. C'est la solution qu'avait choisie Monsanto en 2002, face à une double *class action* qui réunissait plus de 5 000 habitants d'Anniston (Alabama), où l'entreprise possédait une usine de PCB. Pendant plusieurs décennies, la production de ces huiles chimiques extrêmement toxiques, utilisées notamment comme isolants dans les transformateurs électriques, avait contaminé l'air, l'eau et les sols de la ville. Finalement, après des années de procédure qui avaient coûté plusieurs millions de dollars, Monsanto avait accepté de payer 700 millions de dollars, la plus forte amende jamais payée dans l'histoire industrielle américaine. Sur les 600 millions réservés à l'indemnisation des victimes, les avocats avaient empoché 40 %. Car dans ce genre de procédure, typiquement américaine, ce sont les avocats qui avancent les frais, en espérant toucher le jackpot, une fois la victoire assurée.

Dans le cas du glyphosate, le cabinet Miller a dû renoncer à monter une *class action*, au sens strict du terme, parce qu'à la différence des malades de Anniston, chez qui on avait pu mesurer un taux précis de PCB dans le sang, les causes d'un lymphome non hodgkinien peuvent être multiples. « La justice américaine exige que chaque victime ait son propre procès, car chaque histoire est différente », m'a expliqué Timothy

Litzenburg, l'avocat du cabinet Miller en charge du dossier. Christine Sheppard fut la première « cliente » de ce « litige de masse » (*mass tort*). En mai 2016, 500 « clients » avaient rejoint l'ex-productrice de café. En octobre 2016, lors du Tribunal de La Haye, ils étaient plus d'un millier et, en juillet 2017, ils étaient plus de 3 000.

« Vous venez de tous les États-Unis », a expliqué Timothy Litzenburg à Christine lors de leur première rencontre, le 21 mai 2016, dans son bureau d'Orange. Jusque-là, l'avocat et sa cliente n'avaient échangé que par téléphone ou par courriel, car des milliers de kilomètres les séparaient, le premier vivant près de Washington, la seconde en Californie. « La majorité d'entre eux sont des agriculteurs, qui, comme vous, ont utilisé régulièrement les produits de Monsanto sur leurs cultures, a poursuivi Timothy Litzenburg. Il y a aussi des paysagistes, qui travaillent sur la pelouse de leurs clients ou sur des golfs ; il y a, enfin, quelques propriétaires privés, qui ont utilisé l'herbicide de manière régulière dans leur jardin. Tous souffrent d'un lymphome non hodgkinien après avoir été exposés au Roundup de Monsanto. »

En novembre 2015, l'avocat a déposé une première plainte au nom de Christine Sheppard auprès de la Cour fédérale de Californie. Plainte que Monsanto a immédiatement contestée au motif que l'affaire ne relevait pas de cette juridiction, parce que les faits allégués s'étaient déroulés à Hawaii et que le siège de Monsanto est situé dans le Missouri. Une deuxième plainte a donc été déposée, le 2 février 2016 à la cour de district d'Honolulu. Baptisée « Sheppard *et al* v. Monsanto Company », la plainte stipule que Monsanto « savait ou avait des raisons de savoir que les produits de la gamme Roundup étaient [...] intrinsèquement dangereux et non sûrs lorsqu'ils étaient utilisés selon les instructions fournies par le défendeur. [...] Monsanto a toujours clamé que le Roundup était inoffensif, en promouvant des données falsifiées et en attaquant des études légitimes qui ont révélé ses dangers. Monsanto n'a cessé de conduire une campagne de désinformation afin de convaincre les agences gouvernementales, les agriculteurs et le public que le Roundup est sûr ».

« Comme vous le savez sûrement, Monsanto continue d'affirmer que son produit ne cause pas de cancer ni de lymphome non hodgkinien, a dit Timothy Litzenburg à Christine, lors du rendez-vous de mai 2016. D'ailleurs, la firme vient de porter plainte contre le Bureau de l'évaluation des risques environnementaux et sanitaires (OEHHA) de Californie, qui avait proposé d'inclure le glyphosate sur la liste de Proposition 65. » Dans le jargon californien, la « Prop 65 » est une loi votée en 1986 qui exige que l'État publie une liste, mise à jour tous les ans, des produits chimiques qui causent des cancers, des malformations congénitales ou des troubles de la reproduction[a]. Comme nous l'avons vu, après la décision du CIRC, l'OEHHA avait proposé que le glyphosate rejoigne les quelque neuf cents produits que comptait alors la liste. Le 21 janvier 2016, Monsanto déposait une plainte contre l'organisme californien auprès de la Cour supérieure de Freno. Dans un communiqué signé par l'incontournable Philip Miller, la multinationale arguait que « le glyphosate ne cause pas de cancer. C'est pourquoi l'inclusion du glyphosate sur la liste de la Proposition 65 de Californie serait sans fondement scientifique et provoquerait une inquiétude injustifiée chez les consommateurs. [...] Les conclusions prises par le CIRC lors de la réunion en France sont erronées, non transparentes et basées sur des données qui ont été interprétées de manière sélective[7] ».

« Nous sommes face à une multinationale multimillionnaire qui dispose de ressources quasi illimitées, a dit Timothy Litzenburg lors de sa rencontre avec Christine. Notre atout est d'avoir avec nous la science indépendante et rigoureuse ; de

---

a. Le nom officiel de la Proposition 65 est *Safe Drinking Water and Toxic Enforcement Act*. La loi exige que les commerces qui vendent des produits relevant de la liste de « Prop 65 » informent les clients des dangers qu'ils courent en utilisant ces produits.

l'autre côté, Monsanto a la capacité de financer ses propres études. Nous avons commencé à examiner les documents transmis par Monsanto à l'Agence de protection de l'environnement ainsi que les documents internes de la firme, dont nous avons demandé la déclassification, pour découvrir qui savait quoi et quand. La bataille va être rude et longue, mais nous avons bon espoir de la gagner...

— Pour moi, ça a été un vrai soulagement de savoir que quelqu'un allait mettre son nez dans ce dossier, a dit Christine, visiblement émue. Je remercie votre cabinet de faire ce travail, car il est inimaginable qu'une personne individuelle se lance dans un procès contre Monsanto. Je n'ai pas les poches assez pleines pour m'attaquer à eux. Je serais ruinée financièrement avant même que le procès commence. C'est impossible de faire ça toute seule, j'ai besoin d'aide. »

1978 : le premier mensonge de Monsanto sur le glyphosate

« Nous parlons un langage que Monsanto comprend. C'est même le seul langage que les multinationales comprennent, à savoir celui de l'argent et du profit, a conclu Timothy Litzenburg, lors de son audition au TIM. Cela ne va sûrement pas rendre leur cœur meilleur, mais ça va les toucher là où ça fait mal. C'est comme ça que nous essayons de changer le comportement des entreprises qui polluent l'environnement et rendent les gens malades.

— Je voudrais poser une question à Mme Christine, est intervenue la juge Dior Fall Sow. Je voulais savoir si vous avez fait part de vos graves problèmes à Monsanto et quelle a été sa réaction ?

— Non je ne l'ai pas fait, car ils ne m'écouteraient pas, a répondu Christine Sheppard.

— Malheureusement, je pense que ce serait du temps perdu, a poursuivi Timothy Litzenburg. Leur position est que le glyphosate n'est pas cancérigène et en Amérique ils commercialisent le produit comme "pratiquement non toxique". Ils disent même qu'il est aussi inoffensif que du sel de table.

— L'université d'Hawaii nous a dit qu'on pouvait même le boire », a confirmé Christine.

De fait, on trouve sur le site de Monsanto France un document de septembre 2010 intitulé « Coupons l'herbe sous le pied à quelques idées reçues[8] ! » À la page 8, on peut lire ceci : « La toxicité aiguë du glyphosate est très nettement moins élevée que celle des produits courants comme la caféine ou le sel. »

Sur quelle étude se fonde Monsanto pour affirmer une chose pareille ? C'est la question que s'est posée Thomas Bøhn, un chercheur norvégien de l'université de Tromsø, une ville située au nord du cercle polaire arctique. Je m'y suis rendue, le 14 février 2017, avec l'espoir secret d'assister à une aurore boréale, mais nenni ! Fort heureusement le biologiste, spécialiste de biosécurité, est aussi un passionné de photo, ce qui nous a permis de le filmer en train de traquer les rapaces avec son appareil au-dessus des magnifiques fjords qui enchantent cette région également très prisée pour ses ballets de baleines. La petite escapade fut la bienvenue, car sans elle nous aurions passé notre bref séjour à Tromsø enfermés dans un laboratoire !

Depuis plusieurs années, Thomas Bøhn travaille sur l'impact sanitaire du glyphosate et des OGM. Il a eu la brillante idée de demander à l'EPA, l'agence de protection de l'environnement des États-Unis, de déclassifier une étude de Monsanto, datée du 31 août 1978. Intitulée « Toxicité aiguë du glyphosate sur des *Daphnia magna* », elle a été réalisée par deux toxicologues d'un laboratoire privé[a], à la demande de la multinationale. Le document, dont j'ai récupéré une copie, est estampillé de cette phrase : « Contient des informations confidentielles et

a. William McAllister et Alan Forbis, des Analytical Biochemistry Laboratories Inc.

couvertes par le secret commercial de la société Monsanto. » Cette étude est capitale, car c'est la première d'une longue série qu'exigent les agences de réglementation pour l'homologation d'un produit chimique. Elle vise à établir ce qu'on appelle la « dose létale » ou, dans le jargon, la « DL 50 », c'est-à-dire la dose qui tue la moitié des cobayes, en général des *Daphnia magna*, un petit crustacé d'eau douce. Pour cette expérience de toxicité aiguë, les *Daphnia* sont exposées à une dose élevée de la substance testée qui est ajoutée à l'eau de leur bain. Au final, la DL50 est exprimée en mg par litre d'eau, ce qui constitue une valeur indicative du degré de toxicité du produit. Pour le glyphosate, le test avait montré qu'il fallait 930 mg de glyphosate par litre d'eau pour tuer, en 48 heures, la moitié d'une population de *Daphnia magna*. D'où cette conclusion parfaite pour Monsanto : « Pratiquement non toxique. » Thomas Bøhn a répété l'expérience exactement dans les mêmes conditions, mais les résultats furent très différents[9]...

« Nous avons constaté qu'il faut 10 mg/l pour tuer la même espèce animale, m'a-t-il expliqué. Nous avons montré que la toxicité du glyphosate est cent à trois cents fois supérieure à ce que prétendait cette étude de 1978. Nous pouvons supposer qu'ils ont utilisé un autre type de glyphosate, parce que s'ils avaient utilisé le même que nous, leurs résultats auraient été similaires aux nôtres...

— Que voulez-vous dire par un "autre type de glyphosate" ?, ai-je demandé, en sentant que le biologiste marchait sur des œufs.

— Il y a différents types de glyphosates, dont une version soluble dans l'eau qui est utilisée comme herbicide, m'a répondu le chercheur. Il existe d'autres types de glyphosates qui ne sont pas solubles dans l'eau, mais il serait absurde de les prendre pour une étude censée tester la toxicité du produit pour l'environnement aquatique ou les usages agricoles...

— Est-ce qu'ils ont triché ?

— Je ne sais pas ce qu'ils ont fait... Mais ce que je peux dire, c'est que le caractère "pratiquement non toxique" du glyphosate a été repris partout depuis cette étude et qu'il est totalement erroné. Ensuite, nous avons conduit une étude de toxicité chronique, en exposant les *Daphnia magna* à de faibles quantités de glyphosate dans l'eau de leur bain pendant tout leur cycle de vie. Nous avons constaté un taux élevé de mortalité, comparé au groupe témoin, à des doses de 1,35 mg/l. Avec 0,45 mg/l, la reproduction des *Daphnia* était significativement affectée, et avec 0,05 mg/l la taille de leur progéniture était considérablement réduite.

— Mais les *Daphnia* sont très différentes des humains !

— Certes, m'a répondu Thomas Bøhn avec un sourire. Mais elles représentent un modèle parfait pour mesurer la toxicité d'un produit chimique. Si le glyphosate est toxique pour les *Daphnia*, nous devons être très prudents et poursuivre les expériences avec des souris ou des rats, car ces petits crustacés sont des sentinelles pour la santé humaine. »

Depuis trente ans, Monsanto et l'EPA ont caché que le glyphosate est cancérigène

« Comme nous le savons tous, Monsanto a infiltré les gouvernements et leurs agences de réglementation partout dans le monde, a déclaré Timothy Litzenburg devant le tribunal de La Haye. En Amérique, nous avons l'Agence de protection de l'environnement (EPA), qui est chargée de réglementer les produits chimiques. Dans le processus réglementaire interviennent de nombreux ex-dirigeants de Monsanto qui travaillent maintenant pour l'EPA. Il y a aussi des ex-agents de l'EPA qui travaillent directement chez Monsanto ou comme consultants. Pour le glyphosate, tout indique que Monsanto a manipulé la science et le processus de réglementation, pour cacher que l'herbicide est cancérigène. »

En ce jour d'octobre 2016, l'avocat n'en dira pas plus. Instruction oblige. Pas question pour lui de griller toutes les preuves qu'il était en train de patiemment accumuler en vue du (lointain) procès contre Monsanto. Parmi ses pièces à conviction, figure l'ensemble du dossier toxicologique qu'a remis l'entreprise à l'EPA. Le cabinet Miller a demandé à un juge californien, qui instruit la plainte déposée par plusieurs clients de Timothy Litzenburg, de déclassifier une partie de cette mine d'informations, couverte par le « secret commercial ». Et bingo ! Le dossier fait aujourd'hui partie des *Monsanto papers*, sur lesquels je reviendrai (voir *infra*, chapitre 8). En attendant, j'ai eu le privilège d'apercevoir le fameux dossier, qui compte des milliers de pages, grâce à Anthony Samsel, un biochimiste que j'ai rencontré dans sa maison du New Hampshire en mai 2016.

Le scientifique a eu recours au *Freedom of Information Act*, un dispositif légal qui permet aux citoyens américains de demander la déclassification de documents administratifs, à l'exception de ceux relevant de la sécurité nationale. C'est ainsi qu'il a demandé à l'EPA de lui communiquer le dossier d'homologation du glyphosate, transmis par Monsanto dans les années 1980. L'agence a refusé. Le scientifique a alors sollicité l'aide de son sénateur et a finalement obtenu gain de cause. L'EPA lui a donc envoyé des centaines de fichiers PDF, à savoir *toutes* les études toxicologiques réalisées par Monsanto ou des laboratoires privés, censées tester la toxicité aiguë (comme celle obtenue par le Norvégien Thomas Bøhn) ou chronique du glyphosate. « Elles sont toutes là !, m'a dit avec gourmandise Anthony Samsel en ouvrant son ordinateur. Mais attention ! J'ai dû m'engager à ne pas les donner ni les montrer à quiconque ! Je vous laisse filmer la première page de quelques documents, mais c'est tout ! En revanche, j'ai le droit de les commenter, y compris dans des articles scientifiques. Toutes ces études sont couvertes par le secret commercial et n'ont jamais été publiées dans les revues scientifiques. Il y a plusieurs études de toxicité chronique, conduites sur différents animaux – des *Daphnia magna*, des rats, des souris, des lapins et des poissons –, qui ont mesuré les effets d'une exposition prolongée sur une période de quatre-vingt-dix jours à deux ans. Elles ont mesuré si le produit est tératogène, c'est-à-dire s'il cause des malformations congénitales, s'il est mutagène, en affectant l'ADN, ou s'il provoque des cancers. J'ai été surpris de voir que Monsanto a conduit plusieurs études de deux ans, alors que je pensais que le Français Gilles-Éric Séralini était le seul à l'avoir fait.

— Est-ce que ces études ont montré que le glyphosate causait des cancers ?, ai-je demandé, littéralement sidérée par la masse d'informations qui s'offrait à mes yeux.

— Oui ! Et c'est même la partie la plus impressionnante de ce dossier. J'ai résumé toutes les données dans des tableaux pour qu'on puisse voir les différents cancers qui ont été causés par le produit. Il y a une étude de deux ans, réalisée en 1981[10], où du Roundup a été mélangé à la nourriture de rats, à trois doses allant de 3 à 30 mg/kg. Ils ont constaté des cancers des reins, de la vessie, du cerveau, de l'hypophyse et de la thyroïde, ainsi que de la prostate (mâles) et des seins (femelles) surtout à la dose la plus faible, comme si la relation "dose-effet" était inversée. Dans une autre étude de vingt-six mois réalisée aussi en 1981, les chercheurs ont constaté des dommages dans les reins des mâles. L'EPA a demandé à Monsanto de conduire des examens histologiques plus poussés, qui ont confirmé une inflammation des cellules typique d'une maladie chronique rénale. Les résultats montraient aussi plusieurs types de cancers dans les glandes et organes. Par exemple, si on prend le pancréas, les données sont statistiquement très significatives : il n'y avait pas de cancer dans le groupe témoin, mais 5 sur 49 rats dans le groupe exposé à 3 mg/kg et par jour, 2 sur 50 (1 mg/kg/j) et 3 sur 50 (30 mg/kg/j)[11].

— Cela veut-il dire que Monsanto et l'EPA ont délibérément caché depuis plus de trente ans que le glyphosate est cancérigène ?

— En fait, pour diluer les résultats, Monsanto les a comparés à ceux obtenus dans des groupes contrôles historiques, qui provenaient d'autres études dont la source n'est pas précisée[a]. Il est probable que ces études ont été corrompues, soit en raison d'erreurs commises par les techniciens de laboratoire, soit parce que l'eau ou la nourriture des cobayes était polluée. Du coup, les groupes contrôles présentaient des cancers et voilà comment des résultats statistiquement significatifs sont devenus non significatifs... C'est ce que j'appelle de la "magie malhonnête". La même astuce a été utilisée par Monsanto pour diluer les résultats obtenus lors d'une étude de dix-huit mois, conduite en 1983 sur des souris, qui avait clairement montré une augmentation des cancers des reins dans les groupes expérimentaux[12]. S'il n'y avait pas eu cette manipulation, le glyphosate n'aurait jamais été homologué. D'ailleurs, les documents internes de l'EPA révèlent qu'il n'y a pas eu d'unanimité au sein du comité en charge du glyphosate. Certains membres se sont opposés à l'autorisation de mise sur le marché en écrivant sous leur nom : "Je ne suis pas d'accord." »

Et Anthony Samsel de conclure avec vigueur : « Monsanto a fait d'excellentes études. J'ai été impressionné par la qualité de leur travail. Mais, malheureusement, ils ont caché toute cette information ! » Nous verrons ultérieurement que la firme de Saint Louis n'est pas la seule responsable de cette dissimulation criminelle, qui n'aurait pu avoir lieu sans la complicité des agences de réglementation. Mais nous n'en sommes pas encore là...

---

a. J'ai décrit ce tour de passe-passe dans le chapitre 2.

4

Au Sri Lanka, la mort est dans les rizières

« Madame, le révérend Rathana vous demande de l'appeler au téléphone de toute urgence ! » Nous sommes le mardi 20 septembre 2016, à 6 heures du matin. Avec Marc Duployer et Guillaume Martin, nous arrivons d'un voyage en avion de quatorze heures qui nous a conduits de Paris à Colombo, la capitale du Sri Lanka, avec une escale à Abu Dhabi (Émirats arabes unis). Autant dire que nous ne sommes pas très frais… À peine avons-nous posé nos valises à l'hôtel Grand Oriental que son directeur me tend, d'une main, un bout de papier avec un numéro de téléphone et, de l'autre, un combiné. Une manière de dire que les souhaits du révérend Rathana sont des ordres, auxquels on ne peut se soustraire. « C'est un grand homme, me dit le directeur avec un large sourire. Ici, il est très respecté ! »

2015 : le premier pays au monde à interdire le glyphosate

Athuraliye Rathana Thero est un moine bouddhiste qui est député depuis 2004. En 2014, il avait été à la tête d'un mouvement de citoyens qui a porté à la présidence Maithripala Sirisena, un ex-ministre de la Santé d'origine paysanne.

Élu le 8 janvier 2015, le nouveau président a pris aussitôt une mesure qui défraya la chronique internationale : il a déclaré l'interdiction immédiate du glyphosate dans tout le Sri Lanka, dans le but de « protéger la santé du peuple et la communauté paysanne ». Lors d'une conférence de presse, il a expliqué que « l'herbicide était responsable d'un nombre croissant de patients souffrant d'une maladie chronique rénale [affectant] 15 % de la population en âge de travailler dans les régions du Nord », et a déjà « tué 20 000 personnes ». Cette décision, qui constituait une première mondiale, était l'une des principales revendications du mouvement dirigé par le révérend Rathana pour soutenir l'élection de Maithripala Sirisena. Fervent défenseur de l'agriculture biologique, le moine avait suivi de très près le drame qui se jouait dans le secteur rizicole de la région centrale nord du Sri Lanka, regroupant les provinces d'Anuradhapura et de Polonnaruwa. C'est précisément pour cette raison que je l'avais contacté. Une interview avait été fixée le jour de mon arrivée à Colombo, à 14 heures. Mais pourquoi diable le révérend cherchait-il à me joindre aux aurores ?

« Nous devons repousser notre interview, me dit-il sur un ton péremptoire. Je veux que vous parliez dans une conférence de presse que j'organise à 14 heures. Hier Navin Dissanayake, le ministre des Plantations, a annoncé dans le journal anglophone *The Sunday Times* qu'il allait lever partiellement l'interdiction du glyphosate et importer 80 000 litres de Roundup pour les producteurs de thé. Il faut absolument que vous expliquiez à la presse pourquoi le glyphosate est dangereux ! Vous avez pensé à apporter les DVD de votre film *Le Monde selon Monsanto* que je vous ai demandés ?

— Oui, répondis-je, un peu perturbée par l'anglais assez chaotique de mon interlocuteur.

— C'est parfait ! Un DVD sera livré sur-le-champ au cabinet du Président, qui malheureusement est parti à New York pour une réunion aux Nations unies. Il pilote depuis là-bas une commission ministérielle qui va se réunir en urgence en fin de journée. Après la conférence de presse, nous projetterons votre film pour les journalistes. »

Malgré la fatigue, je n'avais pas le choix. Après une douche et un solide petit déjeuner, j'ai donc préparé au débotté un exposé sur le glyphosate. En fin de matinée, nous sommes allés filmer des images du port de Colombo, d'où les Britanniques exportèrent du thé par cargos entiers quand ils régnaient sur l'île de Ceylan, située au sud de l'Inde et surnommée la « pépite de l'océan indien », qui devint la « République démocratique socialiste du Sri Lanka » en 1972. « C'est dingue », dis-je à mes collègues, tandis que nous dégustions une tasse de thé noir, vanté comme l'un des « meilleurs thés du monde » : « Après le café d'Hawaii, c'est le thé de Ceylan qui est passé au Roundup. Je vais dire aux journalistes sri lankais que cette information ne plaira pas aux consommateurs européens, si d'aventure l'interdiction était levée... »

« J'ai vu le Président la semaine dernière et il m'a confirmé l'interdiction des herbicides à base de glyphosate, a assuré le révérend Rathana lors de la conférence de presse. Le Premier ministre est d'accord avec lui. L'annonce du ministre des Plantations est donc sans fondement. Je dis clairement qu'il n'y aura plus jamais de glyphosate qui entrera au Sri Lanka ! Personne ne pourra revenir là-dessus : je ne laisserai pas faire ça jusqu'à mon dernier souffle ! Le gouvernement a décidé de protéger le pays contre les terroristes. Mais, aujourd'hui, les vrais terroristes sont les entreprises chimiques qui font cent fois plus de dégâts que ceux de Prabhakaran ! »

Prononcés en cingalais, les mots du moine bouddhiste ont provoqué des réactions mitigées chez la trentaine de journalistes présents, qui ont oscillé entre l'étonnement et la réprobation polie. Il faut dire que la comparaison était osée : Velupillai Prabhakaran (1954-2009) a été longtemps l'ennemi public numéro un au Sri Lanka. Il était le chef des Tigres tamouls, organisation séparatiste qui a mené une guerre civile très violente de 1983 à 2009 pour arracher un État indépendant dans l'est et le nord du pays, où vivent majoritairement des Tamouls de religion hindoue – lesquels représentent 20 % de la population, estimée à 22 millions d'habitants, majoritairement bouddhistes. En vingt-cinq ans, le conflit a fait plus de 70 000 morts et quelque 140 000 disparus…

« On aime notre pays, on vit pour lui, on ne se laissera pas faire. On va demander aux experts internationaux de nous aider pour nous sortir de là ! », a conclu le révérend Rathana en m'invitant à le rejoindre à la tribune. Je ne suis pas sûre que mes confrères sri lankais aient tout compris de mon intervention, prononcée en anglais pendant une trentaine de minutes et traduite en cingalais en à peine cinq minutes. Mais ma conclusion, qui portait sur la réticence des Européens à boire du thé présentant des résidus de glyphosate a provoqué un intérêt certain. « Vous avez bien fait de terminer votre exposé par cet argument économique, m'a dit le révérend Rathana trois heures plus tard. Avec 200 000 hectares cultivés, le Sri Lanka est le troisième producteur mondial de thé, qui représente l'une des principales sources de devises, avec le riz cultivé sur 1 200 000 hectares. Jusqu'en 2015, ces cultures absorbaient la quasi-totalité des 5 300 000 litres de glyphosate importés chaque année dans le pays. »

Nous avions rejoint le moine bouddhiste dans son monastère, situé à une trentaine de kilomètres de Colombo. L'endroit était étonnant. Le temple et la résidence des bonzes étaient construits en bordure d'un terrain vague, au cœur d'une zone industrielle où avaient poussé de manière anarchique des baraques de fortune jouxtant des immeubles en béton dont la construction était manifestement inachevée. À l'autre bout du terrain vague, un Bouddha monumental tournait le dos à un étang recouvert de nénuphars. Vêtu de sa toge orange, le révérend Rathana s'était prosterné devant la statue, puis s'était assis en position du lotus sur un tapis de sable pour réciter des mantras qui se mêlaient à la rumeur de la ville. Subitement il s'était levé pour nous faire signe de le suivre. Avec un plaisir évident, il nous avait montré le potager bio qui longeait le monastère : « Filmez-le !, avait-il quasiment ordonné. Les

Occidentaux doivent comprendre que nous n'avons pas besoin de leurs produits chimiques pour cultiver nos aliments ! Notre jardin fournit tous les fruits et légumes dont ma communauté a besoin pour vivre, sans aucun pesticide ni engrais chimiques. C'est ce qu'ont fait les Sri Lankais pendant vingt-cinq siècles ! »

« En mars 2014, le gouvernement précédent de Mahinda Rajapakse avait décidé de bannir le glyphosate. Mais il est revenu un mois après sur sa décision, m'a expliqué le révérend Rathana après nous avoir conduits dans le temple où s'est déroulée l'interview. C'est pourquoi j'ai rejoint l'opposition. Nous avons créé un mouvement avec de nombreux paysans, des scientifiques et des autorités religieuses, et nous sommes parvenus à provoquer un changement de régime. C'est grâce au rejet du glyphosate que nous sommes devenus des "faiseurs de roi", a poursuivi le moine dans un grand éclat de rire. Je suis fier de dire que nous sommes des pionniers ! Le Sri Lanka est un petit pays, mais nous avons donné l'exemple au reste du monde. Monsanto suit de très près ce qui se passe chez nous, parce qu'ils savent que d'autres pays peuvent nous suivre !

— Est-ce que le ministre des Plantations a reçu des pressions de Monsanto ?, ai-je demandé.

— Je ne sais pas, m'a répondu le moine. Le ministre est très proche de l'association des producteurs de thé, elle-même très liée au secteur de l'agrobusiness. Leur argument est que l'interdiction du glyphosate va provoquer une baisse des rendements, car le désherbage manuel des plantations nécessite quatre fois plus de travail que l'application de deux litres de Roundup par hectare deux fois par an. Depuis l'interdiction, Monsanto soutient des campagnes relayées par la presse, comme récemment une pétition signée par huit cents titulaires d'un doctorat (dont des membres de l'Académie nationale des sciences), qui disait : "Nous avons besoin du glyphosate." La publication de ce texte en pleine page a coûté très cher. C'est irresponsable quand on connaît le désastre que le glyphosate cause dans notre communauté paysanne, principalement dans les familles de riziculteurs où la maladie et la mort sont en train de décimer toute une région. Allez voir ! Il faut que le monde connaisse ce crime qui menace l'avenir de nos enfants ! »

Le glyphosate à l'origine d'une maladie rénale fatale

Le lendemain, nous avons quitté Colombo à 6 heures du matin pour rejoindre Anuradhapura, la capitale de la province centrale du nord (57 000 habitants), située à 250 kilomètres. Fort heureusement, le docteur Channa Jayasumana, avec qui nous avions rendez-vous, nous avait recommandé un « chauffeur de confiance », prénommé Jayasuriya, sans qui nous aurions eu beaucoup de mal à rejoindre notre destination. Parce qu'il faut rouler à gauche – ancienne colonie britannique oblige –, mais surtout parce qu'il faut une certaine expérience pour conduire sur des routes défoncées où, comme dans l'Inde toute proche, se croisent des vélos, des bœufs, des camions et des voitures qui usent et abusent du klaxon pour se frayer un passage. Malheureusement, notre planning très serré ne nous a pas laissé le loisir de visiter la ville sainte d'Anuradhapura, qui fut la capitale politique et religieuse de Ceylan pendant 1 300 ans. Considérée comme la cité sacrée du bouddhisme, elle a été classée en 1982 au patrimoine mondial de l'humanité par l'Unesco.

« Je vous ai vue hier à la télé, m'a dit Channa Jayasumana, alors que nous prenions place dans son bureau de l'université de médecine Rajarata, où il dirige la faculté de pharmacologie. Bravo ! La commission nommée par le Président a confirmé l'interdiction totale du glyphosate. Plusieurs chefs des villages frappés par la maladie chronique rénale m'ont appelé pour me faire part de leur soulagement. C'est dans ma faculté que nous avons identifié la cause de cette pathologie, qui était totalement inconnue au Sri Lanka jusque dans les années 1990. Le premier cas a été identifié dans l'hôpital d'Anuradhapura en

1994. Et puis, à partir des années 2000, ce fut une véritable épidémie. Au début, les autorités l'ont baptisée *Chronic kidney disease of unknown etiology* (maladie chronique rénale d'étiologie inconnue), parce que normalement les maladies rénales sont dues au diabète ou à l'hypertension, alors que les patients ne présentaient pas ces facteurs. C'est ainsi qu'en 2008, j'ai décidé de consacrer ma thèse de doctorat à cette pathologie en menant des travaux épidémiologiques, cliniques et biochimiques. Nous avons d'abord mené une enquête auprès de plusieurs dizaines de patients. Et nous avons constaté que la maladie concernait des riziculteurs, surtout des hommes jeunes ou d'âge moyen, utilisant des pesticides et engrais chimiques et buvant l'eau de leur puits. En revanche, les habitants vivant dans la zone endémique mais consommant l'eau du réseau étaient épargnés par la maladie. Nous avons analysé l'eau des puits et avons noté qu'elle présentait des niveaux élevés de métaux lourds et des résidus de pesticides, principalement de glyphosate. Nous avons aussi constaté que l'eau des nappes phréatiques qui alimentent les puits est naturellement très dure, contenant des taux élevés de magnésium et de calcium.

— Vous aviez entendu parler du glyphosate ou du Roundup ?

— Pas du tout !, m'a répondu sans hésiter le jeune chercheur de trente-sept ans. Au début de mon enquête, j'ai agi complètement en aveugle, car en tant que médecin je ne connaissais rien aux pesticides utilisés par les paysans. Il m'a d'ailleurs fallu un certain temps pour orienter mes recherches vers le glyphosate. J'ai donc commencé par accumuler les indices récurrents qui caractérisaient les patients. Après l'enquête épidémiologique, nous avons conduit une étude clinique et biochimique des urines des malades, que nous avons comparées aux urines de personnes qui ne souffraient pas de la maladie vivant dans la région endémique ainsi que dans le reste du pays. Nous avons trouvé des taux de métaux lourds extrêmement élevés, principalement d'arsenic, de cadmium, de chrome, de nickel et de cobalt, ainsi que de pesticides, essentiellement du glyphosate et des insecticides organophosphorés. Ces molécules étaient absentes dans les urines des personnes qui ne souffraient pas de la maladie rénale ou qui habitaient dans d'autres régions du pays.

« Nous avons publié [en 2014] nos résultats dans une revue scientifique[1], tandis que l'Organisation mondiale de la santé menait de son côté une étude similaire, qui est parvenue aux mêmes résultats que nous. C'est ainsi que nous avons conclu que la maladie était d'origine toxicologique. En examinant chacun des métaux lourds séparément, dont certains provenaient des engrais chimiques phosphatés, nous avons constaté qu'aucun ne pouvait être responsable de lésions rénales aussi graves. Nous avons donc cherché quelle pouvait être la néphrotoxine à l'origine de l'épidémie. Nous l'avons appelée l'"agent X", lequel devait couvrir un certain nombre de caractéristiques : il devait avoir été introduit au moins vingt ans avant l'émergence de la maladie, car au fur et à mesure de notre enquête, nous avions constaté que des personnes de plus en plus jeunes, y compris des femmes, étaient touchées. Tout indiquait que cet "agent X" avait la capacité de bioaccumuler et qu'il avait fallu douze à quinze ans avant qu'il provoque des dégâts rénaux cliniquement identifiables. Par ailleurs, il devait être lié à la culture du riz, car la distribution géographique de la maladie coïncidait strictement avec la carte des rizières.

« Nous avons opté pour un pesticide, car à partir de 1977 le gouvernement a promu très activement l'usage de produits chimiques pour la production du riz. L'"agent X" devait aussi avoir la faculté de former des complexes stables avec l'eau "dure"[a] des nappes phréatiques, en fixant les métaux naturellement présents ou provenant des produits chimiques utilisés dans les rizières. Une seule molécule remplissait tous ces critères : le glyphosate ! »

---

a. Une eau est considérée comme « douce » quand son taux de calcium et de magnésium est compris entre 0 et 60 mg/l, elle est « modérément dure » avec un taux compris entre 61 et 120 mg/l, « dure » de 121 à 180 mg/l et « très dure » au-delà.

Un puissant (et très toxique) chélateur de métaux

« Vous avez agi comme un détective privé qui recherche un coupable ?, ai-je demandé, tandis que nous prenions la route pour le secteur de Padaviya, situé à 120 kilomètres d'Anuradhapura et considéré comme l'épicentre de l'épidémie. En ce jour de septembre, la récolte du riz était presque terminée. Ici et là, au détour d'un chemin de terre, on apercevait un groupe de paysans qui passait les dernières gerbes de la précieuse céréale à la moissonneuse-batteuse. Des nuées de paons sauvages picoraient les graines restées dans les rizières asséchées.

« J'ai su que je tenais le coupable quand j'ai découvert que le premier brevet accordé au glyphosate ne concernait pas sa fonction herbicide, mais son pouvoir de chélation, m'a répondu Channa Jayasumana, sur un ton subitement très ferme. D'un coup, toutes les pièces du puzzle se sont mises en place et j'attends toujours qu'on me prouve sérieusement que j'ai tort ! »

De fait, ce n'est pas Monsanto qui a inventé le glyphosate, mais un chimiste suisse du nom d'Henry Martin, qui travaillait pour le laboratoire pharmaceutique Cilag. En 1950, n'ayant pu identifier aucune application pharmaceutique, la firme vendit la molécule à différentes entreprises qui la testèrent. C'est ainsi qu'en 1964, la multinationale américaine Stauffer Chemical obtint un premier brevet pour une fonction totalement méconnue de la molécule, celle de chélateur de métaux[a]. Provenant du grec *khêlê* (pince), la chélation est un processus physico-chimique qui permet à un « ligand » – le « chélateur » – d'attraper les cations ou atomes des métaux pour former avec eux un complexe stable, qu'on appelle « chélate ».

a. La demande de brevet a été déposée par deux inventeurs, Toy Fon et Eugène Uhing, au nom de Stauffer Chemical le 30 janvier 1961. Le brevet a été accordé par l'Office des brevets des États-Unis le 8 décembre 1964, sous le numéro 3160632A.

En médecine, certains chélateurs sont utilisés comme agents de détoxification lors d'une contamination aiguë par des métaux lourds, comme le mercure des plombages dentaires, ou par des produits radiologiques, comme le plutonium. Car le processus de chélation rend les métaux solubles, ce qui permet aux organismes vivants de les excréter, notamment par les voies urinaires. Le brevet obtenu en 1964 par Stauffer Chemical montre ainsi que le glyphosate est un chélateur puissant, capable de séquestrer de nombreux métaux et minéraux, comme le calcium, le magnésium, le cadmium, le nickel, le cobalt, le plomb ou le strontium. La structure chimique de la molécule lui permet d'extraire les métaux de leur milieu, de les fixer et de les rendre solubles dans l'eau. C'est ainsi que le glyphosate a d'abord été utilisé comme détergent, afin de détartrer les chaudières et les canalisations d'eau privées ou industrielles, encrassées par des dépôts de métaux.

« Nous sommes arrivés !, nous a dit Channa Jayasumana après deux heures et demie de trajet au milieu d'une mosaïque de rizières, dont on apercevait l'impeccable forme rectangulaire malgré les herbes qui les avaient envahies. La voiture s'était garée devant une maison paysanne traditionnelle avec des murs en torchis orange, recouverte d'un toit de chaume. Près d'un palmier monumental, une femme était en train de piétiner le *paddy*, constitué des grains de riz recouverts de leur balle qui séchaient sur une natte de bambou. Après nous avoir salués, elle appela son mari, Anura Premaraphue, avec qui nous avions rendez-vous. Vêtu d'un sarong bleu, l'homme très amaigri nous fit signe de nous approcher depuis le pas de la porte. À peine avions-nous pris place dans l'unique pièce commune de la maison que la fille aînée du couple apporta un cahier d'école qui faisait office de dossier médical. Le docteur Jayasumana le feuilleta en silence.

« Comment a commencé la maladie ?, a-t-il demandé en cingalais.

— Il y a cinq ans, j'ai eu des maux de tête pendant plusieurs mois, a répondu Anura, tandis que sa plus jeune fille nous apportait des tasses de thé. J'avais des brûlures quand j'urinais et j'avais mal au dos.

— Généralement, la maladie rénale agricole est diagnostiquée dans un stade avancé parce qu'elle n'a pas de symptômes spécifiques, m'a expliqué Channa. Quand les signes cliniques apparaissent, les fonctions rénales sont déjà détériorées à plus de 60 %. D'après nos données, les patients meurent dans les quatre à huit ans qui suivent le diagnostic. Anura est en phase 4, il est sur une liste d'attente pour être dialysé.

— Tu as utilisé du Roundup ?, a demandé le médecin.

— Oui, je l'ai utilisé... Vingt-cinq à trente-cinq litres par récolte, pendant une douzaine d'années.

— Tu as un puits ?

— Oui... Mes parents ont toujours bu l'eau de ce puits, mais nous avons arrêté de l'utiliser quand je suis tombé malade. »

À ces mots, Anura s'est levé pour nous montrer le vieux puits en pierres blanches, situé à une centaine de mètres de la rizière. Sur le chemin, il a désigné de la main le pulvérisateur à pesticides, de marque Brownspray, posé contre le mur d'un établi. « Maintenant quand je vois le pulvérisateur, je me dis qu'il nous a apporté la mort, alors qu'on voulait simplement gagner notre vie... », a-t-il murmuré en soupirant profondément.

« Est-ce qu'il y a d'autres personnes qui ont bu l'eau de ce puits et qui sont malades ?, a demandé Channa, tandis qu'Anura puisait un seau d'eau avec une longue chaîne en fer.

— Dans ma famille, il y a ma grande sœur, a répondu le paysan. Avant de se marier, elle habitait avec nous et buvait l'eau du puits. Elle est tombée malade et elle est morte à cause de la maladie des reins. »

C'est alors que Channa a sorti de sa poche un testeur, une sorte de thermomètre permettant de mesurer ce qu'on appelle les « solides dissous totaux » (SDT), à savoir la quantité de minéraux présents dans l'eau : « Vous voyez que le taux de SDT est de 852 mg/l, a dit le scientifique. C'est extrêmement élevé, normalement dans l'eau de table c'est moins de 20 mg/l[a]. Quand les paysans pulvérisent le Roundup dans les rizières, des résidus rejoignent la nappe phréatique qui contient naturellement beaucoup de calcium et de magnésium, car dans cette région l'eau est très "dure". Grâce à son pouvoir de chélation, le glyphosate se lie à ces métaux, ainsi qu'aux métaux lourds provenant des résidus d'engrais et de pesticides chimiques, comme le cadmium, le chrome, le nickel ou le cobalt. Une fois qu'il est lié aux métaux, le glyphosate forme un "chélate", un complexe très stable qui peut rester dans les nappes phréatiques pendant plus de trente ans et qui est beaucoup plus toxique pour les reins que le glyphosate ou les métaux lourds séparément. D'après l'étude que nous avons publiée[2], 96 % des patients atteints de la maladie rénale agricole avaient consommé de l'eau dure ou très dure pendant au moins cinq ans.

« Il faut noter que la pathologie n'existe pas dans la péninsule du nord, où l'eau est aussi très dure. La raison en est le conflit armé qui a déchiré le pays pendant plus de trente ans et s'est terminé en 2009. Comme les Tigres tamouls utilisaient des produits chimiques pour fabriquer des explosifs, le gouvernement y avait interdit la vente de tout produit chimique, y compris les herbicides à base de glyphosate. Cet élément renforce notre hypothèse ! Nous n'avons jamais dit que le glyphosate était le seul responsable de la maladie, parce qu'il faut aussi qu'il y ait une eau dure, avec du calcium et du magnésium, ainsi que des métaux lourds. Mais sans le glyphosate, il n'y aurait pas de maladie. »

« Les pesticides sont des monstres »

Nous avons ensuite repris la route pour rejoindre l'hôpital de Padaviya, situé au cœur de la région affectée par

a. En France, le taux recommandé est de 0,45 mg/l...

la maladie que les autorités ont rebaptisée *Chronic interstitial nephritis in agricultural communities* (néphrite chronique interstitielle des communautés agricoles, CINEAC dans sa forme abrégée). « Nous avons changé le nom de la maladie, d'abord parce que nous voulions souligner qu'elle était liée à des pratiques agricoles, m'a expliqué le docteur Jayasumana. De plus, ses caractéristiques sont celles d'une néphrite interstitielle, dans laquelle les tubules rénaux enflent et s'enflamment au point d'affecter la capacité des reins à filtrer les déchets. Lorsqu'elle est chronique, les effets s'aggravent au fil du temps, en provoquant la mort des organes. Et là encore le glyphosate est le coupable idéal ! Plusieurs études ont montré les effets néphrotoxiques de la molécule qui affecte notamment les tubules rénaux des animaux exposés[3]. De son côté, le professeur Gilles-Éric Séralini a montré que des rats nourris avec du maïs Roundup Ready ou de l'eau contenant de faibles doses de Roundup pendant deux ans souffraient de graves lésions rénales avec une augmentation significative du taux de créatinine et d'urée dans le sang (voir *infra*, chapitre 7)[4]. Ces résultats ont été confirmés par l'Argentine Karen Larsen qui a ajouté des doses très faibles de glyphosate dans l'eau bue par les rats[5]. » À sa liste, non exhaustive, Channa Jayasumana aurait pu ajouter l'étude de Monsanto dont j'ai parlé dans le chapitre précédent. Il ne pouvait certes en avoir connaissance, car elle faisait partie du dossier d'homologation du glyphosate couvert par le secret commercial, dont Anthony Samsel a obtenu la déclassification. Datée de 1981, elle montrait que des rats exposés à du glyphosate par voie orale – c'est-à-dire par l'alimentation – avaient développé une inflammation typique d'une « maladie chronique rénale[6] ». Dans leur compte rendu, les expérimentateurs notaient des « changements dans les reins », comme un « gonflement des tubules rénaux » ou une « nécrose aiguë des tubules ».

« Cela veut dire que Monsanto savait et n'a rien dit ?, s'est indigné Channa Jayasumana, après que j'eus commenté l'étude de la firme. C'est scandaleux ! » Nous avions rendez-vous avec le directeur de l'hôpital de Padaviya, le docteur

Pubudu Ranaweera, qui était en train de remplir un dossier pour obtenir une aide financière internationale. « Nous sommes débordés, a-t-il expliqué. Notre unité de dialyse ne compte que huit lits, et même en travaillant 24 heures sur 24, nous ne pouvons recevoir que vingt-quatre patients par jour. La liste d'attente ne cesse d'augmenter et les malades sont de plus en plus jeunes. Nous aurions besoin de multiplier notre capacité par au moins trois. La maladie rénale représente la première cause de mortalité dans l'hôpital. C'est une hécatombe ! »

Le directeur nous conduisit dans l'unité de dialyse où s'affairaient trois infirmières en blouse blanche autour de huit patients, sept hommes et une femme, qui d'un coup a été saisie de violentes crises de toux, suivies de vomissements. À ses côtés un jeune homme, qui est resté impassible quand sa machine à dialyse a déclenché une alarme stridente.

« Quel âge as-tu ?, a demandé le docteur Ranaweera.

— Trente et un ans, a répondu le jeune malade.

— Depuis combien de temps fais-tu la dialyse ?

— Un an.

— Tu as des rizières ?

— Oui

— Est-ce que tu utilisais du Roundup ?

— Avant je l'utilisais, mais plus maintenant...

— Je vois dans ton dossier que tu es candidat pour une greffe de rein ?

— Oui, le ministère de la Santé est en train de faire des examens sur mon frère qui est prêt à me donner un rein. »

Pubudu Ranaweera nous a expliqué que de nombreux patients renonçaient à être dialysés, parce qu'ils n'avaient pas les moyens de parcourir des dizaines de kilomètres pour se rendre trois fois par semaine à l'hôpital. Quant aux greffes, elles restaient très rares, en raison d'un manque de greffons mais aussi de chirurgiens compétents et d'infrastructures adéquates pour une opération aussi lourde.

Très touché par le drame que vivent de nombreuses familles de la région, le docteur Ranaweera a décidé de faire de la prévention. Une fois par semaine, il organise des causeries où sont invités les patients et leurs proches. C'était précisément le jour où nous étions dans l'hôpital et nous avons pu filmer cette scène étonnante. À 11 heures tapantes, une cinquantaine d'hommes et de femmes se sont installés en silence dans une petite salle écrasée par la chaleur moite. Sur les murs, des affiches illustrées expliquaient en cingalais les mérites de l'agriculture biologique.

« Aujourd'hui on va parler des maladies non contagieuses et de la maladie des reins, a commencé le docteur Ranaweera. Si on prend les consultations de l'année dernière, il y a eu dans notre hôpital 25 000 patients qui ont pris des médicaments. Parmi eux, environ 5 500 avaient la maladie des reins, c'est-à-dire plus de 20 %. C'est un problème grave ! Est-ce qu'on peut arrêter cette maladie ? » La question a provoqué un grondement collectif dans l'assistance, qui dans un bel ensemble a dodeliné de la tête pour marquer son acquiescement.

« Oui, on peut !, a poursuivi le directeur. Comment ? Il faut arrêter d'utiliser des pesticides dans les rizières ! Vos parents, vos grands-parents, vos arrières grands-parents, est-ce qu'ils avaient cette maladie ? Non ! Il faut réapprendre à cultiver comme eux, sans poisons chimiques, car ce sont des monstres ! Ils représentent un danger pour nous les humains, les animaux, l'environnement et les générations futures. Est-ce que c'est clair ? Il faut arrêter complètement l'utilisation des pesticides ! Bonne journée à tout le monde ! », a conclu Pubudu Ranaweera en portant ses deux mains jointes au niveau du menton, tandis que l'assistance répétait son geste en inclinant la tête.

Une maladie des reins due au glyphosate fait des dizaines de milliers de morts : « C'est un écocide »

« L'une des stratégies de la mafia du glyphosate – c'est comme cela que j'appelle les fabricants et tous leurs alliés scientifiques ou gouvernementaux – est de faire courir la rumeur que nos résultats ne sont pas scientifiques parce que notre laboratoire n'est pas à la hauteur, m'a raconté Channa Jayasumana, tandis que nous reprenions la route pour participer à une réunion de malades. Nous avons donc envoyé nos échantillons d'urine et d'eau à l'université de Californie, qui a obtenu les mêmes résultats que nous. Nous avons des preuves épidémiologiques, cliniques et biochimiques, mais Monsanto se contente de dénigrer nos résultats, sans faire de travail de laboratoire ni de terrain ! Ce n'est pas une démarche scientifique ! J'affirme que leur comportement est criminel parce qu'il y a des milliers de paysans innocents qui meurent chaque jour, non seulement au Sri Lanka, mais aussi en Inde ou en Amérique centrale. »

De fait, dans l'État de l'Andhra Pradesh, situé au sud-est de l'Inde, les autorités ont enregistré une épidémie de maladie chronique rénale chez les riziculteurs, principalement dans les districts d'Uddanam et de Chikamurthy où l'eau des puits atteint des records de dureté, avec des pics à 1 000 mg/l de solides dissous totaux (SDT)[7]. Comme leurs voisins sri lankais, les producteurs indiens utilisent des herbicides à base de glyphosate pour désherber leurs rizières. Même constat dans les régions côtières du Nicaragua, du Salvador et du Costa Rica, où le glyphosate est pulvérisé dans les champs de canne à sucre[8]. Les terres qui longent le Pacifique font partie de la ceinture volcanique de l'Amérique centrale et contiennent naturellement des niveaux élevés de métaux qu'on retrouve dans les nappes phréatiques. Comme dans le sous-continent indien, les familles paysannes n'ont pas accès au réseau d'eau potable et consomment donc l'eau des puits. D'après une estimation publiée en 2013, plus de 20 000 personnes avaient déjà succombé à la maladie[9]. La situation est particulièrement grave au Salvador, où de 2005 à 2012, 39 000 patients, dont 1 474 âgés de moins de vingt ans, ont été hospitalisés en raison de la maladie rénale, qui représente la principale cause de mortalité dans les hôpitaux[10]. C'est ainsi que, le 5 septembre 2013, le Parlement salvadorien a voté l'interdiction de cinquante-trois pesticides et engrais chimiques contenant des métaux lourds, comme l'endosulfan, le paraquat et le glyphosate. Pour l'herbicide de Monsanto, un délai de deux ans a été accordé, repoussant l'interdiction totale à septembre 2015, soit quatre mois après celle décrétée par le président du Sri Lanka.

« Comment réagit la population ? », ai-je demandé à Channa, tandis que nous marchions vers la maison de Kolon Saman, un chef de village qui allait bientôt s'envoler avec lui pour La Haye, afin de témoigner au Tribunal international Monsanto. « Les gens ont peur, m'a-t-il répondu. Beaucoup envisagent de quitter la région, parce qu'ils ne veulent pas que leurs enfants tombent malades. L'épidémie de maladie rénale n'est pas la seule conséquence des herbicides à base de glyphosate. Nous avons constaté un taux élevé de lymphomes et de leucémies chez les enfants, ainsi que des cancers du sein et de la prostate dans les communautés paysannes. L'enjeu est aussi la destruction d'un mode de vie et de savoirs ancestraux. L'utilisation massive du glyphosate a entraîné la disparition des herbes médicinales qui étaient utilisées dans la pharmacopée traditionnelle. Tout notre environnement est affecté. Si vous voulez voir un exemple idéal d'écocide, alors venez dans la province centrale du nord du Sri Lanka. Pas de doute, c'est un écocide. » Et Channa d'ajouter, après un silence : « Ce drame mobilise toute mon énergie. Dans notre pays, l'éducation est gratuite et je suis moi-même né dans une famille humble du sud du pays. C'est grâce à l'enseignement public et aux impôts payés par mes concitoyens que j'ai pu devenir le plus jeune médecin diplômé du pays. Cela me confère des droits mais aussi des devoirs... »

Nous étions arrivés chez Kolon Saman, qui vint nous saluer, tandis qu'une quarantaine de personnes prenaient place sur des bancs disposés devant sa maison. Je n'oublierai jamais ce moment. Dès qu'ils virent le médecin, une dizaine d'hommes et de femmes malades se levèrent en s'appuyant sur des cannes. En silence, ils entourèrent le docteur pour lui montrer le même cahier scolaire que j'avais vu la veille chez Anura Premaraphue, qui observait la scène assis dans un fauteuil à bascule, vêtu de son sarong bleu. Avec une patience infinie, Channa a commenté chaque dossier médical et répondu aux questions des malades. Nul besoin de comprendre le cingalais pour saisir l'angoisse qui habitait les victimes de l'herbicide de Monsanto.

« Moi et Saman qui vous représente, nous irons aux Pays-Bas le 14 octobre, a dit le docteur Jayasumana, dès que la consultation collective fut terminée. Nous participerons à un tribunal qui va juger Monsanto et le Roundup. Si vous avez des choses à dire par rapport à vos difficultés, allez-y, Saman les rapportera là-bas !

— Autrefois, quand on allait avec notre père dans les rizières, on trouvait dans les canaux des poissons grands comme le bras qu'on rapportait à la maison, a témoigné un homme d'une cinquantaine d'années. Aujourd'hui, il n'y en a plus, comme il n'y a plus de grenouilles, de crabes, de mangoustes, de sauterelles, plus rien…

— Quand dans une famille l'homme tombe malade, qu'est-ce qui se passe ?, a demandé Kolon Saman.

— On est obligé d'embaucher quelqu'un pour faire le travail dans la rizière, parce que nous n'avons plus de force, a répondu Anura Premaraphue. Nos revenus baissent et on ne peut plus payer les fournitures scolaires des enfants.

— Mon mari est mort il y a huit ans et moi j'ai la maladie des reins depuis cinq ans. Au niveau économique, c'est très difficile, on n'arrive pas à s'en sortir, a poursuivi une femme d'une quarantaine d'années, secouée par des sanglots. Que vont devenir nos enfants ?

— Quelle eau buvez-vous ?, a interrogé Channa.

— Nous devons acheter l'eau des citernes que le gouvernement nous livre plusieurs fois par semaine. Ça coûte cher, a poursuivi la femme, tandis que l'assistance dodelinait de la tête en signe d'approbation.

— Que voulez-vous que je dise au tribunal ?, a interrogé Kolon Saman.

— Nous demandons que les entreprises qui sont responsables payent une indemnisation pour les familles qui ont des malades. Elles doivent nous aider ! »

En fin de journée, Kolon Saman a rendu visite au révérend qui dirige le temple bouddhiste du village. Il voulait sa bénédiction avant de partir pour l'Europe. C'était son premier voyage à l'étranger et il sentait une « lourde responsabilité » peser sur ses épaules. « Dans notre village, les moines participent en moyenne à une vingtaine de funérailles par mois, au moins dix sont dus à des problèmes de reins, a dit le révérend. La communauté des moines vous bénit, vous et le docteur Channa. Que la force du bouddhisme vous accompagne dans votre voyage. »

Les menaces de l'agrobusiness et de Monsanto

« Je m'appelle Saman Kolon. Je viens de Padaviya au Sri Lanka. Je suis venu aujourd'hui pour représenter 40 000 producteurs de riz et je vais parler des dégâts causés par le Roundup. » C'est par ces mots que le chef de village sri lankais a commencé son audition au TIM. Pour l'occasion, il avait revêtu un sarong blanc immaculé qui se distinguait nettement du lourd rideau noir et de la tenture rouge qui habillaient l'environnement des juges. « Je dis clairement que c'est l'entreprise Monsanto qui nous a vendu le Roundup, un véritable poison qui a causé d'énormes dégâts économiques et sociaux et détruit nos vies. Pour les gens qui sont morts et les gens qui vivent encore, nous demandons que la firme paye des dédommagements. »

Après la déposition du docteur Jayasumana, qui avait troqué le blue-jean qu'il portait au Sri Lanka pour un impeccable costume-cravate, vint le jeu des questions. « Est-ce que vous pensez que la maladie provoquée par l'usage de Roundup aurait pu être atténuée, si les paysans avaient utilisé des mesures de protection adéquates, comme une combinaison et un masque ?, a demandé la juge argentine Eleonora Lamm.

Traduite en simultané dans leur casque, la question a fait sourire les deux témoins sri lankais, en raison de son décalage avec la réalité du terrain. « Au moment des semis de riz, la température avoisine les 40°, a répondu le docteur Jayasumana. Il fait très chaud et très humide. En général, les paysans travaillent torse nu... Avec une combinaison de protection, l'absorption à travers la peau ou le système respiratoire pourrait être réduite, mais cela ne servirait pas à grand-chose, car la principale voie d'exposition au glyphosate reste l'eau et la nourriture. Nous constatons aujourd'hui que des femmes et des adolescents qui n'ont jamais pulvérisé de Roundup sont atteints de la maladie rénale. D'après les statistiques du gouvernement, en 2015, 24 800 personnes en sont déjà mortes et le nombre de patients est estimé à 69 000, dont 5 000 femmes et adolescents. À terme, 400 000 personnes sont en danger.

— Vous avez décrit l'interaction du glyphosate avec certains types d'eaux, a souligné le juge Steven Shrybman. Savez-vous si Monsanto était au courant de cette interaction et si la firme a émis une mise en garde ?

— Elle savait très bien que le glyphosate peut se combiner avec les métaux, car le premier brevet concernait son pouvoir de chélation, a répondu Channa Jayasumana. Les bidons de Roundup vendus aux agriculteurs des États-Unis déconseillent d'utiliser l'herbicide dans les secteurs où l'eau est dure, mais cette recommandation ne figure pas sur ceux fournis à nos paysans. D'ailleurs, au Sri Lanka, personne n'était au courant, y compris les représentants de ministère de l'Agriculture qui l'ont découvert lors de la publication de notre étude.

— Est-ce que Monsanto a menacé le Sri Lanka de sanctions commerciales après la décision d'interdire le glyphosate ?, a poursuivi le juge canadien.

— Après l'interdiction, le docteur Daniel Goldstein, un éminent scientifique de Monsanto, est venu au Sri Lanka et a exercé une pression énorme pour que l'interdiction soit levée, a raconté le docteur Jayasumana. Mes collègues et moi-même avons subi une campagne de diffamation et j'ai reçu des menaces téléphoniques qui ont effrayé mon épouse. Au même moment, le professeur Buddhi Marambe, qui dirige la Chemical Industry Colombo, la principale entreprise agrochimique du Sri Lanka, a été nommé dans le conseil de mon université. C'est très inquiétant car, pour poursuivre mes recherches, j'ai besoin de l'aval du conseil. De plus, Croplife Sri Lanka, qui regroupe tous les importateurs de pesticides, a menacé d'attaquer mon équipe en justice si nous ne retirions pas notre étude. Il y a eu plusieurs types de menaces, mais je ne sais pas si le gouvernement du Sri Lanka a été directement menacé... Nous sommes une petite nation, mais nous avons fait notre part, a conclu le médecin. Dans beaucoup de domaines, les pays asiatiques, africains et latino-américains ont l'habitude de suivre les pays occidentaux. Mais, pour ce sujet particulier, je demande à toutes les nations de suivre l'exemple du Sri Lanka. Merci beaucoup. »

Les propos du médecin sri lankais ont été salués par une salve d'applaudissements, tandis que Françoise Tulkens concluait la première partie des auditions du TIM, qui avait été consacrée à l'« impact des activités de Monsanto sur la santé humaine ». « Après la pause du déjeuner, a dit la présidente, nous recevrons un deuxième groupe de témoins qui concerne l'impact sur les sols et les plantes »...

5

Un poison pour les sols et les plantes

« Je suis un agriculteur schizophrène, mais, croyez-moi, je n'ai pas le choix ! Il est très difficile de sortir du modèle transgénique qui en vingt ans a détruit la Pampa et conduit l'Argentine à sa perte. Nous ne pourrons pas changer de système agricole sans une mobilisation massive de la société civile car nous sommes tous embarqués dans le même *Titanic* ! » La scène s'est déroulée le jeudi 14 novembre 2013 à Rosario, la capitale de la province de Santa Fe où se tient la florissante Bourse des grains, qui se targue d'avoir doublé sa vieille rivale de Chicago pour le négoce du soja. En 2015, 75 % de la production argentine de l'oléagineuse a été commercialisée dans ce marché, sous forme de grains, d'huile, de farine ou de biocarburant. Le soja et ses dérivés sont ensuite exportés vers la Chine et l'Europe, depuis l'immense port San Martín qui s'étend sur les rives du Río Paraná où ont été construits vingt gigantesques moulins capables de moudre 20 000 tonnes de soja par jour. Autant dire que nous sommes au cœur de l'empire transgénique argentin.

Je viens de passer cinq jours à filmer un programme d'agriculture urbaine exemplaire, conduit par la municipalité de Rosario, la troisième ville argentine qui compte

1 300 000 habitants[a]. Pendant tout mon tournage, j'ai été accompagnée par Antonio Lattuca, le directeur et initiateur du programme, qui est l'un des meilleurs spécialistes argentins de l'agroécologie. Pour clore mon séjour, il m'a demandé de participer à une projection de mon film *Les Moissons du futur*, dont M2R Films, ma maison de production, a réalisé une version espagnole. Diffusé sur Arte en octobre 2012, ce documentaire (et le livre éponyme) montre plusieurs initiatives très abouties d'agroécologie sur quatre continents (Afrique, Amérique, Asie et Europe). On y voit notamment Manfred Wenz et son fils Friedrich qui cultivent en Allemagne des céréales et des oléagineuses, dont du soja, sans aucun pesticide ni engrais chimique, avec des rendements à faire pâlir de jalousie leurs voisins « conventionnels ». Située aux portes de la Forêt-Noire, leur ferme est devenue un modèle pour les agriculteurs européens qui désirent se convertir à l'agriculture biologique.

L'engrenage infernal de la « loi Monsanto »

À Rosario, la projection du film a fait un tabac : sept cents personnes se sont entassées dans l'immense théâtre du Parc España mis à disposition par la municipalité. « Y a-t-il des questions ? », ai-je demandé après une longue ovation de l'assistance, dont le souvenir continue de m'émouvoir. C'est là que Diego Fernández, l'« agriculteur schizophrène », a pris la parole. Sur un ton où se mêlaient la pudeur et la honte, il a expliqué qu'il cultivait du soja transgénique depuis vingt ans et qu'il avait récemment converti un tiers de sa ferme en production biologique, « contre vents et marées ». Ses mots furent si forts que deux ans plus tard, alors que je préparais la

a. Ce tournage faisait partie de mon film *Sacrée Croissance !* Pour plus d'informations sur ce programme d'agriculture urbaine, voir Marie-Monique Robin, *Sacrée Croissance !*, *op. cit.*

liste des témoins pour le Tribunal international Monsanto, il m'est apparu évident qu'il fallait l'inviter à La Haye. Je voulais que les juges entendent son histoire finalement si banale pour qu'ils comprennent l'incroyable loi d'airain qui s'est abattue sur les campagnes d'Argentine, où l'on parle tout simplement de « loi Monsanto ».

« J'appartiens à une vieille famille de gauchos, a commencé Diego lors de son audition au TIM. Mon arrière-grand-père a acquis au XIXe siècle une propriété de 1 000 hectares, située dans le village de Bouquet à une soixantaine de kilomètres de Rosario. Pendant plusieurs générations, la famille a pratiqué une agriculture typique de la Pampa, qui reposait sur la complémentarité entre l'élevage et les cultures. La fertilité naturelle du sol était entretenue grâce à une rotation entre les prairies où paissaient les troupeaux de vaches et de moutons et les cultures diversifiées, principalement du blé, du maïs, des lentilles, du sarrasin, du tournesol et du lin. Avant les semis, les terres étaient labourées pour les débarrasser des graminées qui pourraient concurrencer les cultures, et quand il y avait des problèmes de mauvaises herbes, on les détruisait avec une houe ou on les arrachait à la main. À cette époque, les agriculteurs vivaient dans leur ferme, avec leur famille et leurs employés. Ils élevaient leurs cochons et volailles, avaient leurs potager et verger.

« Un premier changement s'est opéré au début des années 1970, avec l'introduction du soja qui était alors inconnu, au moment où mon père a repris l'exploitation du domaine. On a vu arriver les premiers bidons de pesticides chimiques et notamment le Roundup qu'on utilisait à raison d'un litre à l'hectare pour éliminer le sorgho d'Alep[a] dans les champs de soja. Dès qu'il dépassait les plants de l'oléagineuse,

a. Le sorgho d'Alep est une plante herbacée, parfois cultivée comme plante fourragère mais qui peut être une mauvaise herbe très difficile à combattre quand il envahit les cultures. Il présente une grande capacité à se reproduire par graines et un système racinaire très expansif.

on aspergeait ses feuilles de glyphosate et ça suffisait pour le détruire. L'arrivée du soja dans la Pampa a marqué une rupture avec le système des rotations culturales qui sont devenues moins systématiques. C'est aussi l'époque où les grands propriétaires terriens, comme mon père, ont déménagé avec leur famille dans les villes pour faciliter la scolarisation de leurs enfants. Pour ma part, j'ai fait des études de sciences politiques, puis j'ai travaillé plusieurs années au CONICET, l'organisme national de la recherche scientifique, avant de rejoindre mon père au milieu des années 1980, quand il m'a demandé de gérer le domaine familial. En 1989, j'ai participé à l'introduction de la technique dite du “semis direct”, qui constitue le deuxième grand bouleversement dans l'agriculture argentine : d'un coup, nous avons cessé de labourer nos champs, pour semer directement dans les résidus de la récolte précédente, après avoir passé du Roundup pour détruire les graminées et autres adventices. Cette technique était censée préserver la vie des sols, en évitant de les retourner, tout en conservant leur humidité grâce au couvert végétal fourni par les résidus végétaux. Petit à petit, elle a entraîné une dérive : moins on travaillait le sol, plus on utilisait de pesticides chimiques, avec en tête le Roundup, qui était vanté comme biodégradable et peu toxique… Franchement, a dit Diego Fernández après avoir marqué une pause, comment aurions-nous pu nous douter que c'était un mensonge ? Comment imaginer que Monsanto ait pu nous tromper à ce point ? »

Puis l'agriculteur a repris son récit, la voix voilée par l'émotion : « Le troisième changement, de loin le plus important, ce fut l'arrivée du soja Roundup Ready en 1996. Les OGM dépendant du glyphosate ont été promus très activement par les deux institutions qui constituaient la référence absolue pour les agriculteurs argentins : la première est publique et s'appelle l'INTA (Institut national de technologie agricole), la seconde est l'AAPRESID, une association privée qui regroupe les producteurs pratiquant le semis direct. Les universités d'agronomie qui forment les techniciens appelés à assister les agriculteurs ont suivi le mouvement. Je me souviens avoir interrogé l'un de ces conseillers agricoles sur les dommages que pouvait causer le glyphosate au sol et à l'eau. La réponse fut textuellement : "Le glyphosate, quand il touche le sol, se transforme en un produit inerte qui n'a donc pas d'effets." Je sais aujourd'hui que c'est un mensonge absolu ! Ensuite, tout est allé très vite : dans ma ferme, comme dans toutes celles alentour, nous avons arrêté l'élevage pour semer du soja OGM sur toutes nos terres. Petit à petit, les problèmes sont arrivés : d'abord, les mauvaises herbes sont devenues résistantes, un phénomène qui n'existait pas avant. Monsanto nous a vendu le "Roundup Full 2", puis le "Roundup Up Ultramax" qui contient plus d'adjuvants et a théoriquement plus d'efficacité. Mais ça n'a pas suffi, alors on nous a dit d'utiliser des graminicides pour optimiser l'efficacité du glyphosate, mais ça n'a pas suffi non plus. Aujourd'hui, si je veux venir à bout du sorgho d'Alep ou du *yuyo colorado*, qui appartient à la famille des amarantes, je dois utiliser en une seule passe 8 à 10 litres de glyphosate par hectare. C'est énorme ! De plus, mes champs sont infectés par de nouvelles plantes invasives comme la *rama negra* (la vergerette de Buenos Aires) ou le ray-grass d'Italie qui était autrefois destiné au bétail mais qu'on ne voyait pas dans les cultures. Il n'y a pratiquement aucun moyen de combattre ces plantes invasives. Cette année, j'ai dû embaucher une équipe d'ouvriers agricoles pour les arracher à la main sur trente hectares de soja transgénique. Quant à mes sols – et là je dois dire que c'est la chose la plus grave pour moi –, ils sont quasiment morts... Ils sont devenus extrêmement compacts, avec une couleur très claire et une fertilité si basse que je dois utiliser toujours plus d'engrais pour obtenir le même rendement. Le résultat c'est que nous avons de plus en plus d'inondations extrêmement violentes, car ces sols très compacts sont incapables d'absorber l'eau et la laissent ruisseler. Récemment, la moitié des habitants de mon village de Bouquet a dû être évacuée en raison des inondations. Et cela se passe régulièrement dans toute l'Argentine, parce qu'on pratique sur des millions d'hectares ce que nous appelons le *barbecho chímico* (la jachère chimique), c'est-à-dire que pendant l'hiver on laisse les sols nus avec les mauvaises herbes détruites par le glyphosate. On nous a dit qu'il fallait éviter toute forme de végétation parce qu'elle allait consommer une partie de l'eau dont nous aurions besoin pour la culture suivante. C'est encore un mensonge ! Comme nos sols sont nus, il n'y a pas de racines qui permettent de retenir l'eau, ni de microorganismes, comme les bactéries ou les champignons qui travaillent en symbiose avec les racines, ni de vers de terre...

« Il y a dix ans, j'ai compris qu'il fallait absolument que je fasse quelque chose, sous peine de perdre mon âme... J'ai impulsé une initiative d'agriculture biologique, baptisée *Pampa orgánica* qui regroupe, aujourd'hui sept producteurs. Cela a provoqué des conflits avec mes frères qui continuent de soutenir ce modèle, toujours très lucratif malgré les problèmes, en raison des cours élevés du soja sur le marché international. Mes frères sont comme moi, ils n'habitent pas à Bouquet, mais à Rosario ; et quand il faut pulvériser le glyphosate, nous faisons appel à des sous-traitants... J'ai tenu bon et, du coup, j'ai perdu mon travail d'administrateur du domaine familial. J'ai repris 150 hectares à mon compte, dont aujourd'hui 50 sont en bio. Mon souhait est de tout passer en bio, mais ce n'est pas facile parce que tout pousse dans l'autre sens : il n'y a pas de technicien agricole pour vous conseiller, les équipements ou les semences non transgéniques sont quasiment introuvables. Tout est verrouillé par Monsanto et ses alliés ! Après un début difficile, l'initiative *Pampa orgánica* commence à susciter de l'intérêt. Il y a de plus en plus de producteurs qui me contactent pour voir comment marche mon expérimentation, car ils se rendent compte qu'ils sont pris dans un engrenage infernal. Il y a quelques mois, les agronomes de Monsanto ont organisé une réunion pas loin de ma ferme. Ils ont présenté un nouvel OGM censé résoudre tous les problèmes. Il s'agit d'un soja baptisé X-Tend, qui contient un gène Roundup Ready, un gène Bt[a] et un gène de résistance à l'herbicide 2-4 D[b]. Ils ont essayé de convaincre les producteurs présents qu'il n'y avait aucun danger pour l'environnement, ni pour le soja alentour qui n'a pas ces gènes, sans parler de mon soja bio ! Comment peut-on dire une chose pareille quand on connaît les vents violents qui soufflent de plus en plus souvent sur la Pampa ? C'est une illustration supplémentaire de l'irresponsabilité de Monsanto, dont le seul but est d'augmenter ses profits. Cela fait plus de trente ans que je suis agriculteur, et j'affirme que nous avons été trompés par Monsanto et les institutions agronomiques, qui nous ont conduits dans une impasse terrible, absolument sans précédent dans l'histoire de l'agriculture. »

L'impressionnante démonstration de Don Huber, éminent spécialiste du glyphosate

Après le témoignage de Diego Fernández, qui fut longuement applaudi, la présidente Françoise Tulkens appela à la barre Don Huber, un phytopathologiste américain que l'agriculteur argentin rêvait de rencontrer. Malheureusement, il n'en fut rien, car le scientifique avait dû renoncer à son voyage à La Haye, en raison du décès brutal d'un de ses petits-fils. Intitulée « Fausses promesses et science trompeuse : l'impact des OGM et du glyphosate sur les sols, les cultures, les animaux, les humains et l'écologie », sa contribution fut présentée par son ami Art Dunham, un vétérinaire

---

a. Le gène Bt provient de la bactérie *bacillus thuringiensis* qui se trouve naturellement dans le sol et a une fonction insecticide. Les OGM Bt sont censés combattre la pyrale du maïs, en émettant en permanence un insecticide. Le résultat est que les insectes sont devenus résistants au Bt…

b. Le 2-4 D est un herbicide qui faisait partie de l'agent orange que Monsanto a vendu à l'armée américaine pendant la guerre du Vietnam. Extrêmement toxique, il est interdit en Europe.

de l'Iowa (voir chapitre suivant), qui s'en sortit tant bien que mal...

Pour ma part, j'avais eu le privilège d'assister à la même conférence de Don Huber, le 26 août 2016, à Jacksonville dans le Minnesota. À quatre-vingt-deux ans, l'homme affichait un dynamisme qui forçait le respect, tout comme d'ailleurs son *curriculum vitae*. Auteur et coauteur de trois cents publications scientifiques sur les maladies qui affectent les sols et les plantes, ce fils d'agriculteur fut directeur de recherche à l'université de Purdue (Indiana) pendant trente-cinq ans, où il se spécialisa dans l'épidémiologie végétale et dans les interactions entre, d'un côté, les plantes et, de l'autre, les pathogènes du sol, les nutriments et les pesticides. Il fut aussi directeur du National Plant Disease Recovery System[a] à l'USDA (le secrétariat à l'Agriculture des États-Unis) et membre de l'Advisory Board for the Office of Technology Assessment (Conseil consultatif du Bureau de l'évaluation technologique) du Congrès américain. Il fut, enfin, directeur adjoint du Centre d'intelligence médicale de l'armée où il avait le grade de colonel. Officier de réserve, il participa à plusieurs missions ultrasecrètes liées aux services de renseignement américains, en conduisant des recherches sur l'impact des armes nucléaires sur les cultures. Affecté pendant huit ans, de 1963 à 1971, dans les laboratoires biologiques de Fort Detrick (Maryland), il a travaillé aussi sur les armes chimiques et bactériologiques. Il continue de conseiller les agences de sécurité américaines sur le bioterrorisme et les maladies émergentes.

Au début des années 1980, Don Huber fut sollicité par des techniciens agricoles du Midwest qui avaient constaté que les épandages de Roundup avant les semis de blé provoquaient une recrudescence du piétin-échaudage, une maladie caractéristique de la céréale qui affecte d'abord ses pieds, puis gagne

---

a. Programme national de lutte contre les maladies végétales ; créé en février 2004, ce programme vise à prévenir la prolifération des maladies qui affectent les cultures.

ses racines, qui se nécrosent, et les épis, qui blanchissent avant maturité. Dans un travail pionnier réalisé en 1984 (mais dont les résultats ne furent publiés qu'en 2009[1]), le phytopathologiste démontra que le glyphosate provoquait une déficience en manganèse dans le blé, laquelle empêchait la céréale de se défendre contre le champignon responsable de la maladie. Ses conclusions furent confirmées par David Hornby, un chercheur britannique qui travaillait également sur l'interaction entre le glyphosate et le piétin-échaudage. C'est en essayant de comprendre comment le glyphosate pouvait provoquer une telle déficience d'un minéral capital pour le développement végétal que Don Huber découvrit que la molécule avait, d'abord, été brevetée pour ses fonctions de chélation (voir *supra*, chapitre 4). Dès lors, le scientifique ne lâchera plus l'herbicide de Monsanto, dont l'usage allait littéralement exploser avec l'arrivée des plantes transgéniques tolérantes au glyphosate en 1996. Vingt ans plus tard, les États-Unis représentent le premier producteur mondial d'OGM, avec plus de 75 millions d'hectares cultivés. En tête, le maïs, le soja et le coton, qui à eux seuls totalisent 55 millions d'hectares, suivis du colza, de la betterave sucrière et de la luzerne. Toutes ces cultures sont arrosées plusieurs fois par an de Roundup, dont l'usage agricole a été multiplié par… 300 entre 1974 et 2014, passant de 360 000 litres à 137 millions[a]. Le soja RR absorbe 50 % du total.

Depuis le début des années 2010, Don Huber est régulièrement sollicité par des agriculteurs qui, comme l'Argentin Diego Fernández, ne savent plus à quel saint se vouer, tant les cultures transgéniques sont devenues problématiques. Malgré son âge avancé, le scientifique sillonne les vastes plaines du

---

a. Dans le même temps, l'usage non agricole (jardins, espaces publics, routes, voies ferrées, etc.) a augmenté de 43 % pour atteindre en 2014 environ 135 millions de litres (Charles Benbrook, « Trends in glyphosate herbicide use in the United States and globally », *Environmental Sciences Europe*, vol. 28, n° 3, février 2016).

Midwest, où il dispense inlassablement son savoir et sa philosophie de la vie. Comme en ce jour d'août 2016, où j'ai pu filmer une rencontre qui eût été inconcevable dix ans plus tôt, quand je filmais *Le Monde selon Monsanto*...

Un antibiotique puissant qui affaiblit les plantes

La conférence de Don Huber avait été organisée par International Ag Labs, une société de conseil agricole basée à Fairmont (Minnesota) qui promeut des techniques d'agriculture durable, voire biologique. Pour l'occasion, elle avait loué une salle dans un centre de formation flambant neuf situé au cœur d'une zone industrielle de Jacksonville, entièrement vouée à l'agrobusiness. Pourtant munis d'un GPS, nous avions eu un mal fou à trouver le site, planté au milieu de nulle part, au bord d'une route à quatre voies rectiligne qui filait à travers les champs de soja et de maïs transgéniques. Pas un arbre en vue, mais à l'infini, rejoignant la ligne de l'horizon, les monocultures imbibées de glyphosate, au milieu desquelles se dressait parfois un silo gris posé sur la plaine comme un lego.

Dans la zone agro-industrielle étaient installés plusieurs leaders américains des semences comme Pioneer, ou des engins agricoles comme John Deer et Ziegler. Alignés au cordeau, d'énormes épandeurs à rampe étaient exposés sur une pelouse impeccable. Une centaine d'agriculteurs provenant de l'Iowa et du Minnesota avaient répondu à l'appel, majoritairement des hommes qui ont écouté Don Huber dans un silence religieux.

« Le glyphosate est un herbicide systémique qui est absorbé par les feuilles et les tiges de la plante, puis diffusé à travers la plante où il s'accumule dans les tissus méristématiques[a] qui sont ses organes de reproduction ; environ 20 %

a. Le méristème (du grec *meristos*, « divisé ») désigne un tissu spécialisé dans la croissance.

partent dans le sol pour se fixer dans le système racinaire, a commencé le phytopathologiste, en commentant un PowerPoint très pédagogique. Une fois que la molécule est dans le sol, elle affecte les micro-organismes responsables de la santé des végétaux, mais aussi de la structure du sol et de sa capacité à gérer l'eau, tandis qu'elle favorise la prolifération des agents pathogènes.

« Je vous rappelle que le glyphosate a obtenu trois brevets principaux. Le premier, en 1964, concernait son pouvoir de chélation, a poursuivi Don Huber en montrant une diapositive où l'on voyait une pieuvre avec des tentacules en train de capturer des métaux. La compagnie Stauffer Chemical vendait le produit pour détartrer les chaudières et les canalisations d'eau. Ensuite, John Franz, un chimiste de Monsanto, a identifié la fonction herbicide du glyphosate qui a été brevetée en 1970, avant sa commercialisation en 1974 sous la marque Roundup[a]. Enfin, en 2010, Monsanto a obtenu un brevet pour une fonction très méconnue de la molécule : celle d'antibiotique humain, capable de détruire de nombreuses bactéries, mais aussi des virus, des parasites ou des champignons[b]. L'herbicide est donc aussi un biocide à très large spectre. Tous les organismes bénéfiques du sol qui aident la plante à résister aux maladies sont très sensibles à l'activité antibiotique du glyphosate, mais les agents pathogènes, comme les bactéries *E. coli*, les salmonelles, les listeria ou les clostridium, qui servent à faire des armes chimiques, sont tous résistants. Donc, quand nous appliquons du glyphosate dans nos champs, nous favorisons les organismes pathogènes et éliminons ceux qui sont capables de contrôler les maladies. Le glyphosate est un antibiotique puissant et aussi un chélateur puissant. Il

---

a. John Franz a reçu en 1987 l'US National Medal of Technology (médaille nationale de la technologie des États-Unis), pour sa contribution à l'« impact du glyphosate sur la production d'aliments et de fibres agricoles dans le monde entier »...

b. Le brevet a été accordé le 10 août 2010, sous le n° 7771736 B2.

séquestre et fixe les micronutriments présents dans le sol, de sorte que les minéraux dont la plante a besoin pour se nourrir ne sont plus disponibles pour elle. Tous les herbicides ont des fonctions de chélation, comme le phénoxy qui est un chélateur du cuivre. Quand vous l'appliquez, on vous recommande d'amender vos sols avec des compléments de cuivre pour compenser la baisse de disponibilité du minéral. Mais le glyphosate est un chélateur à large spectre qui se lie avec de nombreux minéraux comme le calcium, le cobalt, le cuivre, le fer, le magnésium, le manganèse, le nickel ou le zinc. Le résultat est une déficience minérale qui affaiblit les plantes et les empêche de combattre les agents pathogènes que l'herbicide a rendus virulents. Une fois qu'il a chélaté les métaux, le glyphosate devient un roc très difficile à dégrader. C'est ainsi que l'usage massif du glyphosate au cours des vingt dernières années a entraîné la prolifération de plus de quarante maladies que vous ne parvenez pas à contrôler[2]. N'est-ce pas ? »

La question a sorti de leur torpeur les agriculteurs du Midwest qui avaient l'air accablés par tant de mauvaises nouvelles. En silence, ils ont opiné du chef, tandis que Don Huber concluait sa conférence sur un ton subitement très solennel : « En résumé, nous avons plein de raisons de changer de système. Tous les signaux sont au rouge. [...] Nous devons revoir de fond en comble notre modèle agricole, nous n'avons pas le choix. [...] Quand les historiens du futur se pencheront sur notre époque, ils n'écriront pas sur les quantités de pesticides que nous avons épandues, mais sur notre volonté de sacrifier nos enfants et de mettre en danger les générations futures au nom d'une expérimentation de masse que nous appelons les manipulations génétiques, pour le seul profit d'une entreprise commerciale... »

Voyage en Iowa : glyphosate partout, obésité et bactéries pathogènes en expansion constante

Puis nous avons voyagé dans l'Iowa en compagnie de Don Huber, qui avait planifié trois jours de travail avec Robert Streit, un agronome et consultant international pour la santé des plantes qui dirige Central Iowa Agronomics, une société d'assistance agricole située à Boone, à une cinquantaine de kilomètres de Des Moines. Avec ses 200 000 habitants, la capitale de l'Iowa est aussi l'un des hauts lieux de l'agrobusiness. C'est ici qu'Henry Wallace (vice-président des États-Unis de 1941 à 1945) créa en 1926 l'entreprise Pioneer, qui fit fortune en inventant les variétés hybrides de maïs. Le principe : au lieu de laisser le maïs se polliniser naturellement par voie aérienne, on force les plantes à s'autoféconder pour obtenir des lignées pures, avec des caractéristiques génétiques stables. Le résultat, ce sont des « hybrides » qui permettent des rendements plus élevés, mais dont les graines sont quasiment stériles. Un vrai jackpot pour les semenciers, puisque, du coup, les agriculteurs sont obligés de racheter leurs semences tous les ans. Et un avant-goût des OGM, protégés par des brevets interdisant aux paysans d'utiliser une partie de leur récolte pour ensemencer leurs champs. Aujourd'hui, Pioneer Hi-Bred (absorbée en 1999 par DuPont de Nemours) est devenue le deuxième fournisseur mondial de semences transgéniques après Monsanto, à qui la firme paye d'ailleurs des droits pour l'exploitation des OGM Roundup Ready[a].

Le 21 août 2016, cinq jours avant la conférence de Don Huber à Jacksonville, après avoir atterri à Des Moines, nous

a. Après une bataille juridique de plusieurs années, DuPont-Pioneer a été condamnée en 2013 à payer 1,75 milliard de dollars à Monsanto pour violation du brevet sur les semences de soja Roundup Ready (« Monsanto et DuPont-Pioneer ont mis fin à leur contentieux dans le soja », *La France agricole*, 26 mars 2013).

avions fait un détour par l'Iowa State Fair, une grande kermesse agricole parrainée par Pioneer Hi-Bred et considérée comme la plus importante des États-Unis. « C'est le vrai battement de cœur du Midwest, qui n'a jamais pu être égalé ni répliqué », vante le site Web de la fête qui attire chaque année un million de visiteurs. Comme au Salon de l'agriculture de la Porte de Versailles à Paris, on y vient en famille pour admirer les concours de bovins ou les démonstrations de machines agricoles dernier cri. On vient aussi y manger. Mais, à la différence de la foire parisienne, nul stand ne propose des spécialités régionales ou des produits locaux et bios. Ici, tout le monde est au même régime : hamburgers, pop-corn et glaces, tous aussi énormes que la majorité des visiteurs qui déambulent au milieu des allées. Je n'avais d'ailleurs jamais vu une telle concentration d'obèses au mètre carré. Guillaume, le caméraman, ne savait plus où donner de la caméra devant ce phénomène, au demeurant parfaitement intégré par les organisateurs de la fête : un service de fauteuils roulants électriques était à la disposition des personnes que leur obésité empêchait de marcher. Le plus affligeant, spectacle d'une infinie tristesse, était de voir des familles entières touchées par le fléau, parents et enfants se déplaçant à grand-peine dans une chaleur écrasante, avec une méga-bouteille de Coca-Cola à la main.

« Les États-Unis sont le premier pays au monde pour l'obésité des adultes et des enfants », nous a expliqué Carol Streit, l'épouse de Robert, en nous invitant à passer à table en compagnie de Don Huber[a]. « À cause du surpoids et de l'obésité qui frappent 70 % de la population, l'espérance de vie a commencé à baisser dans notre pays, a commenté le phytopathologiste. Car la surcharge pondérale n'est que la partie émergée de l'iceberg. Elle s'accompagne en effet de toute une série de maladies – les cancers, le diabète, les infarctus, les

a. Aux États-Unis, selon un rapport publié en juin 2016 par le CDC (Centre de contrôle et de prévention des maladies), 40 % des femmes, 35 % des hommes et 17 % des enfants et adolescents étaient alors atteints d'obésité.

troubles de la reproduction ou de l'attention –, liées à la contamination chimique généralisée de notre environnement. C'est un cocktail d'agents polluants dans lequel le glyphosate joue un rôle prépondérant, car la molécule est partout : dans les sols, les aliments, l'air, les nappes phréatiques ou l'eau de pluie.

— Tous les aliments vendus à l'Iowa State Fair en contenaient, a ajouté Robert Streit. Comme le pain des hamburgers, car le glyphosate est utilisé aux États-Unis comme agent dessiccatif juste avant la récolte de blé : on l'arrose pour assécher les grains. Il y avait aussi du glyphosate dans le steak haché des hamburgers, car les vaches des *feedlots* sont nourries avec du soja et du maïs Roundup Ready. Il y en avait encore dans les glaces dont le lait provient des mêmes vaches. Il y en avait dans le maïs des pop-corn. Le glyphosate est partout !

— Comment faites-vous pour l'éviter ?, ai-je demandé en pensant aux milliers d'hectares d'OGM entourant la maison des Streit.

— Nous ne pouvons pas éviter de le respirer, c'est sûr, a reconnu Carol Streit, qui a créé une activité de consultante pour la santé alimentaire. Nous achetons tous nos aliments dans un magasin bio situé à Ames, à une vingtaine de kilomètres d'ici. Quand on aime cuisiner, il faut déployer beaucoup d'énergie pour se procurer des denrées saines et nutritives. Et de ce point de vue, l'Iowa est un désert !

— Pour avoir des aliments sains, il faut des sols sains, a conclu Don Huber. Or, dans toute la Corn Belt qui faisait la fierté des États-Unis, les sols et les plantes sont malades... »

Le lendemain, nous avons sillonné le comté d'Ames à bord d'un 4x4 en compagnie de Don Huber et de Bob Streit, qui effectuent depuis plusieurs années un recensement rigoureux de la progression des maladies affectant les cultures transgéniques. Avant de partir sur le terrain, les deux spécialistes nous avaient montré une vidéo tournée avec un drone au-dessus d'un champ de maïs OGM verdoyant, parsemé de taches brunes circulaires, plus ou moins grandes. « C'est la "flétrissure bactérienne de Goss" (*goss's wilt*), m'avait expliqué

Don Huber, une pathologie provoquée par une bactérie, la *Clavibacter michiganse nebraskensis*. Pendant longtemps, cette maladie ne causait pas de problème économique, car elle était limitée à quelques comtés dans l'est du Nebraska et l'ouest de l'Iowa. Mais maintenant, avec les biotechnologies, elle est partout en Amérique du Nord.

— La bactérie a été identifiée la première fois en 1969, a précisé Bob Streit. Elle s'est déplacée très lentement à raison de moins d'un kilomètre par an, sans faire de dégâts. Puis, subitement, à partir de 2009, elle s'est répandue dans tout le Midwest. Cette année-là, 100 % des cultures ont été détruites dans l'ouest du Nebraska et l'est du Colorado. Ailleurs, les baisses de rendement ont atteint parfois 60 boisseaux par acre. La maladie a coûté 11 millions de boisseaux en 2011[a]. »

Nous venions de garer la voiture près d'un champ de maïs qui avait attiré l'œil des deux experts. Bob avait sorti un couteau et dépiauté un épi de maïs, qui apparut marron et gluant. « Ça sent le poisson pourri », dit-il en le portant à son nez avec une grimace de dégoût, tandis que Don fendait une tige de maïs dont les tissus intérieurs baignaient dans un miasme putride. « Tout est pourri à cause de la bactérie, commenta-t-il, en saisissant une feuille de maïs striée de lignes jaunâtres. Regardez, c'est une lésion vasculaire typique de la maladie, qui part des racines, se répand dans la tige principale et gagne progressivement les épis en formation.

— Quel est le lien avec le glyphosate ?, ai-je demandé.

— Il est double, m'a répondu Don Huber. D'abord, des études réalisées à l'université de Colombia dans le Missouri et dans mon université de Purdue ont montré que l'insertion du gène qui permet aux plantes de résister au glyphosate réduit leur capacité d'absorber le zinc de 45 % et le manganèse de 17 %. Or ces deux minéraux sont extrêmement importants pour la santé des plantes. Cette conséquence de la manipula-

a. Un boisseau correspond à 30 kg et une acre à 0,4 ha.

tion génétique explique pourquoi les OGM ont un rendement inférieur aux variétés conventionnelles apparentées. C'est ce qu'on appelle dans notre jargon le *yield drag* (« boulet du rendement »).

— N'est-ce pas ce qu'ont démontré l'agronome Roger Elmore et ses collègues dans une étude publiée en 2001[3] ?, dis-je en me souvenant de mon enquête pour *Le Monde selon Monsanto*[4].

— Oui, répondit Don Huber avec un sourire. Depuis, ses travaux sur le soja Roundup Ready ont été maintes fois confirmés. »

En octobre 2006, j'avais rencontré Roger Elmore, qui travaillait alors à l'université de l'Iowa, dans sa maison située à une cinquantaine de kilomètres de Des Moines. Il avait confirmé expérimentalement ce que les producteurs constataient dans leurs champs, à savoir que le rendement du soja transgénique était inférieur d'au moins 5 % par rapport au soja classique (*yield drag*)[5]. Pour expliquer ce « boulet », il avait émis deux hypothèses : soit il était dû à l'action du Roundup sur le métabolisme végétal, soit c'était le résultat de la manipulation génétique. Pour vérifier la première hypothèse, il avait cultivé trois groupes de soja RR issus de la même variété, dont l'un fut aspergé de Roundup, l'autre de sulfate d'ammonium, un produit qui stimule l'action des herbicides, et le troisième d'eau. Dans les trois cas, le rendement fut strictement le même, à savoir 55 boisseaux par acre. Il en avait conclu que c'était la biotechnologie qui provoquait le *yield drag*.

« Mais Roger Elmore avait exclu la responsabilité du glyphosate, dis-je à Don Huber, un peu perturbée par la conclusion de l'étude de 2001.

— Tout à fait !, m'a répondu le phytopathologiste, parce que pour son expérimentation il n'a passé qu'une fois du Roundup et le sol n'était pas imbibé de glyphosate comme il l'est partout aujourd'hui dans le Midwest, après vingt ans d'épandages intensifs. Contrairement à ce qu'a toujours prétendu Monsanto, le glyphosate s'accumule en effet dans les sols, en raison de son pouvoir de chélation. Sa demi-vie [période au cours de laquelle une substance (chimique ou autre) perd la moitié de sa puissance active] est d'au moins vingt ans. En supposant qu'elle soit un jour interdite, il faudra une génération avant de nous débarrasser de la molécule, qui, une fois chélatée, se dégrade très difficilement. Dans ce champ de maïs, le glyphosate a immobilisé le manganèse, le zinc, le cuivre et le cobalt, qui sont cruciaux pour que la céréale puisse activer les six gènes commandant la résistance à la bactérie *Clavibacter*. Sans ces apports minéraux, elle souffre d'une sorte de sida qui la rend très sensible à toutes sortes de maladies opportunistes.

— Si nous revenons la semaine prochaine, il est possible que ce champ soit complètement mort, comme après un coup de gel qui détruit tout, a poursuivi Bob Streit, qui avait collecté plusieurs épis malades. La bactérie produit une enzyme qui se propage très vite dans les cultures qui finissent par verser.

— Ces graves problèmes nous coûtent des milliards de dollars à cause des pertes de production, a ajouté Don Huber. Alors que la culture du maïs était la plus saine de notre agriculture ! Nous n'utilisions jamais de fongicides, tout juste un peu d'insecticides pour contrôler quelques parasites comme la pyrale du maïs ou la chrysomèle des racines du maïs, mais c'était tout ! À cause du glyphosate, nous avons des plantes malades et des superbactéries. »

Le « syndrome de la mort subite » du soja

Nous avons repris le 4x4 pour inspecter les champs de soja transgéniques, qui alternent en permanence dans tout le Midwest avec ceux de maïs. C'est ce qu'on appelle à l'ère des OGM la « rotation culturale » ! Une aberration qui pourrait prêter à sourire si on en ignorait les effets désastreux. Don scrutait à travers la fenêtre le défilé des monocultures, quand il demanda à Bob de s'arrêter le long d'un champ qui couvrait plusieurs dizaines d'hectares. Une immensité verte s'étalait jusqu'à l'horizon, avec ici et là des taches jaune-marron. Les deux hommes pénétrèrent dans les rangs de soja qui leur arrivait au-dessous de la ceinture. En ce mois d'août, des gousses vert tendre et velues s'étaient déjà formées sur les tiges de l'oléagineuse. « Nous sommes en train d'arracher des plants dont les feuilles présentent les symptômes de ce qu'on appelle le "syndrome de la mort subite", m'a expliqué Bob Streit. C'est une maladie causée par un champignon de la famille des *Fusarium* qui provoque une infection au niveau des racines[6]. Les feuilles ressemblent à une peau lépreuse de grenouille et les tissus internes sont marron. La plante finit par se dessécher et mourir. La maladie provoque actuellement des pertes de rendement qui vont de 10 % à 100 % dans l'Iowa et dans tout le Midwest. Nous n'avons pas trouvé de remède pour la traiter.

— C'est une nouvelle maladie qui n'existait pas avant l'arrivée des OGM résistants au glyphosate, a poursuivi Don Huber. L'une de ses caractéristiques est qu'il y a au maximum deux gousses de graines par nodule, alors que le soja a le potentiel génétique d'en avoir douze. D'où une baisse importante de qualité et de rendement. Le glyphosate stimule les organismes pathogènes du sol tout en détruisant les micro-organismes bénéfiques qui permettent à la plante de développer sa résistance et son immunité, car c'est un antibiotique puissant. Par exemple, il détruit les bactéries *rhizobium* qui permettent à la plante de capter l'azote de l'air ou celles qui lui fournissent le manganèse, lequel est de plus chélaté ! Les plantes sont attaquées de tous les côtés par cette pieuvre qu'est le glyphosate !

— En fait, a souligné Bob Streit, le glyphosate ne tue pas les plantes directement, mais il rend virulents les champignons comme les *Fusarium*, *Pythium*, *Phytophthora* ou *rhizoctonia*. D'ailleurs, Monsanto le sait très bien, ainsi que l'a rapporté Stephen Duke, un microbiologiste de l'USDA qui a travaillé avec les scientifiques de la multinationale[7]. Ceux-ci ont clairement identifié que le glyphosate agit comme un catalyseur des microbes du sol qui aident à tuer la plante.

— La preuve, c'est que si on applique du glyphosate sur des plantes qui poussent dans des sols stériles, celles-ci sont peu affectées. C'est ce qu'a démontré Jessica Schafer, une collègue de mon université de Purdue », a dit Don Huber.

Ce fut une découverte inopinée. La chercheuse travaillait sur les mauvaises herbes devenues résistantes au glyphosate, pour comprendre le mécanisme à l'œuvre. Elle eut la bonne idée de faire pousser des plants d'ambroisie (*ragweed*) sur deux supports différents : le premier était un sol normal, provenant d'un champ alentour ; le second était un sol stérile qui avait été irradié avec des rayons gamma pour tuer les bactéries et microbes, mais qui gardait ses nutriments. Les deux plantes furent aspergées de glyphosate. Et là, surprise ! L'ambroisie qui avait poussé sur le sol stérile avait tenu le coup, après avoir marqué un arrêt dans la croissance de ses parties aériennes, notamment de ses feuilles, tandis que l'ambroisie qui avait poussé sur le sol « normal » était ratatinée[8]. La phytopathologiste répéta l'expérience avec du chénopode blanc (*lambsquaters*) et obtint des résultats similaires qui furent publiés dans la revue de référence *Weed Science*[9]. Elle y soulignait les défauts d'une pratique qui caractérise les tests réalisés par les scientifiques de l'industrie : « Le fait de conduire des expériences en serre sur des sols stériles peut produire des résultats incorrects et conduire à des conclusions erronées. »

« Avec Bob, nous considérons que, contrairement à ce que prétend Monsanto, le principal mode d'action du glyphosate n'est pas l'inhibition de l'enzyme EPSPS qui commande la voie du shikimate, mais ses fonctions d'antibiotique et de chélateur », a dit Don Huber sur un ton extrêmement ferme. Pour bien saisir cette affirmation un peu technique, il faut rappeler que la « voie du shikimate », est un intermédiaire métabolique, qui est essentiel pour la synthèse des acides aminés aromatiques (voir *supra*, chapitre 1). Cette « voie » est activée par une enzyme qui porte un nom à rallonge et que l'on appelle communément la « EPSPS[a] ». C'est de cette enzyme dont parle Monsanto sur les étiquettes de ses bidons de Roundup où l'on peut lire : « Le glyphosate affecte une enzyme que l'on trouve dans les plantes mais pas chez les humains ni chez les animaux de compagnie. »

« Cette affirmation est fausse pour deux raisons, a réagi Don Huber, quand je lui ai rappelé la notice du Roundup. D'abord, parce que le glyphosate n'affecte pas seulement l'enzyme EPSPS, mais 291 enzymes qui ont besoin des minéraux comme cofacteurs pour activer les métabolismes premiers et secondaires de la plante. Par exemple, il y a vingt-cinq enzymes qui dépendent du manganèse pour agir correctement ; or les plantes souffrent d'une déficience en manganèse à cause du glyphosate accumulé dans les sols. Par ailleurs, il est faux de dire que le glyphosate épargne les mammifères – les humains et les animaux – qui ne possèdent par la voie du shikimate, car les bactéries, elles, la possèdent comme les plantes et les algues ! Et comme nous le savons tous, notre intestin, qui est considéré comme notre "deuxième cerveau", est plein de bactéries qui ont besoin de l'enzyme EPSPS pour produire nos acides aminés – comme le tryptophane, la tyrosine, la phénylalanine –, essentiels pour nos cellules neurologiques ou hormonales. Or les bactéries sont sensibles au glyphosate. Ce qui peut avoir des conséquences très graves pour la santé des animaux et des humains » (voir *infra*, chapitres 6 et 7).

Toujours plus de glyphosate

Puis nous avons repris la route pour inspecter… les mauvaises herbes, qui, comme en Argentine, sont devenues

---

a. Le nom complet de l'EPSPS synthase est 5-énolpyruvylshikimate-3-phosphate synthase. Cette enzyme intervient à la sixième étape de la voie du skikimate en permettant la synthèse de trois acides aminés aromatiques : la phénylalanine, la tyrosine et le tryptophane.

un véritable casse-tête pour les producteurs du Midwest. Le phénomène est suivi de très près par Charles Benbrook, un agronome considéré comme l'un des meilleurs experts américains en la matière et que connaissent bien Don Huber et Bob Streit. Après avoir travaillé comme expert agricole à la Maison-Blanche sous l'administration Carter, puis au Capitole, il fut directeur de la division agricole de l'Académie nationale des sciences pendant sept ans, avant de créer son cabinet de consultant indépendant. Depuis l'avènement des OGM en 1996, ce chercheur de la Washington State University épluche minutieusement les données de consommation d'herbicides enregistrées par le Service national des statistiques agricoles (NASS) qui dépend de l'USDA, en les comparant avec celles fournies par Monsanto, qu'il jugeait dès 2001 « trompeuses et à la limite de la malhonnêteté[10] ».

En 2004, il a dressé un premier bilan qui contredisait clairement l'argument commercial de la firme, laquelle a toujours affirmé que les OGM résistants au glyphosate allaient entraîner une réduction de la consommation d'herbicides[a]. Dans ce rapport, intitulé « Les cultures OGM et l'usage des pesticides aux États-Unis : les neuf premières années »[11], il constatait que la quantité d'herbicides épandus sur les trois principales cultures transgéniques des États-Unis (soja, maïs et coton) a augmenté de 5 % entre 1996 et 2004, ce qui représente 62 millions de kilos supplémentaires, alors que la quantité d'herbicides utilisés pour les cultures conventionnelles n'a cessé de baisser. « La dépendance vis-à-vis d'un seul herbicide, comme méthode unique de gestion des mauvaises herbes sur des millions d'hectares, est la principale raison qui explique la nécessité d'appliquer des doses d'herbicides plus élevées pour atteindre le même niveau de contrôle », écrivait-il. Il rappelait qu'avant

a. Dans un document largement diffusé auprès des producteurs, Monsanto affirmait que « la consommation d'herbicide était en moyenne plus basse dans les champs de soja Roundup Ready que dans les autres champs » (« The Roundup Ready soybean system : sustainability and herbicide use », Monsanto, avril 1998).

l'introduction des OGM, les scientifiques n'avaient identifié que deux adventices résistantes au glyphosate : l'ivraie (en Australie, Afrique du Sud et États-Unis) et le gaillet (en Malaisie), mais qu'en 2004 on en comptait six sur le seul territoire américain, avec en tête la prèle, devenue un véritable fléau dans les prairies, mais aussi les amarantes, comme l'« herbe au cochon » (*pigweed*) ou l'ambroisie.

En 2012, Charles Benbrook a publié un nouveau rapport dressant le bilan de seize ans de cultures OGM[12]. Et les résultats sont proprement catastrophiques ! D'après la Weed Science Society of America (la société américaine de la science des adventices), en 2012 vingt-deux mauvaises herbes résistantes au glyphosate infestaient 5,7 millions d'hectares[13]. « Les adventices résistantes sont devenues un problème majeur pour beaucoup de producteurs d'OGM, ce qui provoque une augmentation du volume d'herbicides utilisé de 25 % par an », notait Charles Benbrook, qui ajoutait : « Aux États-Unis, les cultures transgéniques ont entraîné une augmentation de la consommation d'herbicides de 239 millions de kilos de 1996 à 2011, le soja absorbant 70 % du total. La dépendance croissante au glyphosate est majoritairement responsable de cette augmentation. » Et de noter un nouveau mensonge des « scientifiques de Monsanto qui au milieu des années 1990 ont écrit dans plusieurs articles que l'apparition de mauvaises herbes résistantes au glyphosate était improbable, en invoquant la longue histoire de l'usage de l'herbicide qui était alors de vingt ans[14] »...

La multiplication des « super-mauvaises herbes »

« Regardez !, me dit Bob Streit, ce champ de soja transgénique a été abandonné par le producteur, car il est envahi par les mauvaises herbes résistantes au glyphosate et par du maïs volontaire ! » Devant nous s'étendait un champ où régnait une étonnante anarchie végétale. On apercevait effectivement les rangs de l'oléagineuse en piteux état qui étaient parsemés d'adventices de plus d'un mètre de haut débordant de santé et, ici et là, des plants de maïs. Que faisait la céréale au milieu du soja ? C'est ce qu'on appelle aux États-Unis des « volontaires » et en Argentine des « rebelles » : des graines issues de la récolte précédente ayant dormi dans le sol puis germé, l'année suivante, au milieu de la nouvelle culture. Et un tel plant de maïs dans un champ de soja devient une « mauvaise herbe » ! Le problème est que ce maïs est Roundup Ready et que la seule façon de s'en débarrasser est de l'arracher à la main ou de l'arroser de 2-4 D, un herbicide extrêmement toxique...

« Des champs comme ça, il y en a de plus en plus dans l'Iowa, me dit Bob Streit, qui avait arraché plusieurs spécimens d'adventices résistantes au Roundup. Voici par exemple la bête noire des producteurs d'OGM : l'*Amaranthus palmeri*. Sa résistance au glyphosate a été identifiée la première fois en 2005 et, depuis, elle prolifère dans toutes les plaines de la Corn Belt, mais aussi dans les champs de coton des États du Sud. Il est impossible de la détruire chimiquement, car elle a développé une résistance à dix classes d'herbicides ! Elle a contraint des agriculteurs à abandonner des milliers d'hectares.

— C'est un drame sans fin, poursuivit Don Huber, avec un air dépité. Ce pied d'amarante contient des dizaines de milliers de graines. Même si seulement 1 % germe l'année prochaine, vous imaginez les problèmes que va rencontrer le producteur... » Puis le phytopathologiste fit quelques pas pour examiner de plus près les rangs de soja qui survivaient tant bien que mal au milieu des plantes concurrentes. « Vous voyez ces lignes jaunes qui traversent les veines vertes des feuilles de soja ?, interrogea-t-il. Ce sont les preuves que la plante souffre d'une déficience en manganèse et magnésium qui est facilement visible car ces deux minéraux sont liés à la photosynthèse. »

À ses côtés, Bob Streit avait ramassé une poignée de terre qu'il malaxait dans sa main. « Ce sol est très compact, commenta-t-il, il manque de glomaline[a], qui est fournie par un champignon très sensible au glyphosate. On peut parier qu'il est aussi très pauvre en vers de terre, qui sont de vrais ingénieurs des écosystèmes. Grâce aux galeries qu'ils creusent, ils permettent une meilleure pénétration des racines tout en favorisant l'infiltration de l'eau. Plusieurs études ont montré que le glyphosate affecte leur reproduction[15]. Le résultat de cette érosion du sol est que nous avons de plus en plus d'inondations aux États-Unis qui sont très dévastatrices. Avec le dérèglement climatique, qui provoque des pluies de plus en plus violentes, il est urgent que nous revoyions au plus vite notre système agricole.

— Est-ce que les scientifiques de l'USDA travaillent sur ces problèmes ?, demandai-je, un peu sonnée par toutes ces informations déprimantes.

— Il est très difficile de conduire des recherches sur ces sujets, me répondit Don Huber. Même mes propres collègues sont peu enclins à le faire, car ils craignent de perdre leur financement, qui dépend en grande partie des entreprises de l'agrobusiness. Quant aux scientifiques de l'USDA, ils travaillent sur les maladies qui affectent les plantes transgéniques ou sur l'érosion des sols, mais ne sont pas autorisés à publier leurs travaux ou à en parler publiquement. Le seul espoir, pour sortir de l'impasse dramatique dans laquelle nous sommes, ce sont les producteurs. Ils sont de plus en plus nombreux à vouloir arrêter les cultures transgéniques.

— Ils veulent faire cette transition vers des cultures conventionnelles, principalement pour des raisons économiques, ajouta Bob, car tous ces problèmes leur coûtent extrêmement cher : leur budget pour les herbicides a explosé, mais aussi

---

a. La glomaline est une substance produite par des champignons vivant en symbiose avec les racines des végétaux qui aide à stabiliser les agrégats du sol en jouant le rôle d'une colle.

pour les insecticides ou les engrais. De plus, les semences transgéniques coûtent en moyenne deux fois plus cher que les semences conventionnelles[16]. Enfin, ils n'en peuvent plus de dépendre d'entreprises qui ne pensent qu'à leur profit.

— L'enjeu est énorme, a conclu Don Huber, car notre sécurité alimentaire est menacée, en raison de l'extrême vulnérabilité de notre production agricole, mais aussi des maladies qui affectent notre élevage, nourri majoritairement avec des OGM résistants au Roundup. Beaucoup d'agriculteurs sont inquiets car, quand ils regardent autour d'eux, ils voient de plus en plus de gens qui souffrent d'allergies, d'intolérance au gluten, des maladies de Parkinson et d'Alzheimer ou de pathologies intestinales graves comme celle dite de l'"intestin poreux". Évidemment, le glyphosate n'est pas le seul responsable de ces maladies mais, étant donné ses caractéristiques uniques, il joue un rôle important : il affecte les sols, les plantes, les animaux et les humains. Il est responsable d'un écocide de grande ampleur... »

6

Alerte dans les élevages

« L'agriculture représente la base de l'existence de toute société. La santé des sols, la santé des plantes, la santé animale et la santé humaine sont toutes liées et interdépendantes. Si nous voulons un système durable, il faut garder cela à l'esprit. Mon intervention concerne les risques accrus pour la santé animale dus à l'usage d'herbicides à base de glyphosate. » C'est par ces mots qu'Art Dunham, vétérinaire à Hopkinton, dans l'ouest de l'Iowa, a ouvert la troisième session du TIM, consacrée à l'impact des activités de Monsanto sur la santé des animaux. Âgé d'une soixantaine d'années, l'Américain est un proche de Don Huber, à qui il voue une admiration sans borne.

Art Dunham, la naissance d'un lanceur d'alerte

Les deux hommes font partie d'un petit groupe de scientifiques et de praticiens de la santé animale et humaine qui, en liaison avec leurs pairs européens et latino-américains[a],

a. Tous se sont retrouvés à la conférence internationale sur la sécurité alimentaire et l'agriculture durable, organisée par le gouvernement chinois à Pékin, essayent d'alerter l'opinion publique et les autorités américaines sur l'extrême toxicité de l'« herbicide qui ne se présente qu'une fois par siècle », pour reprendre les termes de Stephen Duke, l'un des fervents défenseurs du glyphosate[1]. Inutile de préciser qu'ils sont ignorés par les grands médias américains, voire raillés pour leur « obsession » – ironisent leurs détracteurs – de vouloir attribuer au glyphosate tous les maux de la planète. Cette caricature est bien sûr activement promue par tous ceux à qui profite le juteux business permis par l'herbicide et le système agro-industriel qu'il incarne.

Pourtant, ils n'ont jamais été des agités du bocal. À l'instar du Sri Lankais Channa Jayasumana ou de l'Argentin Damián Verzeñassi, ils partagent plusieurs caractéristiques : avant de se lancer sur les traces du Roundup, ils n'appartenaient pas à la mouvance écologiste et ils n'étaient pas non plus des contestataires de l'ordre dominant, dans lequel ils étaient au contraire plutôt bien intégrés. Tous étaient (et sont toujours) des professionnels reconnus pour leurs compétences, qui, à un moment de leur carrière, ont été confrontés à des problèmes concrets qu'ils ont essayé de résoudre. Sans aucun préjugé et au nom d'une haute conception de leur métier qu'ils mettent au service de l'intérêt général – une valeur qui, pensaient-ils un peu naïvement, doit nécessairement animer tous ceux qui exercent des responsabilités politiques ou économiques. Quand, au fur et à mesure de leur enquête, ils ont découvert que la réalité était tout autre, ils ont traversé une période de sidération où alternaient l'incompréhension, la déprime et la colère. Puis, face à l'ampleur des enjeux que soulève l'objet de leur « obsession », ils sont devenus ce qu'on appelle des « lanceurs d'alerte », prêts à défendre à tout prix ce qui est devenu la cause de leur vie.

À cet égard, l'histoire d'Art Dunham est exemplaire. En effet, rien ne prédisposait le vétérinaire à devenir un lanceur

---

les 25 et 26 juillet 2014. La plupart des lanceurs d'alerte présents dans ce livre y ont participé.

d'alerte. Né dans une famille d'agriculteurs, comme son ami Don Huber, il a choisi d'étudier la médecine animale pour « aider les paysans ». C'est ce qu'il m'a expliqué le soir du 16 août 2016, quand il nous a accueillis avec son épouse Colette dans sa maison cossue de Hopkinton, perchée sur une colline en lisière de forêt, où le couple a élevé quatre enfants. Tout respirait la réussite professionnelle acquise au prix d'un dur labeur et d'un amour indéfectible pour le travail bien fait. « Art adore son métier, a dit Colette, avec un sourire bienveillant. Les animaux ont pris beaucoup de place dans notre famille. » Sur la table du salon, reposait le livre qu'a écrit leur fille Leah, trente-cinq ans, sur la carrière de son père. Intitulé *Le Cochon à deux têtes de l'Amérique. Soigner les déficiences nutritionnelles et la maladie dans un monde modifié génétiquement, résistant aux antibiotiques et dépendant des pesticides*[2], cet ouvrage m'a été très précieux pour comprendre pourquoi le vétérinaire est profondément convaincu que le glyphosate rend malades les animaux, et donc les humains. Professeur de sciences, Leah Dunham y raconte par le menu l'évolution du travail de son père et comment, petit à petit, tout a basculé, avec l'arrivée des OGM de Monsanto. Destiné à un large public, l'ouvrage a été rédigé en étroite collaboration avec Art, qui devant l'inertie des pouvoirs publics espérait provoquer un déclic chez les consommateurs, au moment où croît la prise de conscience du désastre sanitaire en cours aux États-Unis (voir *infra*, chapitre 7).

La soudaine déficience en manganèse des vaches et des cochons

Art Dunham a ouvert son cabinet de vétérinaire en 1974 dans le comté de Delaware, l'un des « plus jolis coins de l'Iowa ». À la différence du reste de l'État qui est d'une morne platitude, le comté est vallonné avec des arbres qui longent les routes. « Quand j'ai commencé, il y avait dix fermes, là où il n'y en a plus qu'une aujourd'hui, m'a expliqué Art, et seule une sur dix a désormais du bétail. Le ministère de l'Agriculture encourage la production de maïs et de soja, et il y a de moins en moins d'éleveurs. Quand j'ai commencé, ma clientèle comptait deux cents producteurs de lait, ils ne sont plus qu'une trentaine. Même chose pour les éleveurs de porcs qui sont passés de 1 200 à une petite centaine. Ceux qui restent ont d'énormes élevages, qui produisent dans le comté 600 000 porcs par an. J'ai un client qui a une ferme géante de 5 000 cochons. Pour le reste, il n'y a plus que des monocultures d'OGM. »

Il était sept heures du matin. Art avait sorti son pick-up du garage et avait inspecté sa pharmacie, intégrée à l'arrière du véhicule. Sur la portière du coffre était gravé l'emblème de l'ordre des vétérinaires, un caducée de Mercure. En voyant les deux serpents enroulés autour d'un bâton, dont les têtes se font face, coiffées par des ailes d'oiseau[a], j'ai repensé au cochon à deux têtes qui illustrait la couverture du livre de Leah Dunham. Mais ce porc bicéphale n'est pas une création mythologique, car comme nous allons le voir, cette malformation n'est plus une rareté à l'ère des aliments transgéniques. Quant aux deux serpents de l'emblème, censés incarner la prudence, ils acquièrent aujourd'hui une tout autre signification : ce sont « les deux sciences qui s'opposent à l'heure de l'agrobusiness : celle qui travaille pour les intérêts privés et celle qui a le souci de l'intérêt général », a soupiré le vétérinaire, avec un air las.

« En quarante ans, mon travail a complètement changé », a-t-il poursuivi, alors que nous filions à vive allure sur une route sinueuse serpentant à travers les collines voilées par la brume. Étrange atmosphère. De temps à autre, au détour d'une côte, on apercevait la silhouette imposante d'un silo qui

---

a. D'après le site de l'ordre national des vétérinaires, la signification du caducée de Mercure est triple : la baguette signifie le pouvoir, les serpents la prudence et les ailes l'activité.

jouxtait un grand bâtiment rectangulaire. « J'ai de moins en moins de clients, mais ceux qui restent ont plus d'animaux avec plein de problèmes de santé. Les bovins et les cochons vivent beaucoup moins longtemps. Ce qui a changé, c'est que les éleveurs ne cultivent plus eux-mêmes leur fourrage qu'ils achètent à des négociants. Depuis 1996, les aliments sont 100 % transgéniques. Au début, je n'ai pas vu de différence dans la santé des troupeaux, mais la situation s'est dégradée à partir de 2005. »

Cette année-là, il est contacté par plusieurs éleveurs de bovins qu'il suit depuis vingt ans qui ont constaté le même phénomène : plusieurs veaux sont nés avec de graves malformations du squelette et des signes de nanisme aigu : « Ils ressemblaient à des bouledogues avec de courtes pattes, des articulations enflées et une tête anormale. Ils souffraient de chondrodysplasie, une maladie congénitale qui affecte la formation des os et du cartilage, m'a expliqué le vétérinaire. La plupart étaient mort-nés. J'ai envoyé des échantillons de leurs foies au laboratoire de l'université de l'Iowa qui a noté qu'ils présentaient des taux de manganèse extrêmement bas. » Au même moment, les vaches laitières et allaitantes, mais aussi les truies des élevages intensifs ont de graves problèmes d'ovulation, dus à des ovaires anormalement petits, de la « taille d'un petit pois », ce qui entraîne une chute brutale de la fertilité des troupeaux. Art Dunham fait analyser leurs organes qui se caractérisent aussi par une grave déficience en manganèse.

« Je n'avais jamais vu cela en vingt ans de carrière, m'a affirmé le vétérinaire sur un ton extrêmement ferme. Je ne connaissais pas la cause, mais tout se tenait : la déficience en manganèse pendant la gestation provoque des malformations du fœtus et des avortements spontanés ou la naissance de petits mort-nés. J'ai passé plusieurs nuits blanches à ressasser la même question : qu'est-ce qui a changé dans les élevages qui puisse expliquer ce phénomène jusque-là inédit ? » La question restera sans réponse pendant deux ans, tandis que la déficience en manganèse devient une banalité dans les élevages de l'Iowa et du reste des États-Unis. Jusqu'à ce jour de 2007 où un client d'Art lui montre un article paru dans *The Furrow*, un journal agricole édité par John Deer, une multinationale spécialisée dans les machines agricoles, comme les tracteurs ou les épandeurs. « Ce papier fut une révélation, m'a raconté le vétérinaire. Il était écrit par Don Huber, qui expliquait que le glyphosate était un puissant chélateur de métaux, capable d'immobiliser les minéraux, comme le manganèse, dans le sol, ce qui du coup provoque une déficience dans les OGM. J'étais très excité, car je me suis dit que je tenais une pièce du puzzle ! »

Mais Art Dunham n'est pas au bout de ses peines. Il contacte ses partenaires du laboratoire vétérinaire de l'université de l'Iowa, pour leur proposer d'appeler Don Huber. La suggestion fait un flop : aucun intérêt. Il décide alors de joindre lui-même le phytopathologiste, à qui il laisse un message sur son répondeur. Deux semaines plus tard, alors qu'il est en train d'« aider une vache à expulser un veau mort-né », son téléphone portable sonne. « C'était Don qui s'est excusé, car il était très pris par des affaires gouvernementales, s'est souvenu le vétérinaire. Il m'a dit que cela concernait le glyphosate. Je lui ai dit : "Vous ne craignez pas de perdre votre job à l'université, en vous attaquant au Roundup et aux OGM ?" Il m'a répondu : "J'ai presque soixante-dix ans et je suis retraité. Je n'ai plus besoin de lever des fonds pour mes recherches. Alors je peux dire ce que je vois et pense." » Neuf ans plus tard, l'évocation de ce dialogue a fait rire Art Dunham, qui a poursuivi : « J'ai raconté à Don toute mon histoire et nous avons convenu qu'il fallait que je trouve des clients qui acceptent de participer à une expérience qui permettrait de confirmer ou d'infirmer notre hypothèse. »

Les semaines suivantes, le vétérinaire parvient à convaincre plusieurs éleveurs de porcs et de vaches laitières de changer l'alimentation de leurs animaux, en remplaçant le maïs et le soja Roundup Ready par des plantes conventionnelles, « non arrosées de glyphosate ». Le résultat relève de la magie : la déficience en manganèse disparaît des troupeaux, qui retrouvent leur santé et leur fertilité très rapidement. « Dès lors, mon père a compris qu'il tenait le bon bout, écrit Leah Dunham dans son livre. Mais, pour ce problème de déficience en manganèse, il n'a pu compter que sur ses observations cliniques et des régimes alimentaires expérimentaux pour remédier aux problèmes de santé des troupeaux[3]. » En d'autres termes : le vétérinaire s'est débrouillé tout seul, car aucune institution de référence n'a voulu se pencher sur l'épineux dossier du glyphosate qui est devenu une véritable patate chaude.

C'est ainsi que, le 17 mai 2011, Art Dunham participe à une conférence du docteur Jeremy Schefers qui travaille au Veterinary Diagnostic Laboratory du Minnesota. Le titre est prometteur : « Mortalités fœtale et périnatale associées à la déficience en manganèse. » Le scientifique rapporte qu'il a conduit une étude sur soixante-deux troupeaux du Midwest. Les foies, poumons et estomacs de tous les fœtus de veaux présentant des malformations du squelette ont été analysés et la conclusion fut sans appel : tous souffraient d'une déficience en manganèse. Puis, il explique très doctement : « Le fœtus est complètement dépendant de sa mère pour l'apport de nutriments et de minéraux. Les déficiences en minéraux des fœtus peuvent provoquer un développement anormal des systèmes squelettique et nerveux. Le manganèse est nécessaire pour activer la glycosyltransférase, une enzyme indispensable pour la synthèse du cartilage et des os. » Il aborde alors la patate chaude, avec une belle langue de bois : « Récemment, le manganèse et sa relation avec le glyphosate ont attiré l'attention de nutritionnistes, agronomes et éleveurs. Certains ont avancé que le glyphosate interfère avec la capacité de la plante à absorber et utiliser le manganèse, ce qui augmenterait sa susceptibilité pour les maladies et réduirait le taux de manganèse dans les aliments. » Mais le docteur Schefers écarte d'un revers de main cette hypothèse, en affirmant que la « déficience en manganèse dans le maïs et le soja n'est pas un phénomène nouveau et qu'elle a été décrite plusieurs décennies avant l'usage du glyphosate ». Elle serait due, selon lui, à plusieurs facteurs : des sols trop acides ou trop riches en matières organiques, ou pas assez humides, comme cela fut récemment constaté lors d'une sécheresse qui a frappé l'Australie. Pour pallier la déficience, il recommande d'apporter des compléments de manganèse dans la nourriture des animaux ! Ce qui a dû réjouir les sponsors de la conférence, comme Elanco, Diamond V, Bohringer Ingelheim et Pfizer, des multinationales spécialisées dans les aliments et médicaments pour animaux...

La conclusion du docteur Schefers a provoqué une remarque acerbe d'Art Dunham, ainsi que le rapporte sa fille Leah : « Schefers a dit cela parce qu'il ne voulait pas offenser l'agrobusiness qui finance ses travaux. Des vétérinaires présents dans le public ont rappelé à juste titre que [loin de souffrir de sécheresse] le Midwest avait connu de violentes pluies au moment où il collectait et analysait les tissus des animaux... »

Don Huber, janvier 2011 : un « agent pathogène totalement nouveau »

« Monsieur le secrétaire Vilsack, une équipe de scientifiques confirmés, travaillant sur les végétaux et les animaux, a récemment attiré mon attention sur la découverte en microscopie électronique d'un agent pathogène qui semble avoir un impact négatif significatif sur la santé des plantes, des animaux et, probablement, des êtres humains. Après un examen minutieux des données disponibles, il s'avère que cet agent pathogène est très répandu, très grave et qu'il se trouve à des concentrations beaucoup plus élevées dans les plantes de soja et de maïs Roundup Ready, ce qui suggère un lien avec le gène RR ou plus probablement avec la présence de l'herbicide Roundup. Cet organisme semble tout à fait *nouveau* pour la recherche scientifique. » Ainsi débutait la lettre adressée le 17 janvier 2011 par Don Huber à Tom Vilsack, secrétaire à l'Agriculture du président Barack Obama (de 2009 à 2017).

Après avoir rappelé ses états de service dans des « agences professionnelles et militaires », le « colonel et professeur émérite de l'université de Purdue » présentait les « propriétés physiques tout à fait particulières [de] cet organisme jusque-là inconnu » : « Il n'est visible que sous un microscope électronique (36 000 X), avec une gamme de taille approximativement égale à celle d'un virus de taille moyenne. Il est capable de se reproduire [...] et ressemble à un microchampignon. [...] Il est manifeste que cet agent infectieux favorise les maladies des plantes et des mammifères, ce qui est un fait très rare. [...] Il est contenu dans l'estomac ainsi que dans les placentas de porcs et de bovins. L'agent pathogène [...] est prolifique dans les plantes infectées, notamment dans le cas de deux maladies omniprésentes qui font baisser les rendements des agriculteurs : le syndrome de mort subite (SDS) pour le soja et la flétrissure bactérienne de Goss pour le maïs. [...] Les tests de laboratoire ont confirmé la présence de cet organisme dans une grande variété d'animaux qui ont subi des avortements spontanés et qui présentent une infertilité. Les résultats préliminaires des recherches en cours ont également été en mesure de reproduire les avortements en milieu clinique. L'agent pathogène peut expliquer la fréquence croissante des cas d'infertilité et des avortements spontanés observés aux États-Unis au cours des dernières années chez les bovins, les vaches laitières, les porcs et les chevaux. Il s'agit notamment de rapports récents qui font mention de taux d'infertilité de plus de 20 % chez les vaches laitières et d'avortements spontanés chez les bovins à des taux élevés, qui atteignent jusqu'à 45 %. » Pour finir, Don Huber sollicitait « l'assistance de l'USDA et d'autres institutions pour identifier la source, la prévalence, les conséquences et les remèdes concernant cet agent pathogène nouveau » ; et il demandait à Tom Vilsack de retarder la « décision en suspens, concernant l'autorisation de mise sur le marché de la luzerne Roundup Ready[a] ».

Rendue publique, la missive a provoqué une réaction immédiate de Monsanto qui, dans un communiqué publié le 24 février 2011, a affirmé ne connaître « aucune étude fiable montrant que les cultures Roundup Ready sont plus sujettes à certaines maladies ou que l'application de glyphosate sur les cultures Roundup Ready augmente la susceptibilité des plantes à des maladies[4] ». De son côté, Don Huber a rapporté dans une interview accordée le 10 décembre 2011 que deux semaines après l'envoi de sa lettre, il avait reçu un appel téléphonique de Gregory Parham, de l'USDA, lui demandant de fournir les noms des scientifiques qui avaient identifié le nouvel « agent pathogène ». Le phytopathologiste refusa au motif qu'il s'était « adressé à un homme politique » pour lui demander de soutenir un programme de recherche officiel, mais qu'il ne voulait pas, à ce stade, « livrer des noms de scientifiques en raison des représailles qu'ils pourraient subir, à savoir être licenciés de leur travail ou perdre leurs crédits de recherche, ainsi qu'il arrive à chaque fois qu'un chercheur travaille dans ce domaine[5] ».

Finalement, avec cinq scientifiques de son groupe, Don Huber a été invité à rencontrer plusieurs responsables de l'USDA, qui bottèrent en touche en lui disant que s'il « pouvait conduire l'étude, ils étaient prêts à l'examiner[6] », comme il l'a raconté dans une interview le 3 octobre 2013, où il portait un regard sévère sur l'attitude de ses collègues de l'USDA, confirmant ce qu'il m'a dit lors de notre rencontre en août 2016 (voir chapitre précédent) : « Les scientifiques du ministère, qui ont accumulé un énorme savoir sur l'impact du glyphosate, sont tous muselés. Ils ne sont pas autorisés à dire quoi que ce

a. Le 25 mars 2011, Don Huber a envoyé des courriers analogues à José Manuel Barroso, alors président de la Commission européenne, et à John Dalli, commissaire européen chargé de la santé et de la politique des consommateurs (2010-2012), lesquels sont restés sans réponse...

soit sur ce sujet. J'ai reçu un appel téléphonique de l'un d'entre eux, qui m'a dit : "Je vais prendre ma retraite très bientôt. J'ai décidé de me rapprocher de vous, parce que j'ai beaucoup de choses à dire que je ne peux pas dire aujourd'hui." »

L'alerte du phytopathologiste ne fut pas suivie d'effets : le 28 janvier 2011, Tom Vilsack approuvait la commercialisation de la luzerne Roundup Ready. Mais, depuis lors, le groupe de scientifiques réuni autour de Don Huber a relevé le défi lancé par les responsables de l'USDA : quelque part aux États-Unis et dans le plus grand secret, il mène les études sur le « nouvel agent pathogène » que le ministère a refusé d'encadrer. « Je peux seulement vous dire que nous savons que cet agent n'est pas un organisme doté d'ADN ou d'ARN, mais une protéine ou un prion inconnu à ce jour, m'a écrit en août 2016 Art Dunham, qui a fourni les échantillons de tissus porcins et bovins infectés. Il peut s'autorépliquer quand il dispose de conditions alimentaires adéquates. Il est possible qu'il ait existé sans avoir été identifié avant la mise sur le marché du glyphosate. Quand les mammifères fabriquent des chaînes de protéines à partir d'acides aminés, il se produit de nombreuses erreurs de codage [d'ADN], que des enzymes peuvent réparer. Il n'est pas exclu que le glyphosate, qui est un chélateur, puisse interférer avec ce processus dans la mesure où pratiquement toutes les enzymes concernées nécessitent les minéraux comme cofacteurs. Pour l'heure, le chercheur qui conduit l'expérience est en train de vérifier les "postulats de Koch[a]", avant de confirmer si l'agent est lié ou non au glyphosate et aux OGM. Désolé, mais je n'ai pas le droit de vous en dire plus. Tout ce que je peux dire, en tant que vétérinaire, c'est que cet agent pathogène disparaît des organes des animaux

---

a. Les « postulats de Koch » visent à établir la relation de cause à effet entre un microbe (ou un microorganisme) et une maladie. C'est grâce à ces postulats que Robert Koch (1843-1910) a pu identifier la bactérie responsable de la tuberculose (le bacille de Koch), découverte qui lui valut le prix Nobel de médecine en 1905.

quand ils ne sont plus nourris avec des OGM, et qu'avec lui disparaissent aussi les problèmes d'infertilité des troupeaux[7]. »

L'infertilité, voire la stérilité, des bovins américains représente chaque année une « perte de millions de dollars », ainsi que l'a révélé un livre très détaillé publié en 2011 par *Hoard's Dairyman*, le magazine des producteurs laitiers[8]. Rédigé en collaboration avec le Dairy Cattle Reproduction Council (conseil de reproduction des vaches laitières), l'ouvrage rapportait que 30 % des vaches sont abattues chaque année, principalement en raison de troubles de la reproduction, dont 8 % à 10 % des vaches laitières (sur un total de 9 millions). Le phénomène a débuté au début des années 2000, au point que l'association des producteurs bovins a demandé à être auditionnée par le Congrès en juillet 2002. Dennis McDonald, l'un de ses représentants, a lancé alors un véritable cri d'alarme : « Des producteurs bovins sont confrontés à des problèmes déconcertants et économiquement dévastateurs concernant les vaches en gestation et les veaux. Dans certaines fermes, un nombre élevé de fœtus sont avortés pour des raisons inconnues, dans d'autres les éleveurs ont la chance de pouvoir engraisser un jeune bovin qui a l'air tout à fait normal, pour découvrir au moment de son abattage que sa carcasse paraît deux fois plus vieille que son âge, ce qui réduit sa valeur ; cet état a été appelé "os dur" [*hard bone*[a]]. [...] À ce jour, personne ne sait ce qui est à l'origine de ces deux syndromes. Michael Fields, un scientifique spécialiste de la santé animale de l'université de Floride, suspecte qu'ils sont liés à un problème commun et avance que les aliments ou l'eau de ces fermes sont souillés par des polluants qui miment les hormones[9]. » Et l'éleveur de bovins de conclure : « La viabilité de notre importante industrie est menacée. »

---

a. Normalement, un jeune bovin de deux ans présente une carcasse de couleur rouge ; les bovins souffrant de *hard bone* ont des os et un cartilage blancs et desséchés qui caractérisent des animaux beaucoup plus âgés.

2008 : hécatombe inexplicable chez les porcelets des élevages américains

Au moment où Art Dunham observait les premiers cas de veaux malformés, une autre maladie décimait les élevages de porcs. Son nom : *Porcine periweaning failure to thrive syndrome* (PFTS, syndrome de déficience de croissance périsevrage). « Je n'avais jamais vu cette pathologie, qui est apparue brutalement dans plusieurs porcheries, m'a raconté Art Dunham. Elle frappe les porcelets, cinq à dix jours après le sevrage, qui d'un coup arrêtent de s'alimenter. Très rapidement, les petits cochons deviennent décharnés, comme s'ils catabolisaient[a] leurs propres tissus et organes. C'est horrible ! »

L'étrange maladie a été signalée le 15 septembre 2008 dans le *National Hog Farmer Magazine,* le journal des producteurs de porcs, qui rapportait que, dans les nurseries porcines affectées, « 2 % à 10 % des porcelets meurent ou doivent être euthanasiés après avoir subi une longue période de famine. Ils souffrent d'anorexie et de cachexie sévères (dépérissement physique général et malnutrition) sans qu'aucun agent infectieux apparent ne soit impliqué[10] ». Les signes cliniques du PFTS ont été décrits dans un article publié en 2011 par cinq vétérinaires du American Board of Veterinary Practitioners qui notent que « l'étiologie, la pathophysiologie et la pathogenèse du PFTS n'ont pas été déterminées, bien que plusieurs agents infectieux aient été identifiés chez certains porcs atteints[11] ».

Pressé par les producteurs de porcs qui ne savaient plus à quel saint se vouer, Art Dunham a fait autopsier plusieurs porcelets souffrant de PFTS. Ceux-ci présentaient plusieurs lésions dans le système digestif, comme des altérations de la muqueuse intestinale, des villosités[b] rabougries, et un

a. D'après l'*Encyclopedia Universalis,* cataboliser « signifie en physiologie transformer un fragment de la matière vivante en déchet ».

b. D'après *Futura Santé,* « les villosités sont des saillies d'un tissu biologique, lui conférant un aspect poilu, qu'on retrouve dans les intestins ou dans le épaississement des cryptes ou des glandes intestinales. Ces observations ont été confirmées par une étude publiée par quatre chercheurs de l'université de Caroline du Nord, qui ont constaté que le « PFTS est associé à un dysfonctionnement grave de la fonction de la barrière épithéliale intestinale et à des altérations de la morphologie muqueuse et épithéliale[12a] ».

Curieusement, les scientifiques qui travaillent sur le PFTS ne posent à aucun moment la question qui tombe sous le sens : « Comme le déclenchement de la maladie a lieu au moment où le porcelet est sevré et commence à manger du fourrage, il semble naturel de s'interroger sur le rôle de leur régime alimentaire », ainsi que l'écrit Leah Dunham, qui retrace par le menu le cheminement de son père[13]. Soucieux de résoudre le grave problème de ses clients, le vétérinaire poursuit ses recherches sur le glyphosate, dont il suspecte, comme pour les veaux et vaches, qu'il peut être le fauteur de troubles. Il découvre dans une étude publiée par des chercheurs de l'université Texas A&M que le glyphosate chélate le cobalt bien plus encore que le manganèse. Or le cobalt est un minéral essentiel pour la formation de la vitamine B12 (également appelée cobalamine), laquelle joue un rôle important pour la production d'enzymes digestives, mais aussi pour l'activité des bactéries bénéfiques de l'intestin et l'élimination de bactéries pathogènes du tube digestif. Troublé, Art Dunham fait analyser 522 foies de porcelets atteints de PFTS et constate que « pas un seul n'avait le taux de cobalt requis avant l'ère des OGM[14] ». Comme il l'avait fait avec les éleveurs de bovins, il conseille donc aux producteurs de porcs de changer le régime alimentaire de leurs animaux en arrêtant les OGM. Et ça marche ! C'est ainsi que Ken Kehrli, l'un des producteurs de porcs et

---

placenta. Elles permettent de faciliter l'absorption des nutriments entre deux milieux ».

a. La barrière épithéliale intestinale sépare le contenu de l'intestin du reste de l'organisme. Sa fonction est d'absorber les nutriments et d'assurer une protection vis-à-vis des agents pathogènes ou toxiques.

bovins réputés du comté de Delaware, a banni le soja et le maïs transgéniques – Roundup Ready et Bt – de sa ferme et a constaté que ses animaux recouvraient la santé. J'avais rendez-vous avec l'éleveur à l'Iowa State Fair où il participait à un concours porcin, rendez-vous malheureusement annulé en raison d'un grave problème familial.

Rencontre avec Howard Vlieger, un « éleveur-chercheur » ultraconservateur et anti-OGM

« J'ai passé en revue toute la littérature scientifique concernant l'impact des OGM sur la santé animale. J'ai découvert qu'il n'y avait qu'une seule étude de longue durée publiée en 2013 sur les cochons !, s'est étonné Art Dunham. Comment peut-on autoriser la mise sur le marché de plantes transgéniques destinées à être imbibées de glyphosate ou à fabriquer un insecticide sans étudier au préalable leur impact sur un animal aussi proche des humains ? » L'étude dont parle le vétérinaire est en effet unique en son genre. Elle a été réalisée sur la ferme de Howard Vlieger, située à Maurice, dans le nord-ouest de l'Iowa. Agriculteur de la troisième génération, l'homme est devenu un fervent opposant aux OGM, même si son profil n'a rien d'un écolo baba cool : catholique traditionaliste, il est membre du Tea Party, l'aile ultraconservatrice du Parti républicain qui mena une campagne virulente contre l'élection de Barack Obama. Se considérant comme un « étudiant du sol[15] », il n'a cependant jamais été un inconditionnel des pesticides chimiques. Dès 1989, il avait développé des techniques agricoles permettant de réduire au minimum leur usage. Trois ans plus tard, il a créé une activité de conseil pour assister les agriculteurs désireux de réduire leur dépendance aux produits chimiques.

En 1997, alors que les OGM de Monsanto font fureur dans les plaines de l'Iowa, Howard Vlieger décide de ne pas s'emballer et de ne planter qu'un seul champ avec du maïs Bt, histoire de voir. Le résultat ne le convainc pas : les semences sont plus chères et le rendement inférieur de trois boisseaux par acre à celui du maïs conventionnel. Il réitère l'expérience un an plus tard et perd de nouveau de l'argent. Dès lors, ses champs seront « libres d'OGM ». Au milieu des années 2000, il découvre que plusieurs éleveurs de porcs et de bovins nourris avec du soja Roundup Ready et du maïs Bt ont les mêmes problèmes que ceux constatés par Art Dunham dans le comté de Delaware. Troublé, il fait part de ses observations à Elaine Ingham, une microbiologiste de l'université du Colorado, qui l'encourage à participer à une étude conçue par Judy Carman, épidémiologiste et biochimiste australienne qui cherchait une ferme pour tester la toxicité des OGM sur les animaux d'élevage.

C'est ainsi qu'Howard Vlieger devient le coordinateur d'une étude unique à plusieurs égards, dont les résultats ont été publiés en 2013[16]. D'abord, elle a été conduite sur des porcs, ce qui est très rare car la plupart des études publiées concernent des rongeurs (rats, souris, lapins), des poissons ou des poules. Ensuite, l'expérience a duré pendant 22,7 semaines, soit la durée moyenne de vie d'un porc entre le sevrage et l'abattage, alors que les rares études conduites sur les porcs ont duré un maximum de quatre-vingt-dix jours[17]. L'étude est aussi unique par l'importance de la cohorte, cent soixante-huit animaux, répartis à égalité entre un groupe expérimental et un groupe contrôle. Enfin – et c'est peut-être le plus important –, l'étude a été conduite dans une ferme du « monde réel », où les cochons du groupe expérimental ont mangé des aliments habituels dans les porcheries industrielles : du soja Roundup Ready et du maïs Bt et Roundup Ready[a], qui ont bien été arrosés de glyphosate. Alors que, j'y reviendrai, la majorité des études censées mesurer la toxicité chronique

a. Aux États-Unis, on parle de maïs *double stacked*, contenant à la fois les gènes Roundup Ready et Bt.

du soja transgénique a été conduite avec des grains qui ne proviennent pas des récoltes et ne présentent donc pas de résidus de glyphosate.

Les résultats de l'étude montrent que les truies nourries avec des OGM ont un utérus en moyenne 25 % plus lourd que celles du groupe contrôle. De plus, 32 % des porcs du groupe expérimental (contre 12 % dans le groupe contrôle) présentent les signes d'une « inflammation sévère de l'estomac » qui touche particulièrement les mâles (quatre fois plus que dans le groupe contrôle). « Notre étude n'a pas permis d'identifier la cause principale des différences constatées entre les deux groupes », m'a expliqué en août 2016 Howard Vlieger, qui assistait à la conférence de Don Huber à Jacksonville dans le Minnesota (voir chapitre précédent). Je n'avais pas eu de mal à le repérer dans l'assistance, car l'homme moustachu porte toujours un chapeau de cow-boy, généralement blanc. « En revanche, ce qui est sûr, c'est qu'un nombre croissant d'agriculteurs ne veulent plus entendre parler d'OGM, a-t-il poursuivi. Ce mouvement a commencé il y a deux ou trois ans et ne cesse de s'amplifier. En ce qui me concerne, je travaille avec des producteurs de tous les États-Unis et du Canada. Récemment, j'ai assisté un éleveur de porcs qui, après avoir supprimé les OGM de ses rations alimentaires, a réduit de 80 % l'injection d'antibiotiques dans son élevage, tandis que le taux de conception de ses truies passait de 82 % à plus de 92 % ! Du côté des cultivateurs, la tendance est la même, pour des raisons économiques : ils doivent dépenser de plus en plus d'argent pour des fongicides ou des insecticides qu'ils n'ont jamais utilisés auparavant, sans oublier les herbicides car leurs champs sont envahis par les mauvaises herbes résistantes au glyphosate ! Disons-le franchement, les OGM ont apporté la mort dans nos sols et nos élevages. »

Des « superbactéries » pathogènes devenues résistantes aux antibiotiques à cause du glyphosate

« À l'université, on nous enseigne que les vétérinaires et les médecins doivent collaborer, car les animaux sont des modèles pour les humains. Mais, pour le glyphosate, ce principe est complètement ignoré !, a dit Art Dunham lors de son audition au TIM, sur un ton passablement énervé. En 2012, j'ai participé au deuxième congrès annuel du National Institute for Animal Agriculture à Columbus dans l'Ohio consacré à la résistance aux antibiotiques qui se développe de manière très inquiétante chez les animaux et les humains. Mais on n'a pas abordé une seule fois le glyphosate, alors que c'est un antibiotique puissant qui contamine tout notre environnement et toute la chaîne alimentaire ! Il provoque des dégâts considérables dans les élevages avec des superbactéries que je n'avais jamais vues avant l'arrivée des OGM. »

Après avoir rappelé que le « brevet 7771736 accordé [en 2010] à Monsanto pour la fonction biocide du glyphosate » préconisait son usage pour des « maladies infectieuses graves comme le paludisme ou la gonorrhée », le vétérinaire a souligné que « seules les bactéries les plus virulentes survivent aux antibiotiques qui ont été conçus pour les tuer ». Parmi elles, le bacille *Clostridium perfrigens*, qui s'est mis à proliférer dans les élevages depuis le milieu des années 2000. La bactérie provoque notamment le « syndrome hémorragique intestinal » chez les vaches laitières, une « maladie mortelle du système digestif » caractérisée par la présence d'« énormes caillots sanguins dans l'intestin[18] ». L'autre bactérie qui résiste aux traitements antibiotiques est la bien nommée *Clostridium difficile*, associée aux diarrhées chroniques chez les porcelets qui « ont explosé depuis l'introduction des OGM dans l'alimentation animale », a expliqué Art Dunham avec fermeté. Au cours des dernières années, une « nouvelle maladie porcine néonatale [*new neonatal porcine diarrhea*] d'étiologie inconnue » décime les petits cochons[19]. D'après des études réalisées au Danemark, elle est associée à des souches très agressives de bactéries *E. Coli* et *Enterococcus spp*[20].

« Et puis, il y a le botulisme qui avait totalement disparu des élevages, m'a expliqué Art Dunham. Autrefois, il était lié à des aliments avariés. Mais depuis qu'il y a du glyphosate dans le fourrage, s'est développé un nouveau type qu'on appelle "botulisme chronique", qui affecte régulièrement les troupeaux de bovins. La majorité des vétérinaires ne savent pas le diagnostiquer. » Nous avions passé la matinée à sillonner le comté de Delaware où le vétérinaire avait effectué deux séances de vaccination chez des clients. Le dernier sur la liste était Mark Sheppard, un éleveur de vaches laitières qui venait tout juste de se débarrasser du botulisme.

La maladie est due à la bactérie *Clostridium botulinum*, qui infecte les intestins des mammifères et sécrète une neurotoxine extrêmement dangereuse provoquant la paralysie des muscles, puis la mort. Les biologistes en ont identifié huit types qui produisent des neurotoxines plus ou moins virulentes (A, B, C1, C2, D, E, F et G). Le botulisme humain est associé aux types A, B et E, tandis que les types C et D sont responsables du botulisme animal. La sympathique « toxine botulique » a été incluse dans des programmes d'armes biologiques développés par les États-Unis et l'ex-URSS, comme ceux sur lesquels a travaillé Don Huber (voir chapitre précédent)[a].

Le jour de notre visite, il faisait une canicule absolument insupportable et Mark Sheppard avait dû rentrer son troupeau d'une centaine de vaches dans l'étable afin de les arroser. « Quels sont les symptômes du botulisme ?, lui ai-je demandé.

— La diarrhée et en même temps la constipation, ce qui est très inhabituel, m'a répondu l'éleveur. Les troubles de la langue, les vaches ne peuvent pas boire ni manger : quand elles se baissent, elles ne peuvent pas ouvrir leur bouche, elles

a. La toxine botulique est un poison 500 000 fois plus puissant que le cyanure de potassium...

ont de l'œdème et les membres paralysés, elles ne peuvent plus marcher... Plusieurs sont mortes...

— Avec quoi les nourrissiez-vous ?

— Principalement avec des tourteaux de soja Roundup Ready.

— Quel est le lien entre le botulisme et le glyphosate ?

— Le glyphosate est un antibiotique à large spectre, m'a répondu Art Dunham. Il faut cinq à dix parts par million pour tuer la bactérie *Clostridium botulinum*, mais il faut seulement 0,1 part par million dans l'intestin des animaux pour tuer les organismes bénéfiques qui empêchent la bactérie de proliférer et surtout de développer la toxine botulinique. De nombreuses bactéries qui sont importantes pour le processus digestif de la vache sont affectées par le glyphosate. Mon expérience de vétérinaire me dit que le glyphosate fut le coup de grâce pour les troupeaux, dont l'immunité était déjà affaiblie par la course au rendement laitier et l'usage démesuré d'antibiotiques.

— Est-ce que vous continuez de nourrir vos vaches avec des OGM ?, ai-je demandé à Marc Sheppard.

— Non ! Je ne veux plus que des aliments conventionnels qui ne contiennent pas le gène de résistance au Roundup, m'a répondu l'éleveur sans hésiter. D'ailleurs, depuis que j'ai changé l'alimentation des vaches, elles ne sont plus malades ! Mon père n'en revient pas... Même s'il sait pertinemment qu'avant l'arrivée des OGM, il n'avait jamais entendu parler de botulisme ni de toutes ces nouvelles maladies comme le syndrome hémorragique intestinal.

— Est-ce que vous en parlez avec vos collègues ?

— Ce n'est pas facile, car quand on a des bêtes malades, on est soupçonné d'être un mauvais éleveur... Certains sont manipulés par l'industrie avec qui ils sont pieds et mains liés. Quand ils ont des vaches malades, ils n'essaient pas de savoir pourquoi, ils se contentent de les envoyer à l'abattoir avant qu'elles meurent...

— Je suis dégoûté par le système, a dit Art Dunham, visiblement très ému. J'ai fait un serment quand je suis devenu vétérinaire, dans lequel je m'engageais à prendre soin de l'alimentation des humains. Quand on voit du bétail infecté qui ne tient pas debout ou des animaux qui ne vivent pas plus que trois ou quatre ans, je me demande : qu'est-ce que ça nous fait à nous ?

— Oui, a opiné Mark Sheppard. Il y a tellement de choses inconnues et pas étudiées. Je suis moi aussi très inquiet pour notre santé et celle de nos enfants. »

Épidémie de botulisme chez les vaches allemandes

« Je m'appelle Monika Krüger, je suis vétérinaire et microbiologiste, spécialiste des maladies infectieuses animales. J'ai dirigé de 1993 jusqu'à ma retraite en 2014 l'Institut de bactériologie et de mycologie de l'université de Leipzig[a]. » Après Don Huber, Monika Krüger est probablement la scientifique qu'Art Dunham estime le plus. Rien d'étonnant à cela : la vétérinaire allemande, qui lui succéda à la barre du TIM, est la seule à avoir conduit des études qui ont apporté des réponses *concrètes* aux questions *concrètes* qui n'ont cessé de le tarauder pendant les deux dernières décennies.

« J'ai travaillé pendant quinze ans sur le botulisme chronique, a poursuivi Monika Krüger. Cette maladie est apparue chez les bovins allemands au milieu des années 1990 et s'est propagée dans de nombreux élevages, même si officiellement les autorités nient son existence. De 2007 à 2010, mon institut a participé à un projet de recherche national baptisé "Botulinom", dont le but était d'examiner la relation entre le microbiote intestinal[b] et la présence de la bactérie *Clostridium*

a. La mycologie est une branche de la science médicale, humaine ou vétérinaire, qui étudie les champignons.

b. Le microbiote intestinal, encore appelé « flore intestinale », désigne l'ensemble des micro-organismes (bactéries, levures, champignons) qui peuplent *botulinum* et de la neurotoxine qui y est associée. Le résultat fut que seuls les animaux, en l'occurrence des vaches laitières Holstein, qui présentaient une dysbiose, c'est-à-dire un déséquilibre de la flore intestinale, avaient aussi la bactérie dans leur estomac ou leurs excréments. »

Dans leur rapport de 2010, les chercheurs allemands ont souligné que « les résultats obtenus concluent à un dysfonctionnement de l'homéostasie[a] dans le système gastro-intestinal des bovins », mais qu'« ils ne décrivent qu'un état et pas les causes. Les causes devront être investiguées dans des études complémentaires[21] ». C'est aussi ce qu'a souligné Monika Krüger dans un article de 2014, où elle a expliqué que les « changements spécifiques » observés dans le « microbiote fécal » des vaches concernent une « réduction significative du total des bactéries aérobies et anaérobies[b], des entérocoques, des *Clostridium perfringens*, des levures et des champignons », mais qu'il faut conduire de « nouvelles études » pour comprendre ce qui a contribué au « processus de colonisation » de la bactérie *Clostridium botulinum*[22].

Commence alors pour la microbiologiste un jeu de piste qu'ont parcouru tous ceux qui, à un moment de leur carrière, ont été confrontés à l'énigme du glyphosate. C'est « tout à fait par hasard, grâce à un appel téléphonique d'une collègue », qu'elle découvre l'existence de l'herbicide le plus vendu au monde et surtout le fameux brevet 7771736 qui entérine sa fonction antibiotique. « Dans mon institut, nous nous sommes intéressés longuement au glyphosate, a-t-elle témoigné lors de son audition à La Haye. Malheureuse-

l'intestin des mammifères, humains ou animaux. Pour comprendre son rôle pour la santé, je conseille vivement la lecture du fameux livre de Julia Enders, *Le Charme discret de l'intestin*, Actes Sud, Arles, 2014.

a. D'après *Futura Santé*, « l'homéostasie correspond à la capacité d'un système à maintenir l'équilibre de son milieu intérieur, quelles que soient les contraintes externes ».

b. Les bactéries aérobies ne peuvent vivre et se développer qu'en présence d'oxygène, à l'inverse des bactéries anaérobies.

ment, les bactéries qui lui sont sensibles sont celles dont nous avons besoin pour vivre. Ce sont les bactéries qui favorisent la santé comme les lactobacilles, les bifidobactéries, les *Enterococcus faecalis* et *faecium*, etc. Mais les organismes pathogènes, comme les salmonelles, différentes sortes de *Clostridium* ou de champignons *Fusarium*, sont résistants ou tolérants [au glyphosate][23]. Nous avons notamment découvert que le glyphosate détruisait les *Enterococcus spp*, qui ont la capacité de neutraliser les *Clostridium botulinum*[24]. Quand le glyphosate pénètre dans le système gastro-intestinal des animaux, il provoque une altération de l'équilibre microbien dans la flore intestinale. Or celui-ci est essentiel pour le bon fonctionnement des système immunitaire et nerveux, et du métabolisme. »

En 2012, Monika Krüger est contactée par Achim Gerlach, un vétérinaire qui est l'*alter ego* d'Art Dunham dans le nord de l'Allemagne. Exerçant depuis une trentaine d'années, il est installé à Dithmarschen, au cœur des plaines fertiles du Schleswig-Holstein, le berceau des vaches laitières reconnaissables à leur robe pie noire. Mais rien ne va plus au pays des Holstein. Depuis le milieu des années 2000, les troupeaux sont décimés par une maladie inconnue qui a fait des milliers de victimes et ruiné des dizaines d'éleveurs. Cette histoire dramatique a été racontée par mon collègue allemand Andreas Rummel dans un documentaire diffusé sur Arte en 2015[25]. On y voit Achim Gerlach intervenir dans la ferme de Heinz Heeckt, qui a déjà perdu une cinquantaine de vaches sans en connaître la cause. Images lamentables de bêtes décharnées qui titubent dans l'étable, avant de s'effondrer. Dehors, une dizaine de cadavres attendent l'équarisseur. L'éleveur et sa fille, qui s'occupe de la traite des vaches, rapportent qu'ils sont régulièrement pris de vertiges et de nausées. Puis on voit Monika Krüger visiter la ferme de Mario Kuder, un autre client d'Achim Gerlach, qui a perdu six cents vaches sans que personne – y compris le vétérinaire qui avoue son impuissance – ne puisse fournir d'explication.

La scientifique de Leipzig fait analyser les matières fécales et les organes des animaux et constate qu'ils sont infectés par la bactérie *Clostridium botulinum*, tandis que les urines présentent un taux élevé de glyphosate. Quant à Mario Kuder, qui souffre d'une fatigue chronique, il est porteur de l'anticorps contre la toxine botulique[26]. Dans l'étude consacrée par Monika Krüger au troupeau de Mario Kuder (cent cinquante-neuf vaches laitières et dix-huit génisses), elle explique que pour « évaluer de possibles traitements, on a administré aux animaux du jus de topinambour[a], un vaccin contre *Clostridium botulinum* de type C et D, ou une suspension d'*Enterococcus faecalis* ». Je ne m'étendrai pas sur les résultats détaillés des différents traitements qui ont tous provoqué une réduction, voire une disparition, de la bactérie *Clostridium botulinum* et de la toxine botulique dans les matières fécales des vaches. Pourtant, note Monika Krüger, cela « n'a pas provoqué un rétablissement des animaux, parce qu'ils étaient déficients en oligoéléments comme le manganèse, le cobalt, le cuivre et le sélénium. Les animaux qui ont été traités avec des oligoéléments se sont rétablis. Il semble que la dysbiose du microbiote intestinal et la déficience en microéléments pourraient expliquer l'expansion du botulisme chronique[27] ».

Un autre mensonge de Monsanto

Et le jeu de piste reprit. Pour poursuivre sa reconstitution du puzzle, la vétérinaire allemande a mené plusieurs études épidémiologiques visant à mesurer le taux d'imprégnation du glyphosate chez les animaux d'élevage, mais aussi chez les humains (voir chapitre suivant). Ce travail l'a conduite au

---

a. Eh oui, il faut manger du topinambour ! Ses fructanes, riches en inuline, participent à l'équilibre de la flore intestinale en augmentant la concentration des bactéries *Lactobacillus*, *Enterococcus* et des bifidobactéries qui stoppent la prolifération de bactéries potentiellement pathogènes.

Danemark, où le botulisme chronique affectait aussi les bovins des élevages intensifs. Comme partout en Europe, les animaux y sont nourris avec des tourteaux de soja transgénique, importés d'Amérique du Sud (Brésil, Argentine) ou des États-Unis. Chaque année, 38 millions de tonnes de soja RR transitent ainsi par les ports de Lorient, d'Amsterdam ou d'Hambourg pour finir dans les auges des poules, des vaches et des cochons industriels du Vieux Continent. Comme l'a souligné Monika Krüger lors de son audition au TIM, ce « soja est contaminé par le glyphosate. En Europe, le taux maximum de résidus autorisé est de 20 mg/kg » – je reviendrai sur cette norme d'exposition hautement contestable.

Au Danemark, Monika Krüger a analysé la quantité de glyphosate excrété dans les urines de 240 vaches, provenant de huit élevages (sur un total de 1 725 vaches). Pour cela, elle a eu recours à des outils permettant de détecter des taux très faibles de résidus de pesticides, en dessous du µg/l[28]. Elle a aussi analysé plusieurs paramètres sanguins, liés aux taux de cholestérol, d'urée ou d'oligoéléments. Les résultats les plus significatifs indiquent que « toutes les vaches présentaient du glyphosate dans leurs urines, à des concentrations variées » ; « le niveau moyen de cholestérol observé était supérieur au niveau de référence » ; « le niveau de cobalt et de manganèse dans tous les troupeaux était largement en dessous du minimum nutritionnel requis, ce qui pourrait s'expliquer par l'effet puissant de chélateur de métaux du glyphosate[29] ».

En d'autres termes, la fonction de chélateur du glyphosate agirait à deux niveaux : d'abord, il prive les plantes de minéraux essentiels en les immobilisant dans le sol ; en conséquence, les animaux qui mangent ces plantes sont, à leur tour, déficients en minéraux ; ensuite, une fois que le glyphosate a pénétré dans les organismes des animaux – à travers les résidus que contient, par exemple, le soja transgénique –, il séquestre les minéraux et oligoéléments circulant dans les organismes, ce qui provoque une nouvelle déficience minérale des animaux. La boucle est bouclée ! Du moins sur le papier, car pour que le second mode d'action soit valide, il faut que le glyphosate ait la capacité de bio-accumuler, par exemple dans les tissus, afin de rester actif suffisamment longtemps dans les organismes qu'il a contaminés. Or Monsanto a toujours dit que c'était impossible. Pour preuve, un article publié en mai 2016, sous l'auspice d'un certain... Daniel Goldstein, le toxicologue en chef de la firme, que nous avons déjà croisé dans ce livre, car c'est lui qui a exercé d'énormes pressions pour que le gouvernement sri lankais lève l'interdiction des herbicides à base de glyphosate (voir *supra*, chapitre 4). Autant dire que c'est une garantie d'objectivité scientifique... L'article est cosigné par deux autres salariés de Monsanto, Pamela Jensen (du département de la réglementation...) et John Vicini (chef de l'équipe de la sécurité alimentaire, de la santé et de la nutrition...), ainsi que par Michelle (de son petit nom Shelley) et Marc McGuire, un couple réputé pour sa proximité avec Monsanto[a]. Intitulé « Le glyphosate et l'acide aminométhylphosphonique ne sont pas détectables dans le lait humain[30] », l'article était une réponse à une étude réalisée par l'association Moms across America qui avait révélé que le lait maternel est contaminé par le glyphosate (voir chapitre suivant). Pas bon du tout pour l'image de marque de Monsanto...

D'emblée, les affidés de la firme annoncent la couleur : « Les études sur les animaux ont montré que l'exposition au glyphosate (un herbicide communément utilisé) ne se traduit pas par une bioaccumulation du glyphosate dans les tissus. [...] Des études conduites sur les rats suggèrent que pratiquement tout le glyphosate absorbé est rapidement excrété inchangé dans les urines. » Cette affirmation est pour le moins surprenante. De deux choses l'une, en effet : soit les scientifiques de Monsanto

a. Marc McGuire dirige le département vétérinaire de l'université de l'Idaho. Ami personnel de John Vicini, il s'illustra dans la promotion de Prosilac, l'hormone de croissance laitière, dont j'ai longuement parlé dans mon livre *Le Monde selon Monsanto*. Quant à « Shelley » McGuire, elle est la porte-parole de la Société américaine de nutrition, régulièrement dénoncée pour son soutien à des multinationales, comme McDonald ou Coca-Cola.

ne connaissent pas les propres études fournies par la firme à l'EPA, soit ils mentent ! Car lorsque j'avais rencontré Anthony Samsel (voir *supra*, chapitre 3), le biochimiste avait exhibé une étude fort intéressante du volumineux dossier d'homologation du glyphosate, qu'il avait réussi à se procurer. Datée du 23 mars 1988, elle a été conduite par deux scientifiques du nom de W. P. Ridley et K. Mirly qui ont administré du glyphosate à des rats par voie intraveineuse ou orale, soit en une dose unique de 10 mg/kg, soit en des doses répétées sur plusieurs jours (à chaque fois de 10 mg/kg)[31]. Ils ont eu la bonne idée de radiomarquer le glyphosate avec du carbone 14, afin de pouvoir pister la molécule dans l'organisme des cobayes. « Le premier résultat, m'a expliqué Anthony Samsel, c'est qu'environ 30 % du glyphosate absorbé par voie orale – celle qui nous intéresse en tant que consommateurs – continue de circuler dans l'organisme des animaux pendant au moins sept jours, le reste est excrété dans les urines. De plus, quand la dose est répétée, il y a un processus d'accumulation dans tous les tissus et organes, en particulier dans les os et le cerveau. »

De fait, sur le tableau que m'a montré Anthony Samsel, on voit clairement que quand on mesure au bout de 168 heures la quantité de glyphosate qui s'est fixé dans les os après l'administration d'une dose unique de 10 mg/kg, celle-ci s'élève à 0,552 mg/kg. En revanche, quand la dose est répétée, la quantité a grimpé à 0,748 mg/kg. Ces valeurs concernent les mâles. Chez les femelles, les valeurs respectives s'élèvent à 0,313 et 0,462 mg/kg. Pour le cerveau, les valeurs doublent pour passer de 0,007 à 0,014 mg/kg chez les mâles et de 0,006 à 0,011 chez les femelles. Pour les reins, les valeurs passent de 0,022 à 0,033 mg/kg chez les mâles et de 0,014 à 0,026 chez les femelles. « Cela veut dire, a conclu Anthony Samsel, que si vous mangez une seule fois quelque chose qui est souillé par du glyphosate, le produit continuera à circuler dans votre corps au moins pendant une semaine et que si vous mangez tous les jours un aliment contenant du glyphosate, celui-ci s'accumulera dans tout votre organisme. »

Les cochons malformés d'un éleveur danois

« Je n'oublierai jamais la première visite d'Ib dans notre laboratoire, a raconté avec émotion Monika Krüger. C'était au printemps 2013. Il est arrivé avec une grande poubelle grise contenant trente-huit porcelets congelés qui étaient tous nés avec des malformations congénitales. J'étais effrayée. J'ai dirigé pendant deux ans une ferme porcine au Vietnam, mais je n'avais jamais vu de telles malformations.

— Mon père a élevé 60 000 porcs de 1959 à 2003 et il n'a jamais vu non plus ce genre de malformations, a commenté Ib Pedersen, en ouvrant le document qu'il avait préparé pour les juges du TIM. La différence avec moi, c'est qu'il n'a jamais nourri ses cochons avec du soja transgénique. »

Cette conversation s'est tenue le soir du 15 octobre 2016, après la première journée des audiences du tribunal. Plusieurs témoins s'étaient regroupés dans le salon de l'hôtel Courtgarden pour échanger leurs impressions ou tout simplement faire connaissance autour d'un verre. Il y avait là l'Argentin Damián Verzeñassi (voir *supra*, chapitre 2), l'Américain Art Dunham et la Française Sabine Grataloup qui rêvait de rencontrer Ib Borup Pedersen. La mère du petit Théo (voir *supra*, chapitre 1) avait découvert l'histoire de l'éleveur danois dans le documentaire de mon collègue Andreas Rummel, que j'ai cité précédemment. On y voit un grand bâtiment rectangulaire typique des élevages intensifs, situé à Hvidsten, dans le nord du Danemark. À l'intérieur gisent 450 truies entravées dans des stalles sur caillebotis si exiguës qu'elles ne peuvent pas bouger. Couchées sur le flanc, les mères sont tétées par leur progéniture qui couine de plaisir.

Vêtu d'une blouse blanche, Ib Pedersen y raconte ce qu'il appelle sa « descente aux enfers ». En 1997, à l'instar de ses collègues, l'éleveur a introduit le soja Roundup Ready dans l'alimentation de ses animaux. Quelque temps plus tard, il découvre qu'une truie a donné naissance à un porcelet à deux têtes. « Pour moi, c'était une rareté, a-t-il expliqué, en montrant la photo du malheureux porcelet à Sabine et Damián qui ont écarquillé les yeux d'horreur. Je l'ai mis dans du formaldéhyde et je l'ai gardé pour le remettre à l'école vétérinaire. Mais, au fil des semaines, les porcelets malformés sont devenus plus nombreux, tandis que le taux d'avortement spontané chez les truies ne cessait d'augmenter. Dans le même temps, mon élevage était régulièrement assailli par des épidémies de diarrhée très difficiles à combattre. J'ai commencé à suspecter le soja, car j'avais noté que chaque nouvelle livraison provoquait des problèmes différents. En 2010, j'ai entendu parler de l'étude du professeur Andrés Carrasco qui avait montré le lien entre l'exposition au glyphosate et les malformations congénitales. C'est là que j'ai décidé de conduire ma propre expérience. »

L'étude conduite par Ib Pedersen est proprement exceptionnelle. Pendant deux ans (2011-2013), il a fait mesurer les résidus de glyphosate présents dans le soja qu'on lui livrait tous les trimestres. Il a déterminé quatre niveaux de contamination : 0,1 ppm, soit 0,1 mg/kg ; 0,2 ppm, 1,1 ppm et 2,2 ppm. Ensuite, l'éleveur a noté scrupuleusement quel soja il donnait à chacune de ses truies, en fonction du niveau de contamination. Toutes ces données ont été saisies dans son ordinateur, puis vérifiées et analysées par Thomas Bøhn, le chercheur norvégien de l'université de Tromsø (voir *supra*, chapitre 3).

« Au bout de deux ans, j'avais une énorme base statistique de 32 000 cochons nés, ce qu'aucune étude universitaire n'obtiendra jamais, a expliqué Ib Pedersen, en tournant les pages de l'épais document qu'il a transmis aux juges du TIM. Sur ce total, 124 porcelets présentaient de graves malformations visibles à l'œil nu. Je n'ai pas répertorié certaines malformations internes, car il aurait fallu une autopsie pour les détecter. En revanche, j'ai enregistré tous les cas de cochons mort-nés. Après leur naissance, j'ai pris en photo ou filmé tous les porcelets malformés, je les ai tués et congelés, en me disant qu'ils intéresseraient peut-être quelqu'un un jour...

Regardez, ce porcelet a un crâne en forme de poche qui n'est pas fermé sur le dessus. C'est la microcéphalie, qui représente la malformation la plus fréquente.

— Cette image me rappelle le cas d'enfants que j'ai vus en Argentine, a dit Damián Verzeñassi dans un souffle.

— De nombreux cochons présentent aussi des dysplasies faciales, a poursuivi l'éleveur danois. Ils n'ont pas de groin ou une trompe d'éléphant, ou une seule oreille ou un seul œil anormalement gros, certains n'ont pas d'anus ou n'ont pas de pattes arrière, ou pas de pieds, d'autres ont l'estomac ouvert sans muscles ni peau pour le protéger, ou des queues qui ont des formes bizarres, parfois des femelles ont des testicules ou des mâles un pénis à la mauvaise place... Je pense qu'on est un mauvais éleveur si on voit des choses comme ça et qu'on ne fait rien contre... »

D'un coup, Ib Pedersen fut pris d'un sanglot qui a brisé sa voix. Damián a passé son bras autour de son cou sans dire un mot.

« Le fait qu'on soit là tous les trois, c'est juste incroyable !, a dit la maman de Théo, après avoir essuyé une larme furtive. Cela fait des années que je crie dans le désert, en tirant la sonnette d'alarme sur les dangers du glyphosate. N'ayant pas de réponse, j'ai cherché sur Internet et j'ai découvert l'étude du professeur Carrasco et le travail de Damián en Argentine. L'année dernière, j'ai vu un reportage à la télévision qui montrait que même à des faibles doses de glyphosate, les petits cochons d'Ib avaient des malformations. Moi quand j'ai vu les porcelets déformés, je voyais Théo ! Je voyais Théo dans mon ventre et tout ce qui lui est arrivé !

— Grâce au professeur Bøhn, j'ai pu obtenir des statistiques très précises, a repris Ib Pedersen. Elles montrent clairement qu'il y a une relation linéaire entre le niveau de concentration de glyphosate dans le soja et le taux de malformations. Quand la concentration est de 0,1 ppm, le taux est d'une malformation sur 1 871 cochons nés ; à 0,2 ppm, il est de 1/1 195, à 1,1 ppm il passe à 1/529 et à 2,2 ppm à 1/246.

— Nous avons autopsié les trente-huit porcelets qu'Ib nous a apportés à Leipzig, a expliqué Monika Krüger. Nous avons analysé leur cerveau, leur foie, leurs reins, leur estomac et même leurs muscles, et nous avons trouvé du glyphosate dans tous les organes et tissus[32]. Cela veut dire que le glyphosate est capable de passer la barrière du placenta. À partir des données collectées par Ib, nous avons pu établir que le taux de malformations était de 1/260 porcelets nés quand la mère avait mangé du soja contenant entre 0,87 et 1,13 ppm de glyphosate pendant les quarante premiers jours de gestation. Je rappelle que le taux de résidus de glyphosate autorisé sur le soja est de 20 ppm, soit 20 mg/kg... »

« Après la publication et la médiatisation de mon étude, le ministère danois de l'Alimentation et de l'Agriculture a demandé à l'université d'Aarhus de répéter mon expérience, pour vérifier mes conclusions[33], a expliqué Ib Pedersen lors de son audience au TIM. J'en suis très heureux, mais j'espère que l'Union européenne ne cédera pas aux pressions de Monsanto et consorts et qu'elle aura le courage d'interdire le glyphosate[a].

« Je pense qu'il y a une corrélation étroite entre ce qui est arrivé à mes cochons et les humains. Ce n'est pas un hasard, si nous avons dans ce tribunal une citoyenne européenne qui a eu un enfant atteint de graves malformations. Sachez que j'ai changé la nourriture pour mes animaux, en bannissant les OGM, et quelques jours plus tard mon chef d'élevage m'a dit que l'impact sur la santé était déjà visible. Les problèmes de diarrhée dans l'élevage ont immédiatement disparu. Les truies ont retrouvé l'appétit, elles mangeaient mieux, avaient plus de lait et pouvaient allaiter plus de petits. Les ulcères et les hémorragies se sont aussi arrêtés. Je n'ai plus eu de porcelets

a. En 2015, l'exploitation porcine d'Ib Pedersen a fait officiellement faillite, même si la vraie raison de la fermeture est ailleurs. « Je ne pouvais plus faire ce métier dans ces conditions », m'a expliqué l'éleveur, qui est devenu conseiller pour ses collègues.

malformés et mon usage de médicaments a chuté de 66 %. Je souligne que mes cochons avaient un niveau de glyphosate dans leurs aliments qui était au-dessous de ce qu'ont les citoyens européens dans leur assiette. C'est ridicule de ne pas interdire le Roundup. C'est un génocide... »

7

Un produit omniprésent et dangereux à petites doses

« Franchement, vous ne trouvez pas que l'espèce humaine est si arrogante qu'elle en est ridicule ?, m'a demandé Judy Hoy en hochant violemment la tête, au point de devoir rattraper son chapeau de cow-girl, tandis que ses deux tresses oscillaient autour de son visage ridé. Comment pouvons-nous penser que les signaux lancés par la faune sauvage ne nous concernent pas ? C'est stupide ! » À « soixante-dix ans et des brouettes » – je n'en saurai pas plus quand je la rencontre en août 2016, car elle a « bloqué le compteur » –, Judy Hoy est ce qu'on appelle aux États-Unis un *wildlife rehabber*, un « réhabilitateur de la faune sauvage ».

Depuis plus de quarante ans, elle travaille pour le Fish and Wildlife Service (FWS), l'organisme fédéral chargé de la gestion et de la préservation de la faune. Dépendant du ministère de l'Intérieur, le FWS est devenu célèbre en 1962 grâce à Rachel Carson (1907-1964), une biologiste et zoologiste qui publia alors *Silent Spring* (*Le Printemps silencieux*), un réquisitoire extrêmement documenté sur l'impact environnemental des pesticides[1]. Dès sa sortie, l'ouvrage fit un tabac (600 000 exemplaires vendus en un mois). Plus d'un demi-siècle plus tard, il constitue toujours une référence, car il est absolument unique : alors que l'agriculture chimique conquérait le monde, c'était la première fois qu'un scientifique osait questionner le modèle agro-industriel, censé engendrer l'abondance et le bien-être universels, en dénonçant méthodiquement les dégâts provoqués par les « élixirs de mort » sur la faune mais aussi sur les hommes[2]. Le best-seller contribua à la naissance du mouvement écologiste américain, à la création de l'Agence de protection de l'environnement des États-Unis (EPA) et à l'interdiction de l'usage agricole du DDT, l'insecticide vedette de l'après-guerre[a]. Pour le rédiger, la biologiste du FWS réalisa un gigantesque travail de recherche pour reconstituer ce qu'elle appelle les « chaînes de poison et de mort[3] », en consultant moult rapports, études et notes de terrain établis par des agents territoriaux, des scientifiques épris de nature ou de simples citoyens. Après avoir dressé le bilan désastreux de la « pluie de mort » qui s'est abattue sur son pays, décimant oiseaux, insectes, poissons et batraciens, y compris les animaux domestiques, elle s'interrogeait, un brin ironique : « Comment des gens intelligents ont-ils pu prétendre contrôler quelques espèces non désirées avec une méthode qui a contaminé tout l'environnement en menaçant de maladie et de mort jusqu'à leur propre espèce[4] ? » Et d'ajouter, plus grave : « La question est de savoir si une civilisation peut mener une guerre implacable contre la vie sans se détruire elle-même et perdre le droit d'être qualifiée de civilisée[5]. »

Judy Hoy : une impressionnante expertise sur les effets de perturbation endocrinienne du glyphosate

Inutile de préciser que Rachel Carson est un modèle pour Judy Hoy, qui poursuit depuis vingt ans le travail engagé

a. En 1999, *Time Magazine*, qui avait fustigé en 1962 le « débordement émotionnel et erroné » d'un livre « bourré de simplifications et d'erreurs grossières », classa Rachel Carson parmi les « cent personnes les plus influentes du XXe siècle » en rappelant l'« énorme contre-attaque organisée et dirigée par Monsanto et toute l'industrie chimique, dûment soutenue par le ministère de l'Agriculture et les plus prudents des médias » (*Time Magazine*, 28 septembre 1962, p. 45-46 ; et « *The Time* 100 : Rachel Carson », *Time Magazine*, 29 mars 1999).

dans les années 1950 par les informateurs de sa célèbre consœur : elle consigne minutieusement les nouvelles maladies qui affectent la faune vivant dans la vallée Bitterroot, située au sud-ouest de l'État du Montana, en espérant qu'« un jour cela serve à quelque chose ». Avec une conviction que lui a enseignée l'auteure de *Silent Spring* : « Les animaux sauvages sont des sentinelles pour les humains. »

Rencontrer Judy Hoy se mérite. Elle habite avec Robert, son mari zoologiste, une petite maison en bois, nichée au fin fond de cet État du nord des États-Unis, surnommé le *Big Sky State* (État du grand ciel) et qui fut longtemps l'une des régions les plus riches du pays. Réputé pour la beauté de ses montagnes rocheuses, de ses lacs et de ses glaciers (aujourd'hui menacés par le réchauffement climatique[a]), qui continuent d'attirer des touristes fortunés, le Montana fut littéralement mis à sac par des industriels de tout poil qui ont épuisé ses riches ressources minières (cuivre, zinc, or, argent, palladium ou platine) et surexploité ses forêts en les arrosant copieusement de DDT pour « contrôler les insectes » – ainsi que l'a raconté Rachel Carson. « Aujourd'hui, le Montana compte quelque 20 000 mines abandonnées qui suintent des produits hautement toxiques contaminant les sols et les ressources aquifères[b], m'a expliqué Judy Hoy. Quant aux forêts, elles sont régulièrement arrosées de Roundup par les compagnies forestières[c]. »

Ce 16 août 2016, la scientifique du FWS avait été informée de la présence d'un daim mort au bord d'une route qui longe le Lee Metcalf Refuge, un parc naturel où la faune est protégée. « Un de plus, soupira-t-elle en se penchant sur le corps du jeune animal encore tiède. Les cervidés ont la mau-

a. Au rythme actuel de sa fonte, le célèbre glacier National Park, qui approvisionne en eau la Californie, aura disparu en 2030.

b. En 2014, The Clark Fork River, où avait été ouverte la première mine de cuivre en 1882, était classé comme le plus grand site pollué des États-Unis.

c. On estime que 1 % à 2 % du glyphosate utilisé aux États-Unis est épandu par avion sur les forêts (Dave MANCE, « The great glyphosate debate », *Northern Woodlands*, printemps 2012).

vaise idée de traverser la route pour aller brouter la luzerne Roundup Ready cultivée partout dans la vallée. Il est fréquent qu'ils se fassent renverser par les voitures, surtout la nuit. » De l'autre côté de la Nationale s'étendaient en effet des champs verdoyants, irrigués par des jets d'eau tournant à plein régime sous un soleil de plomb. C'était la fameuse luzerne transgénique dont le secrétaire à l'Agriculture Tom Vilsack avait autorisé en 2011 la commercialisation malgré la mise en garde de Don Huber (voir chapitre précédent). « Le glyphosate est partout, poursuivit Judy Hoy. Les vents et les pluies le transportent depuis les États alentour où sont cultivés des milliers d'hectares de soja, colza et maïs Roundup Ready. À partir de 1996, j'ai noté un changement brutal dans la santé de la faune. De nombreux mammifères – comme les daims (cerfs de Virginie) – souffraient de diarrhée et de vomissements si violents que je n'arrivais pas à les sauver. Puis sont apparues des malformations congénitales que je n'avais jamais rencontrées en vingt ans de carrière dans le même lieu. Regardez, vous en avez un exemple sous les yeux ! »

Judy Hoy enfila des gants chirurgicaux, sortit un calepin et un décimètre. Elle retourna le daim sur le dos et attrapa délicatement son pénis, qu'elle mesura : « Cet animal a un an et demi et son pénis ne mesure que 3,5 cm, 5 mm seulement de plus que celui d'un faon juste né, commenta-t-elle. C'est ce qu'on appelle un “micropénis”. Normalement, à cet âge, il devrait mesurer le double. Comme on le voit ici, cette malformation s'accompagne généralement d'un scrotum de taille réduite et de cryptorchidie, c'est-à-dire que les testicules ne sont pas descendus dans les bourses. En 2002, j'ai publié une première étude portant sur 254 daims, dont 133 faons, que j'ai examinés entre 1997 et 2000. Trente-trois étaient normaux, mais tous les autres présentaient des malformations de l'appareil génital[6]. À l'époque, j'émettais l'hypothèse qu'un pesticide perturbateur endocrinien devait être à l'origine de cette explosion de malformations, mais je n'avais pas pensé au glyphosate, car tout le monde disait qu'il était inoffensif.

— Quelle est la conséquence de ces malformations ?, ai-je demandé.

— Les mâles ne peuvent pas se reproduire. D'ailleurs, la population des daims dans le Lee Metcalf Refuge s'est effondrée. Dans les années 1990, avant l'arrivée des OGM, ils étaient entre six et sept cents. Il y a cinq ans, lors du dernier recensement, ils n'étaient plus qu'une soixantaine. Beaucoup de faons meurent en raison d'une autre malformation congénitale qui est aussi apparue à la fin des années 1990, le *prognathisme du maxillaire inférieur.* »

Baptisée *underbite* en anglais, cette anomalie faciale désigne ce que les orthodontistes appellent une « sous-occlusion dentaire », dans laquelle la mâchoire inférieure est avancée par rapport à la supérieure. Dans une étude publiée en 2011, Judy Hoy présente les cas de 724 daims qui ont été accidentés ou sont morts de causes naturelles entre janvier 1996 et décembre 2009, ainsi que ceux de 145 élans, cerfs-mulets et antilopes tués par des chasseurs entre 2005 et 2009. 70 % souffraient d'une sous-occlusion dentaire[7]. « Je n'avais pas vu un seul cas avant 1997 ! », s'est exclamée la biologiste, alors que nous arrivions à sa maison.

Un petit coin de paradis. Au fil des années, Judy et son mari ont recueilli des animaux blessés – cervidés, ratons laveurs, oiseaux – qui, une fois soignés, sont restés dans la propriété du couple. Dans un entrepôt qui jouxte la maison, l'agente du FWS a conservé dans des cartons des centaines de crânes d'animaux qu'elle a autopsiés. Chaque crâne est dûment répertorié sur une fiche où sont consignés l'âge, la date de mort, ainsi que toutes les caractéristiques cliniques de l'animal. Consciencieusement, Judy Hoy s'est mise à déballer ce qu'elle appelle les « pièces à conviction » de l'énorme désastre sanitaire en cours : crânes de daims, élans, yaks, antilopes, mais aussi veaux, vaches et chèvres, présentant tous des mâchoires déformées. « Les animaux domestiques souffrent aussi d'*underbite*, a-t-elle expliqué. Dans les élevages c'est un fléau, car comme les animaux sauvages, les petits ne peuvent pas téter leur mère. Les oiseaux sont aussi affectés, comme ce roselin familier [un passereau], cette hirondelle bicolore ou ce pic flamboyant qui ont tous des becs déformés, avec la partie inférieure qui dépasse la partie supérieure.

— Comment expliquez-vous cette malformation ?, ai-je demandé, impressionnée par le travail d'investigation de mon interlocutrice.

— J'ai passé des années à chercher la réponse à cette question. Aujourd'hui, je suis convaincue que le coupable principal est le glyphosate, qui affecte les bébés dans le ventre de leur mère, ou pour les oiseaux dans les œufs. Le glyphosate est un puissant chélateur de métaux qui provoque des déficiences minérales chez les organismes vivants qui l'ont absorbé. Cette déficience est transmise par les mères aux fœtus. Plusieurs études ont montré que la déficience en manganèse et calcium provoquait des *underbites* chez des veaux. De même, la déficience en zinc s'ajoute aux effets œstrogéniques du glyphosate, qui agit comme un perturbateur endocrinien, pour provoquer des malformations de l'appareil génital. Si on ajoute à cela que le glyphosate perturbe l'acide rétinoïque, en inhibant l'expression du gène hedgehog, on obtient un cocktail d'effets qui explique parfaitement l'épidémie de dysfonctionnements que j'ai observés chez les animaux sauvages. »

Puis, après avoir marqué une pause, Judy Hoy a exhibé deux flacons de comprimés sur lesquels on pouvait lire « Bioplasma » et « Cal Phos 30X ». « La bonne nouvelle, m'a-t-elle expliqué, c'est que quand elles sont traitées très tôt, on peut soigner les sous-occlusions dentaires. J'administre par exemple aux faons des comprimés dilués de Bioplasma qui contiennent douze sels minéraux[a] et de Cal Phos 30 X, c'est-à-dire du

a. En homéopathie, ces douze sels minéraux sont appelés « sels de Schüssler », du nom du médecin allemand Wilhelm Heinrich Schüssler (1821-1898), qui développa une méthode de traitement naturelle fondée sur les caractéristiques de ces douze molécules : fluorure de calcium, phosphate de calcium, sulfate de calcium, phosphate de fer, chlorure de potassium, phosphate de potassium, *calcarea phosphorica*[a]. Combiné à une solution saline servant d'électrolyte, ce traitement homéopathique permet de faire pénétrer les minéraux dans les cellules, pour corriger la malformation osseuse. J'ai soigné ainsi des dizaines de cervidés ou d'oiseaux, que j'ai photographiés avant et après le traitement. » Et la biologiste de brandir les photos qui montraient un résultat si spectaculaire que nous eûmes du mal à le croire : les *underbites* avaient disparu, comme par enchantement !

« Je ne défends les intérêts d'aucun laboratoire homéopathique, nous a dit Judy Hoy en réponse à la perplexité qui se lisait sur nos visages. Je ne fais que mon travail, soigner les animaux malades. Je collabore avec des pédiatres qui sont aussi confrontés à de nombreux cas d'*underbite* chez les enfants, car les mêmes causes ont les mêmes effets chez tous les vertébrés. Administré à temps, le traitement par les sels minéraux évite aux enfants d'avoir à porter des appareils dentaires qui font le bonheur des orthodontistes, mais pas des enfants... »

Le glyphosate s'accumule dans les sols

On ne sort pas indemne d'une rencontre avec Judy Hoy. Certes, si d'aventure les sceptiques de l'industrie chimique lisent ces lignes, ils ne manqueront pas de réduire les « pièces à conviction » accumulées par la biologiste du FWS à des « cas anecdotiques ». Et pour balayer d'un revers de main l'objection que les « cas anecdotiques » concernent 70 % des animaux étudiés, ils évoqueraient probablement alors l'argument « imparable », parce que « validé », disent-ils, par les agences de réglementation internationales : « Il est scientifiquement

sulfate de potassium, phosphate de magnésium, sel marin (sodium), phosphate de sodium, sulfate de sodium, silice.

a. *Calcarea phosphorica* est un remède homéopathique préparé à base de phosphate de calcium, également appelé « phosphate tricalcique ». Cette substance naturelle constitutive des os est administrée pour le traitement de pathologies osseuses ou liées aux articulations.

prouvé que le glyphosate est deux fois moins toxique que le sel de table, vingt-cinq fois moins que la caféine et cinq cents fois moins que la vitamine D », ainsi que l'écrit, par exemple, la European Glyphosate Task Force (GTF)[8], qui réunit les vingt-deux fabricants européens d'herbicides à base de glyphosate sous la houlette de Monsanto – j'y reviendrai. De plus, ajoute la bien nommée « force d'intervention », « les concentrations de glyphosate présentes dans l'environnement sont si faibles qu'elles sont sans effet sur les organismes vivants ».

Nous voici au cœur du problème : celui des fameuses « doses d'exposition » sur lesquelles se concentre depuis les années 2010 en Europe et aux États-Unis toute la bataille autour du processus de réautorisation du glyphosate (voir chapitre suivant). Avant d'aborder en détail les normes réglementaires censées protéger notre santé, il convient d'abord de dresser le bilan de la présence du glyphosate dans l'environnement, à travers les trois voies d'exposition les plus courantes pour chacun d'entre nous : l'eau, la pluie et les aliments.

Curieusement, la littérature scientifique n'est pas très abondante sur ce sujet pourtant capital : comment, en effet, fixer des normes d'exposition efficaces, si on ne tient pas compte de l'*exposition réelle* à laquelle nous sommes quotidiennement soumis ? C'est la question que s'est posée l'Argentin Damián Marino, dont les travaux visent précisément à pallier cette lacune cruciale. Chimiste au Centre d'investigation sur l'environnement de l'université de La Plata, le scientifique travaille en étroite collaboration avec Damián Verzeñassi – qui l'avait invité à participer au vingt-sixième « campement sanitaire », organisé à Basavilbaso en juin 2016 (voir *supra*, chapitre 2). Il a débarqué avec un groupe de doctorants qui, depuis plusieurs années, l'aident à établir une cartographie nationale des voies de contamination environnementales du glyphosate. Son premier axe de recherche concerne les sols agricoles, car ils sont liés aux ressources aquifères et aux aliments. Il en prélève des échantillons, pour mesurer les résidus de l'herbicide ainsi que de l'AMPA (acide aminométhylphosphonique), son principal métabolite ou produit de dégradation. Le jour où je l'ai accompagnée, l'équipe de Damián Marino a pénétré dans un champ où avait été manifestement récolté du soja transgénique, car des grains jonchaient encore le sol, au milieu de jeunes pousses d'une autre culture qui avait été semée directement parmi les chaumes de soja. « Nous avons prélevé des échantillons de sols similaires à celui-ci dans plusieurs provinces argentines, m'a expliqué le chimiste. Nous avons constaté qu'aucun n'était libre de glyphosate, car une fois que l'herbicide a été pulvérisé, il ne se dégrade pas, mais a tendance à s'accumuler au fil des années. Cela veut dire que dans le champ où nous sommes, la nouvelle culture va absorber une partie des résidus de glyphosate. Récemment, nous avons trouvé des concentrations de glyphosate dans certains sols comprises entre 10 et 30 mg/kg, dix fois plus qu'il y a seulement quelques années[9]. C'est dû au processus d'accumulation dans le temps. J'affirme que, contrairement à ce que prétend Monsanto, le glyphosate est un polluant persistant qui peut donc par infiltration contaminer les ressources aquifères[10]. »

Effectivement, ce n'est pas du tout ce que dit le document de Monsanto France intitulé « Coupons l'herbe sous le pied à quelques idées reçues ! », que j'ai déjà cité (voir *supra*, chapitre 3). À la page 14, on y lit : « La fraction de produit qui n'atteint pas la plante cible tombe sur le sol puis est *dégradée complètement* par les micro-organismes en éléments organiques et minéraux simples directement assimilables. Fixé puis dégradé dans le sol, *le glyphosate n'a pas d'effet "résiduaire", donc pas d'activité sur la culture suivante*[a]. » En décortiquant le document, je me suis dit que la firme était décidément incorrigible car, avec l'aplomb des menteurs professionnels, elle soutient que « dans le sol, la demi-vie moyenne du glyphosate est d'environ trente-deux jours ». Or, comme l'avait révélé le procès intenté par l'association Eaux et rivières de Bretagne

a. C'est moi qui souligne.

(voir *supra*, chapitre 1), une étude déclassifiée de Monsanto montre qu'« un niveau de dégradation biologique de 2 % seulement peut être obtenu après vingt-huit jours ». La demi-vie désignant le « temps au bout duquel 50 % de la substance initialement présente a disparu », ainsi que l'explique très justement le document de Monsanto France, il y a manifestement quelque chose qui ne colle pas...

Pour tordre définitivement le cou à l'une des plus importantes contrevérités colportées par Monsanto et reprises les yeux fermés par la prose institutionnelle, je citerai le travail de Robert Kremer. Rattaché à l'université du Missouri – autant dire qu'il travaille « à l'ombre de Monsanto[11] » –, ce microbiologiste proche de Don Huber fait partie des (très) rares scientifiques de l'USDA qui font correctement leur travail, en dépit des multiples pressions qu'il subit. Pendant dix ans, de 1997 à 2007, il a « évalué les effets du glyphosate appliqué sur du soja et maïs résistants au Roundup » et a conclu que l'herbicide provoquait une augmentation de la population du champignon *Fusarium* (voir *supra*, chapitre 5) qui peuple les racines des deux plantes, « chaque année et dans tous les sites d'expérimentation », de manière extrêmement significative, « comparée aux soja et maïs non transgéniques et transgéniques non arrosés de glyphosate[12] ». Du coup, il a tiré la sonnette d'alarme, ce qui n'a pas plu du tout à l'USDA, qui a refusé de donner son accord à la publication de l'article.

Révélée par Carey Gillam, une journaliste de l'agence Reuters, l'affaire a contraint le ministère à revoir sa position[13]. Dans un autre article, publié en 2011, Robert Kremer a démontré que « l'application de glyphosate sur du soja résistant au Roundup a un impact négatif sur les interactions complexes entre les groupes microbiens, l'activité biochimique et la croissance des racines, ce qui peut provoquer des effets préjudiciables pour la croissance et la productivité des plantes[14] ». Le microbiologiste de l'USDA a aussi coordonné un numéro spécial du *European Journal of Agronomy*, présentant les travaux d'un colloque qui a réuni des agronomes internationaux à Piracicaba (Brésil) en septembre 2007. Publiées dans des revues scientifiques à comité de lecture, plusieurs études montraient la persistance du glyphosate dans les sols, dont les effets continuaient d'affecter la « croissance des plantes, deux ou plusieurs années après l'application[15] ». D'autres présentaient les « conséquences du transfert du glyphosate vers des plantes non-cibles (les cultures) *via* la rhizosphère après une application sur des plantes cibles (la végétation non désirée)[16] ». C'est ainsi que les « racines d'arbres fruitiers avaient absorbé le glyphosate largué par les racines mourantes de mauvaises herbes des allées aspergées par l'herbicide » ou que de jeunes « citronniers avaient assimilé le glyphosate contenu dans un paillis constitué d'herbes tuées par l'herbicide[17] ».

Du glyphosate dans les eaux de surface, la pluie et... les tampons hygiéniques

Dans le document de 2010 déjà cité « Coupons l'herbe sous le pied à quelques idées reçues », Monsanto soutient que la « demi-vie moyenne du glyphosate dans l'eau et les sédiments est d'environ 3,3 jours ». Ce qui veut dire qu'en une semaine la substance est censée avoir disparu de ces deux supports. Cette affirmation a fait bondir Damián Marino, qui a détecté la présence de l'herbicide dans toutes les eaux superficielles, les particules en suspension et les sédiments des cours d'eau qui traversent la Pampa, y compris le Paraná, sixième plus grand fleuve de la planète[18]. Dans une étude publiée en 2017, il a noté des niveaux de contamination parmi « les plus élevés au monde » s'élevant à 584 µg/kg dans les particules en suspension et à 3 294 µg/kg dans les sédiments des cours d'eau[19]. Dans les eaux de surface, la concentration peut atteindre 100 à 150 µg/l, ce qui correspond à plus de cinquante fois le taux de résidu autorisé en Europe dans les eaux brutes (2 µg/l).

« De telles concentrations ne peuvent s'expliquer que par un processus d'accumulation du glyphosate, m'a expliqué Damián Marino. De plus, l'un des résultats les plus préoccupants de notre recherche est que cette pollution n'épargne pas les grandes villes comme Buenos Aires, en raison des eaux de pluie dans lesquelles nous avons détecté jusqu'à 70 µg/l de glyphosate[20], ce qui correspond à vingt fois le maximum constaté aux États-Unis.

— Comment s'explique cette présence du glyphosate dans les eaux de pluie ?, ai-je demandé.

— Lors d'une pulvérisation, une partie des molécules de l'herbicide entre dans l'air pour former un aérosol, c'est-à-dire un petit cristal qui se colle aux parties solides de l'atmosphère, m'a répondu le chimiste. Le glyphosate peut ainsi voyager au gré des vents et retomber à des centaines de kilomètres lors des pluies. C'est d'ailleurs en étudiant sa dérive atmosphérique que nous avons découvert tout à fait par hasard la présence de l'herbicide dans des gazes de coton. Avant d'utiliser le coton pour capter le glyphosate diffusé par voie aérienne, nous l'avons testé pour vérifier sa neutralité. Et nous avons détecté des concentrations qui allaient de 2 à 400 µg/kg ! Du coup, nous avons analysé des tampons et protections féminines, ainsi que les compresses médicales : 85 % de nos tests furent positifs ! »

Une enquête conduite en 2015 par le magazine *60 millions de consommateurs* a confirmé la présence de glyphosate dans des protège-slips de l'une des onze références de produits d'hygiène féminins analysées[21]. De son côté, le magazine *Science et Avenir* a fait commenter en octobre 2015 les travaux argentins par Luc Multigner, un médecin épidémiologiste de l'Institut national de la santé et de la recherche médicale (Inserm), qui a servi le bon vieil argument des industriels : « La question n'est pas tellement de savoir si l'on détecte ou pas une substance, mais de savoir si les niveaux d'exposition dans les conditions d'usage peuvent entraîner un risque ou pas[22]. » Toujours la rengaine implicite de la « faible dose » présumée sans effet.

Mais à supposer qu'il soit possible de déterminer avec certitude une « dose sans effet » pour le glyphosate – comme nous le verrons, rien n'est moins sûr –, une « faible dose » d'une substance chimique toxique ajoutée à plusieurs autres « faibles doses » provenant de voies de contamination différentes, comme l'eau, un Tampax ou un aliment, finissent par faire une bonne dose absorbée par les organismes vivants, ce qui n'est pas du tout rassurant.

D'autant que nombreuses sont les « faibles doses » de toxiques qui ne sont jamais recensées, comme par exemple en Europe celles des pesticides présents dans l'air. En effet, alors que leurs résidus dans l'eau ou dans les denrées alimentaires font l'objet d'un suivi obligatoire, leur teneur dans l'atmosphère n'est pas réglementée. La surveillance de la qualité de l'air y est assurée par des associations agréées, comme Airparif dans la région Île-de-France, qui a eu la bonne idée en 2013 de mesurer pendant un an les concentrations de pesticides, en milieu agricole et urbain. Résultat : « Les pesticides ne s'arrêtent pas au périphérique parisien », comme l'a écrit *Le Monde*, qui relevait qu'Airparif a trouvé « quasiment le même nombre de pesticides en ville (le XVIIIe arrondissement de Paris) qu'en zone rurale (Bois-Herpin dans l'Essonne), soit trente-six contre trente-huit[23] ». L'observatoire de l'air francilien a détecté quarante-huit molécules sur les cent soixante et onze recherchées (parmi le millier de pesticides utilisés en France). Mais il n'a pas trouvé de glyphosate. Et pour cause : la molécule n'a pas été recherchée... Dans un document de mai 2016, Airparif explique cet « oubli » par la « spécificité » du glyphosate qui, en raison de « sa forte solubilité dans l'eau », est « insensible à l'extraction par solvant organique et nécessite en conséquence un prélèvement dédié[24] ». En d'autres termes : la détection du glyphosate est longue et coûteuse, ce qui au final fait l'affaire de ses fabricants...

Pourtant, la pollution de l'air par le glyphosate ne concerne pas que l'Argentine : aux États-Unis, une étude conduite par l'United States Geological Survey (USGS) dans les États du

Mississippi et de l'Iowa a révélé en 2011 que 60 % à 100 % des échantillons d'air et d'eau de pluie prélevés contenaient la molécule, à des concentrations qui allaient respectivement de 0,01 à 9,1 ng/m^3, et de 0,1 à 2,5 µg/litre, ce qui est loin d'être négligeable[25]. Dans une interview qu'il a alors accordée à Carey Gillam, ma consœur de Reuters, Paul Capel, le principal auteur de l'étude, qui dirige le département des « produits chimiques agricoles » de l'USGS, a clairement manifesté son inquiétude : « Le glyphosate est présent dans l'air à des niveaux significatifs et les gens y sont donc exposés par inhalation. Comme il est difficile et cher de tester sa présence, peu de recherches ont été faites pour mesurer l'impact de cette exposition à travers l'eau et l'air[26]. » Et de souligner le paradoxe de cette molécule exceptionnelle : « Elle est très largement utilisée, mais très peu étudiée ; on a besoin de plus de recherche. »

C'est aussi la conclusion d'une autre équipe de l'USGS, qui a compilé les données accumulées de 2001 à 2010 dans trente-huit États, soit un total de 3 732 échantillons prélevés dans des ressources aquifères (eaux de surface, sédiments, nappes phréatiques, fossés). Le glyphosate a été détecté dans 39,4 % des échantillons, avec des concentrations moyennes de 0,02 µg/l et des pointes atteignant les 476 µg/l. Et les auteurs de conclure : « Les risques environnementaux pour la santé liés à la détection de faibles doses de glyphosate [...] restent à déterminer », d'autant que « la fréquence mais aussi les niveaux des expositions humaines à travers l'alimentation, l'eau de boisson et l'air ont sans aucun doute augmenté aux États-Unis au cours des dernières années[27] ».

En France, la situation n'est guère plus brillante, même si les cultures transgéniques y restent interdites. Sur les 60 000 tonnes de pesticides déversées en 2016, 9 000 étaient des herbicides à base de glyphosate, dont 8 000 utilisées pour l'agriculture et 1 000 par les particuliers et gestionnaires d'espaces publics ou privés, comme la SNCF qui désherbe les abords de ses 61 000 kilomètres de voies ferrées, soit quelque

95 000 hectares[a]. Un peu partout sur le territoire, l'herbicide est pulvérisé avant les semis de céréales (blé, maïs, orge) ou d'oléagineuses (colza, tournesol), mais aussi pour les grandes cultures de pommes de terre et de betteraves à sucre, dans les vergers, sans oublier la production horticole de légumes en plein champ ou sous serre. Résultat : « Le glyphosate et l'AMPA sont les deux molécules les plus quantifiées dans les cours d'eau », ainsi que le résumait en mars 2015 l'association Générations futures, après la publication du dernier rapport du Commissariat général au développement durable sur la présence de pesticides dans les eaux. Celui-ci révélait que l'herbicide et l'AMPA étaient « présents respectivement dans 38 % et 53 % des échantillons de cours d'eau » et que « leurs concentrations dépassent le seuil de 0,1 µg/l dans respectivement 13 % et 31 % des analyses[28]. »

L'invraisemblable dose de glyphosate censée être « sans effet »

« La norme européenne pour une matière active est 9 000 fois plus stricte que la norme fixée par l'OMS pour le glyphosate. » C'est ce qu'on peut lire en lettres majuscules dans un encadré mauve du document « Coupons l'herbe sous le pied à quelques idées reçues ». Et Monsanto France d'enfoncer le clou : « À titre de repère, 0,1 µg/l c'est l'équivalent d'une goutte de produit dans une piscine olympique[29] ! »

Il n'est pas sûr que le lecteur puisse bien comprendre toutes les « informations » de cet encadré, dont le but est

a. Depuis le 1er janvier 2017, les produits à base de glyphosate ne sont plus en vente directe en France pour les particuliers : ils doivent être mis sous clé dans les jardineries, jusqu'à leur interdiction complète en 2019. De plus, en vertu de la loi n° 2014-110, dite « loi Labbé » du nom du sénateur écologiste Joël Labbé, l'usage des herbicides, y compris du glyphosate, est interdit depuis le 1er janvier 2017 pour l'entretien des espaces verts, promenades, forêts et voiries, et l'ensemble des espaces publics gérés par l'État, les collectivités locales et les établissements publics.

surtout d'impressionner, avec des chiffres qui font mouche : « 9 000 fois » et « 0,1 µg/l ». J'ai dû moi-même pas mal farfouiller pour comprendre d'où venaient ces deux valeurs mises côte à côte. Commençons par la seconde, car c'est la plus facile. Elle désigne la limite de résidus autorisée pour tous les pesticides dans l'eau du robinet, en vertu des directives européennes relatives à la qualité de l'eau potable. Cette valeur fixée à 0,1 µg/l[a] représente, comme le souligne Monsanto France à regret, un « seuil commun arbitraire » qui s'applique à « tous les produits phytosanitaires quelle que soit leur toxicité intrinsèque ». Entendez : la Commission européenne, trop « drastique en matière de sécurité », devrait faire une différence entre les pesticides dangereux et les pesticides inoffensifs, comme le glyphosate. D'ailleurs – et c'est la deuxième partie de la démonstration –, l'Organisation mondiale de la santé (OMS) l'a bien compris, puisqu'elle a « défini une valeur guide de 900 µg/litre pour le glyphosate, niveau de présence considéré comme sans risque pour la santé du consommateur ». Quand on rapproche 0,1 µg/litre et 900 µg/l, on a bien un rapport de 9 000.

Mais d'où vient la « valeur guide de 900 µg/l » qu'aurait fixée l'OMS ? C'est là que les choses se compliquent... Dans un inhabituel souci de transparence, la Glyphosate Task Force, qui cite aussi l'organisation onusienne, propose un lien[30], sur lequel j'ai cliqué. Il m'a renvoyée sur un document de l'OMS de... 668 pages, intitulé *Guidelines for Drinking-water Quality* (lignes directives pour la qualité de l'eau de consommation), datant de 2008[31]. Dans la partie 12 « Fiche technique chimique », on y trouve un paragraphe dédié au « glyphosate et à l'AMPA ». Et là – passez-moi l'expression – on est complètement largué. Impossible de comprendre comment l'OMS a calculé la fameuse valeur de « 900 µg/l » (ce qui correspond à 0,9 mg/l). J'épargnerai au lecteur la traduction de ce charabia

a. Pour les eaux brutes, comme celles des rivières, la limite est de 2 µg/l. Il s'agit des directives européennes 98/83/CE et 75/440/CEE.

très typique de ce genre de document, pour ne retenir que deux concepts jetés pêle-mêle dans le texte : NOAEL et ADI. Le premier est l'acronyme de *No observed adverse effect level* (dose sans effet toxique observé) ; et le second d'*Acceptable daily intake* (dose journalière acceptable, DJA).

À ce stade, je dois demander au lecteur de s'accrocher, car la question est un peu technique, voire carrément tordue, mais il est primordial de comprendre comment ces valeurs sont fixées et à quoi elles servent. Il faut d'abord savoir qu'elles constituent les piliers du système de réglementation des produits chimiques, dont la paternité est attribuée à René Truhaut (1909-1994), qui fut titulaire de la chaire de toxicologie de la faculté de Paris et l'un des pionniers de la cancérologie française. Ce chercheur est parti d'un très bon sentiment : constatant qu'après guerre des produits toxiques – pesticides, additifs ou plastiques – contaminaient de plus en plus la chaîne alimentaire sans aucun contrôle, il s'est dit qu'il fallait contrer ce danger. Pour cela, il s'est inspiré du père de la toxicologie, le médecin suisse Paracelse (1493-1541), qui a « émis cette règle d'or : *Sola dosis facit venenum* (seule la dose fait le poison) », ainsi que l'a écrit René Truhaut en 1991 dans l'un des rares textes où il a expliqué sa démarche[32]. S'appuyant sur ses propres observations, Paracelse estimait en effet que des substances toxiques peuvent être bénéfiques à petites doses et que, inversement, une substance *a priori* inoffensive comme l'eau peut se révéler mortelle si elle est ingérée en trop grande quantité. De plus, il avait constaté que l'effet toxique de certaines substances croît de manière linéaire avec la quantité absorbée. C'est ce que les toxicologues appellent la « relation dose-effets ». L'idée de René Truhaut était donc simple : pour protéger les consommateurs, il suffisait de demander aux fabricants de conduire des études expérimentales permettant de déterminer la dose de poison qui pouvait être ingérée sans qu'elle cause d'effets sur la santé. Sur le papier, cela semble tout à fait raisonnable, à condition bien sûr que les industriels jouent vraiment le jeu, sans bâcler leurs études, voire tricher… Le principe « seule la dose fait le poison » est en tout cas devenu le dogme intangible de l'évaluation toxicologique des poisons modernes.

Concrètement, pour pouvoir commercialiser le Roundup en 1974, Monsanto a dû déposer auparavant un dossier d'« autorisation de mise sur le marché » (AMM) auprès des agences de réglementation : l'EPA aux États-Unis et l'EFSA en Europe[a]. Premier écueil : la demande ne concerne que le « principe actif » de l'herbicide, en l'occurrence le glyphosate, mais pas les adjuvants qui font partie de la « formulation ». Couvertes par le « secret commercial », ces substances, comme le polyoxyéthylène amine (POEA)[b], ne sont pas testées, alors qu'elles peuvent être aussi très toxiques – j'y reviendrai.

Le dossier d'AMM comprend deux parties : la première – le dossier toxicologique – vise à évaluer les effets sanitaires du produit, afin d'établir des normes d'exposition ; la seconde – le dossier biologique – est censée démontrer son utilité en fixant ses modalités d'usage. Pour le besoin de ce livre, je me concentrerai sur la partie toxicologique qui, comme nous l'avons vu avec Anthony Samsel (voir *supra*, chapitre 3), peut comprendre des milliers de pages de tests et de chiffres, dont la validité ne peut être vérifiée, puisque que toutes ces données ne sont jamais publiées et sont couvertes par le « secret commercial ». Ce qui jette du coup un voile de suspicion sur les dossiers d'AMM, dont les responsables de Monsanto France assurent, la main sur le cœur, qu'il ne s'agit pas d'une « simple formalité » mais d'un « véritable gage de sécurité ».

Il est permis d'en douter quand on songe à l'étude de toxicité aiguë conduite par la firme, qui a constitué la première étape du dossier d'homologation du glyphosate. Comme

a. L'EFSA (European Food Safety Authority, Autorité européenne de la sécurité des aliments), créée en 2002, est depuis en charge des dossiers d'homologation des produits chimiques au sein de l'Union européenne.

b. Le POEA est un tensioactif qui renforce la pénétration du glyphosate dans la plante et augmente sa phytotoxicité.

nous l'avons vu (voir *supra*, chapitre 3), ce test vise à « évaluer les effets à court terme après une seule exposition à une dose massive » de l'herbicide, selon les propres termes de Monsanto France. Il permet d'établir la fameuse « DL 50 », la dose létale qui tue la moitié des cobayes (en l'occurrence des *Daphnia magna*). On se souvient que les scientifiques industriels avaient conclu que la DL 50 du glyphosate s'élevait à 930 mg/l (presque un kilo !), alors que le Norvégien Thomas Bøhn, qui avait répété le test, était parvenu à... 10 mg/l !

Impossible de savoir si les autres études fournies par Monsanto à l'EPA et à l'EFSA étaient du même acabit, mais force est de reconnaître que la firme n'a pas ménagé sa peine, sans doute parce qu'elle escomptait un énorme bénéfice financier. Elle a ainsi multiplié les études visant à mesurer la toxicité chronique du glyphosate pour les animaux, c'est-à-dire les effets d'une exposition prolongée à petites doses sur une période de vingt-huit jours à deux ans. Le but était de déterminer si le produit était tératogène (causant des malformations congénitales), mutagène (affectant l'ADN) ou cancérigène (provoquant des cancers). Pour chaque expérience, plusieurs doses de produit (en général trois) étaient utilisées, car l'objectif était aussi d'identifier une dose qui ne provoque *apparemment* aucun effet toxique sur les animaux : c'est la fameuse NOAEL. Pour chaque étude réalisée, Monsanto a établi une « dose sans effet toxique observé » – mais l'usage veut que ce soit la valeur la plus basse, censée apporter une sécurité accrue, qui soit retenue.

En traquant la bibliographie du document de l'OMS que j'ai cité, j'ai découvert que l'étude qui a servi de référence a été conduite en 1981 sur des rats Sprague Dawley suivis sur trois générations[33]. Elle comprenait trois groupes expérimentaux nourris avec des aliments contenant respectivement 3, 10 et 30 mg de glyphosate par kilo de poids corporel, contre 0 dans le groupe témoin. Chaque groupe comptait dix rats. Les scientifiques ont noté une « incidence de la dilatation du tubule rénal chez les bébés mâles de la troisième génération appartenant au groupe de la dose la plus haute, dans une proportion de 6 sur 10, *versus* 0 sur 10 dans le groupe contrôle ». Et de conclure : « Dans cette étude, la NOAEL est inférieure à 30 mg/kg de poids corporel[34]. » C'est cette NOAEL qui, nous allons le voir, servira de base au calcul des normes d'exposition au glyphosate en Europe.

Le « bricolage » de la dose journalière acceptable (DJA)

Tout cela est déjà bien compliqué, mais la suite relève du « bricolage pur et simple », ainsi que me l'a affirmé Erik Millstone, un professeur de politique scientifique de l'université du Sussex que j'ai rencontré en janvier 2010, lorsque je préparais mon film/livre *Notre poison quotidien*[35]. En effet, considérant avec raison (!) que les rats ne sont pas des hommes, les « acrobates des taux limites », pour reprendre l'expression du sociologue allemand Ulrich Beck[36], ont imaginé que pour limiter d'éventuels dégâts sur les humains, il convenait de diviser la NOAEL par un « facteur de sécurité de cent ». Inutile de chercher d'où vient ce chiffre, personne ne le sait, ainsi que je l'ai démontré dans *Notre poison quotidien*. Le résultat, c'est la DJA, la dose journalière acceptable (ou admissible) qui désigne « la quantité de substance chimique que l'on peut ingérer quotidiennement et pendant toute une vie sans qu'il y ait de risque pour la santé ». Concrètement, c'est une valeur exprimée en milligrammes de produit par jour et par kilo de poids corporel (mg/j/kg). Pour le glyphosate, la DJA a été fixée en Europe à 0,3 mg/j/kg (la NOAEL établie dans l'étude de référence divisée par cent). Donc si le consommateur pèse 60 kg, il est censé pouvoir ingérer 60 x 0,3 mg, soit 18 mg, de glyphosate par jour et pendant toute sa vie, sans que sa santé en soit affectée. Le problème c'est qu'il y a actuellement trois DJA pour le glyphosate...

En effet, en septembre 1993, l'EPA l'a fixée à 1,75 mg/j/kg. J'ai épluché la volumineuse synthèse – 292 pages ! – rédigée par l'agence américaine pour motiver sa décision d'accorder l'AMM au glyphosate. Elle y explique qu'elle a préféré fonder la DJA sur une étude conduite par Monsanto sur des lapins, ou plutôt des lapines gravides réparties en trois groupes expérimentaux à qui on a administré par voie orale respectivement des doses de 75, 175 et 350 mg/j/kg de glyphosate. L'expérience a duré du sixième au vingt-septième jour de gestation. Résultat : dans le groupe avec la dose la plus élevée, 62,5 % des cobayes sont morts, contrairement aux deux autres groupes où les lapines ont survécu[37]. Voilà comment la NOAEL a été fixée à 175 mg/j/kg et la DJA à 1,75 mg/j/kg ! Ce qui veut dire que la DJA américaine du glyphosate est presque six fois plus élevée que l'européenne... Pourtant, les deux agences ont consulté les *mêmes* études fournies par Monsanto ! Pour corser le tout, le Joint Meeting of Pesticides Residues (JMPR, Comité joint pour les résidus de pesticides), un organisme onusien qui a pour mission d'évaluer la toxicité des pesticides[a], a fixé en 2004 la DJA du glyphosate à 1 mg/j/kg[38] !

Il y a de quoi s'y perdre, non ? Voilà pourquoi le Britannique Erik Millstone, qui étudie depuis des décennies le processus de réglementation des poisons contaminant notre assiette, dit que la DJA est « du bricolage » et qu'elle repose sur une « décision arbitraire érigée en concept pseudoscientifique pour couvrir les industriels et protéger les politiciens qui ont besoin de se cacher derrière des experts pour justifier leur action. La dose journalière acceptable est un artefact indispensable pour ceux qui ont décidé qu'on avait le droit

a. Le JMPR dépend de l'OMS et de la FAO. Il a été créé en 1963 pour établir la DJA des pesticides, à la suite de la proposition de René Truhaut. Celui-ci avait aussi inspiré la création du Joint FAO/WHO Expert Meeting Committee on Food Additives (JECFA) en 1956, chargé d'établir la DJA des additifs alimentaires. Le JMPR et le JECFA sont les deux piliers du *Codex alimentarius*, qui propose des normes aux agences de réglementation et aux gouvernements.

d'utiliser des produits chimiques toxiques, y compris dans le processus de la production agroalimentaire[39] ».

L'irrésistible ascension des « limites maximales de résidus »

Mais ce n'est pas fini ! C'est bien beau d'avoir une DJA, mais le problème est que le poison concerné peut entrer en contact avec une multitude de légumes, fruits, céréales et animaux d'élevage. C'est notamment le cas du glyphosate pour lequel l'Union européenne a établi une liste de... 378 produits alimentaires susceptibles de contenir des résidus de l'herbicide. La question qui se pose aux « acrobates des taux limites » est donc la suivante : comment empêcher qu'un consommateur atteigne sa dose journalière de glyphosate, tout simplement parce qu'il a la mauvaise habitude (!) de manger quotidiennement plusieurs aliments pollués par l'herbicide ? Pour éviter ce scénario catastrophe, ils ont demandé à Monsanto de mesurer la quantité de résidus qui reste après la récolte sur chaque produit agricole ou horticole traité, grâce à des essais en champ. Ensuite, les gestionnaires du risque réalisent des études de consommation, pour déterminer quels aliments, et en quelle quantité, nous mangeons quotidiennement, en tenant compte des habitudes alimentaires qui varient d'un pays ou d'un continent à l'autre. Prenons l'exemple des pommes qui font partie de la liste de l'Union européenne. Et écoutons l'incroyable explication que m'a fournie la toxicologue hollandaise Bernadette Ossendorp, qui présidait la session du JMPR que j'ai filmée en septembre 2009. « Pour savoir combien de pommes un Français mange en moyenne chaque jour, nous prenons la production annuelle de la France, dont nous déduisons la quantité exportée, puis ajoutons la quantité importée. Ensuite, nous divisons le résultat par le nombre d'habitants. Nous procédons ainsi pour chaque produit agricole. Cela nous permet, à partir de menus types, d'évaluer la quantité de produit toxique que chaque Français est susceptible d'ingurgiter quotidiennement.

— C'est un énorme travail !, m'étais-je exclamée. Tout ça pour éviter que nous tombions malades en mangeant ?

— Oui... », m'avait répondu Bernadette Ossendorp, avec un sourire gêné[40].

Le résultat : des milliers de chiffres permettant d'établir les fameuses « limites maximales de résidus », ou « LMR », qui désignent la quantité de résidus d'un produit toxique, comme le glyphosate, autorisée aliment par aliment. J'ai fait une petite sélection parmi les 378 produits alimentaires pour lesquels « s'appliquent des LMR », comme le dit le site de l'Union européenne (entre parenthèses figure la norme, en mg/kg) : lentilles (10), graines de moutarde (10), petits pois (10), olives pour huile (1), pommes (0,1), thé (2), fleurs de rose (2), lupins (10), épinards (0,1), laitues (0,1), choux-fleurs (0,1), maïs doux (3), pommes de terre (0,5), raisins (0,5), fraises (2), betteraves à sucre (15), soja (20), tournesol (20), colza (10), kiwi (0,1), pistaches (0,1), oignons (0,1), blé (10), avoine (20), orge (20), riz (0,1), café (0,1), houblon (0,1), foie de porc (0,05), muscle de bovin (0,05), œuf de poule (0,05), etc.[41].

Le lecteur aura remarqué que les LMR varient d'un minimum qui est la valeur plancher de 0,05 mg/kg à un maximum (provisoire ?) de 20 mg qui concernent notamment le soja. En fait, les valeurs les plus hautes sont attribuées aux produits agricoles, dont des variétés Roundup Ready sont cultivées en Amérique du Nord et du Sud. Ce n'est pas un hasard : la LMR américaine du soja est passée de 5 mg/kg à 20 mg/kg très exactement en 1997, au moment où le soja transgénique envahissait les plaines de l'Iowa ou de la Pampa ! Deux ans plus tard, au moment où le soja RR faisait son entrée dans les élevages industriels du Vieux Continent, l'Union européenne suivait le mouvement en multipliant sa LMR du soja par... deux cents afin de l'aligner sur celle des États-Unis (de 0,1 mg/kg à 20 mg/kg) ! Celle du maïs a été multipliée par dix en 1999, au moment de l'introduction du maïs OGM, même chose pour la betterave sucrière en 2012, etc. À chaque fois, les agences de réglementation ont adapté les normes, car elles savaient que le taux de résidus de glyphosate allait nécessairement augmenter en raison même de la technique Roundup Ready. C'est bien la preuve que la DJA et les LMR sont des « artefacts pseudoscientifiques », comme me l'a dit Erik Millstone, puisque les agences peuvent les changer au gré des pratiques agricoles ou des demandes de… Monsanto. Ce fut le cas pour les lentilles en 2012, ainsi que le dit noir sur blanc un document de l'EFSA : « L'Allemagne a reçu une requête de Monsanto Europe pour que soit accordé un seuil de tolérance élevé au glyphosate dans les lentilles importées. Afin de tenir compte de l'usage du glyphosate comme agent dessiccatif qui est autorisé aux États-Unis et au Canada, la proposition a été faite d'augmenter la LMR des lentilles à 10 mg/kg[42] ». Voilà comment, sur une simple demande de Monsanto, la LMR des lentilles a été multipliée par cinquante…

En Amérique du Nord, en effet, l'usage du glyphosate en « prérécolte » sur des plantes non transgéniques est très fréquent. D'après la propagande de Monsanto, il permet de combattre les mauvaises herbes juste avant les moissons, mais aussi d'accélérer le mûrissement des grains en les desséchant. La firme le recommande pour les cultures de blé, d'orge, d'avoine, de colza, de lin, de pois, de lentilles, de haricots secs et de soja non-OGM[43]. En Europe, la Glyphosate Task Force, qui mène le combat pour la réautorisation du glyphosate, recommande aussi très ouvertement cet usage comme une « bonne pratique agricole », en assurant que les « résidus de glyphosate qui restent sur les cultures traitées et auxquels les consommateurs peuvent être exposés sont minimaux et nettement inférieurs à la dose journalière acceptable ». Pour convaincre les réticents, le consortium industriel a mis en ligne une vidéo où l'on voit un agriculteur allemand, Eric Krull, en train d'épandre du glyphosate sur ses épis de blé, afin – explique-t-il – de « réduire le taux d'humidité des grains et d'assécher la paille qui n'a plus besoin de sécher pendant deux jours dans le champ[44a] »... Cette pratique, ajoutée au fait que le blé est généralement semé dans un champ désherbé au glyphosate, explique pourquoi la DJA de la céréale est très élevée (10 mg/kg), alors que celle-ci est l'une des denrées les plus consommées en Europe[b]...

Thomas Bøhn : « Les normes du glyphosate devraient être réévaluées »

« Je pense que les normes du glyphosate devraient être réévaluées car, d'après mes recherches, elles ne protègent pas les consommateurs, mais les industriels. » Voilà ce que m'a dit Thomas Bøhn qui travaille sur l'herbicide depuis plusieurs années, quand je l'ai rencontré à Tromsø en février 2017 (voir *supra*, chapitre 3). Après avoir révélé que l'étude de Monsanto qui fonde le « mythe de la non-toxicité du glyphosate » était « scientifiquement erronée », le biologiste norvégien s'est attaqué à un autre dogme lié aux OGM résistants au Roundup : celui du « principe d'équivalence en substance », qui constitue le socle de la réglementation ou plutôt de la non-réglementation des plantes transgéniques. Ce fameux « principe » stipule qu'un OGM, par exemple un soja transgénique, est « équivalent en substance » au soja conventionnel, dont il est issu, en vertu de quoi il n'est pas nécessaire de le tester, ni de le soumettre à des études toxicologiques spécifiques. Pour valider ce « principe », qui fut entériné par une directive de la Food and Drug Administration (FDA) publiée

---

a. D'après *La France agricole*, « la France est peu concernée par cet usage » (« Les États membres responsables des restrictions d'usage », *La France agricole*, 2 août 2016). La Belgique l'a officiellement interdit en janvier 2017 (« Retrait des usages en prérécolte du glyphosate », *Le Soir*, 23 janvier 2017).

b. Comme le souligne l'association Les Amis de la Terre, « à titre de comparaison, le blé contient typiquement de 7 à 10 mg/kg de vitamine E13 »... (LES AMIS DE LA TERRE, « Glyphosate : contamination des humains », fiche n° 4, juin 2013).

le 29 mai 1992[a], Monsanto avait conduit une étude qui visait à comparer la composition organique du soja Roundup Ready avec celle du soja non transgénique, en mesurant les taux de protéines, graisse, fibres, hydrates de carbone et d'isoflavones présents dans les deux types de grains, c'est-à-dire tous les constituants *connus* de l'oléagineuse. Supervisée par Stephen Padgette, l'inventeur du soja Roundup Ready qui deviendra vice-président de la multinationale, l'étude a été publiée en 1996 dans *The Journal of Nutrition* et ses résultats étaient sans surprise : « La composition des graines de soja résistant au glyphosate est équivalente à celle des graines de soja conventionnel », annonçait son titre[45].

Thomas Bøhn, assisté de Marek Cuhra, l'un de ses doctorants, a décidé de répéter l'expérience et, une fois de plus, il est parvenu à une conclusion très différente[46] ! Les chercheurs ont cultivé trois types de sojas achetés auprès de négociants de l'Iowa : le premier était du soja RR, arrosé de Roundup en respectant les usages agricoles ; le deuxième était conventionnel et a été cultivé selon les pratiques chimiques classiques ; le troisième était du soja biologique, cultivé sans aucun intrant chimique (engrais et pesticides). Les résultats furent sans appel : les grains de soja bio « ont présenté le profil nutritionnel le plus sain, avec plus de sucres et significativement plus de protéines, de minéraux comme le zinc, et moins de fibres que les sojas conventionnel et transgénique. Ils contenaient aussi moins de graisses saturées et d'acides gras oméga-6 ». Par ailleurs, « les grains de soja OGM contenaient des résidus élevés de glyphosate et d'AMPA, respectivement 3,3 mg/kg et 5,7 mg/kg ». Et les auteurs de conclure : « Après avoir comparé trente-cinq variables nutritionnelles, nous avons démontré la

a. Dans mon livre *Le Monde selon Monsanto*, j'ai révélé que le « principe d'équivalence en substance » avait été concocté par Michael Taylor, un avocat de Monsanto, qui fut nommé numéro deux de la FDA, avant de devenir le vice-président de la firme. Le « principe » avait été adopté malgré l'opposition d'une partie des scientifiques de l'agence.

"non-équivalence en substance" dans la composition du soja transgénique. »

C'est en essayant de comprendre d'où pouvaient venir les différences observées que Thomas Bøhn a découvert que les grains de soja RR utilisés dans l'étude de Monsanto n'avaient pas été arrosés de glyphosate ! Son collègue Marek Cuhra a alors examiné les quinze études qui, entre 1996 et 2015, ont analysé la composition organique de graines de soja Roundup Ready : sur les quinze, quatorze étaient financées par l'industrie, dont seulement sept avaient utilisé des grains arrosés de glyphosate, conformément à ce qui se fait dans les champs. Curieusement, pour ces sept études, les scientifiques n'ont pas jugé bon de mesurer les résidus de l'herbicide dans les grains, comme si cette information était superflue. Sur les quinze études, la seule où les chercheurs avaient à la fois arrosé les plantes de glyphosate et mesuré les résidus était celle conduite par l'équipe de Thomas Bøhn. Et, comme par hasard, c'est aussi la seule qui a « trouvé des différences significatives dans la composition du soja RR comparé au soja non OGM », ainsi que l'a écrit Marek Cuhra dans un article intitulé « Revue des études d'évaluation de la sécurité des OGM : les résidus de glyphosate dans les cultures Roundup Ready sont un sujet ignoré », où il pointe les « défauts méthodologiques des études industrielles », en rappelant à juste titre que « les cultures transgéniques tolérantes au glyphosate ont été conçues pour être utilisées avec l'herbicide[47] ».

Plus grave encore : Marek Cuhra a aussi découvert que la deuxième étude de Monsanto censée valider le « principe d'équivalence en substance » n'avait pas non plus utilisé des grains arrosés de glyphosate ! Et pourtant, il s'agissait d'une étude toxicologique, conduite sur des rats, poulets, poissons-chats et vaches laitières, visant à mesurer les effets du soja RR sur les animaux. Publiée également en 1996 dans *The Journal of Nutrition*, elle concluait évidemment que « la valeur nutritionnelle du soja n'est pas altérée par l'incorporation génétique de la résistance au glyphosate[48] ». J'ai longuement parlé de cette étude dans mon livre *Le Monde selon Monsanto*, car, comme me l'avait dit le professeur Ian Pryme, elle « a justifié l'introduction des OGM dans la chaîne alimentaire ». Ce scientifique d'origine britannique, qui travaillait au département de biochimie et de biologie moléculaire de l'université de Bergen (Norvège), avait voulu analyser en 2003 les (rares) études toxicologiques conduites sur les aliments transgéniques[49]. Et il n'avait pas eu de mots assez durs pour critiquer celle de Monsanto, qu'il considérait comme de la « mauvaise science ». « Si on m'avait demandé de la relire avant publication, je l'aurais rejetée, car les données fournies sont trop insuffisantes », m'avait-il assuré, après avoir déploré que Monsanto ait refusé de lui communiquer les données brutes de l'étude, au motif qu'elles étaient couvertes par le secret commercial. « Normalement, dès qu'une étude est publiée, n'importe quel chercheur peut demander à consulter les données brutes, pour répéter l'expérience et contribuer au progrès scientifique, avait-il poursuivi. Le refus de Monsanto donne immanquablement l'impression que la firme a quelque chose à cacher : soit que les résultats ne sont pas suffisamment convaincants, soit qu'ils sont mauvais, soit que la méthodologie et le protocole utilisés ne sont pas suffisants pour résister à une analyse scientifique rigoureuse. » Finalement, pour faire son étude, Ian Pryme avait dû se contenter d'un « résumé des données fourni par la firme aux agences de réglementation », où il avait cependant relevé des « choses très troublantes », dont je ne donnerai ici qu'un exemple : « À propos de l'étude sur les rats, les auteurs écrivent : "À part leur couleur marron foncé, les foies paraissaient normaux lors de la nécropsie. [...] Cette couleur n'est pas considérée comme étant liée à la modification génétique." Comment peuvent-ils prétendre cela sans faire des sections des foies et les observer au microscope pour être sûrs que cette couleur marron foncé est normale ? », avait ironisé le chercheur[50].

Inutile de préciser que Thomas Bøhn partage les critiques de son collègue de Bergen. Et, une fois de plus, il a répliqué l'étude toxicologique de Monsanto, en choisissant comme cobayes les *Daphnia magna*[51]. Il a nourri les petits crustacés avec le soja provenant de l'Iowa, réparti de nouveau en trois groupes : bio, conventionnel et transgénique. À chaque fois, il a moulu les grains de soja pour obtenir une farine qu'il a ajoutée quotidiennement à l'eau du bain des *Daphnia*. Le soja Roundup Ready contenait en moyenne 9 mg de glyphosate par kilo de graines. « Nous avons constaté des différences dans l'espérance de vie, m'a-t-il expliqué. Les animaux nourris avec du soja transgénique, et particulièrement avec un taux élevé de glyphosate, ont vécu moins longtemps. Leur taux de reproduction était aussi plus bas. La meilleure performance a été obtenue avec le soja biologique : les *Daphnia* ont vécu plus longtemps et leur progéniture était plus nombreuse. Nous avons ensuite répété l'expérience uniquement avec du soja transgénique, et avons constaté une corrélation significative entre le taux de mortalité et de fécondité et le niveau de résidus du glyphosate. C'est très inquiétant, car ce soja provenait directement des champs. Les effets négatifs que nous avons observés chez les *Daphnia* prédisent des effets similaires chez d'autres animaux, y compris chez les humains[52]. »

2016 : des scientifiques tirent la sonnette d'alarme

Cette inquiétude est partagée par Michael Antoniou, un biologiste moléculaire qui travaille au King's College de Londres. Il a analysé les foies et reins de rats qui avaient été utilisés dans une étude publiée en 2012 par le professeur Gilles-Éric Séralini, de l'université de Caen[53]. Je reviendrai (voir chapitre suivant) sur l'incroyable cabale organisée par Monsanto pour discréditer le travail du chercheur français. Mais, ici, il suffit de savoir qu'il s'agissait d'une étude toxicologique de deux ans, visant à investiguer, d'une part, les effets d'un maïs Roundup Ready (dûment arrosé de Roundup !) et, d'autre part, de faibles doses de Roundup ajoutées à l'eau consommée par les cobayes. Le lecteur se souvient sans doute de ces photos horribles où l'on voyait des rats déformés par d'énormes tumeurs. Mais, les résultats les plus significatifs – certes moins spectaculaires – concernaient les lésions rénales et hépatiques graves constatées chez les rats des groupes expérimentaux.

« Le professeur Séralini a administré trois doses de Roundup dans l'eau de boisson des rats tous les jours pendant deux ans, m'a expliqué Michael Antoniou. L'une de ces doses était extrêmement faible, puisqu'elle était inférieure à la moitié de ce qui est autorisé dans l'eau en Europe. Au bout des deux ans, Gilles-Éric Séralini a analysé le sang, l'urine et l'histologie des organes, et a noté des signes de dommages dans les foies et reins des cobayes. Dans notre laboratoire nous avons examiné ce que nous appelons les "profils d'expression génétique" de ces organes et avons constaté qu'ils prédisaient plusieurs dommages, comme la lipotoxicité[a], le stress oxydant et la nécrose des tissus[54]. Ensuite, nous avons mesuré la composition des foies, à savoir les types de protéines et les métabolites[55]. Cet examen microscopique a révélé des signes très significatifs de pathologies hépatiques. La maladie la plus évidente était ce qu'on appelle la "stéatose hépatique non alcoolique", la "maladie du foie gras", qui affecte de plus en plus la population humaine des deux côtés de l'Atlantique.

— Est-ce que c'est inquiétant ?, ai-je demandé.

— La stéatose hépatique non alcoolique est une maladie progressive, m'a répondu Michael Antoniou. Au début, les symptômes sont un sentiment de fatigue et des nausées ; puis, elle peut évoluer vers une jaunisse qui altère la fonction hépatique. Dans le stade final, elle provoque une cirrhose avec des dommages irréversibles. Les herbicides à base de glyphosate m'inquiètent profondément, parce que nos travaux ont apporté la preuve irréfutable que même une dose extrême-

a. La lipotoxicité désigne une altération de la fonction sécrétoire du foie, due à une accumulation d'acides gras dans les cellules β qui produisent l'insuline.

ment faible peut provoquer à long terme des maladies très sérieuses. La dose ingérée par les rats était de quatre nanogrammes (0,004 µg/l), ce qui est infinitésimal, puisqu'elle est 75 000 fois inférieure à la DJA européenne du glyphosate, et 400 000 fois inférieure à celle des États-Unis ! C'est vraiment très préoccupant en raison de l'ubiquité du glyphosate, auquel les humains peuvent être exposés à travers de multiples voies, spécialement les aliments. Il faut absolument que les agences de réglementation revoient à la baisse les normes d'exposition de la molécule. »

Michael Antoniou a publié en 2016, avec treize autres scientifiques internationaux, ce qu'on appelle une « déclaration de consensus » sur les herbicides à base de glyphosate (HBG), c'est-à-dire un bilan scientifique de tout ce que l'on sait aujourd'hui sur leurs effets sanitaires et environnementaux, avec des recommandations[56]. Dans leur conclusion, les auteurs soulignent sept points capitaux qui justifient leur inquiétude : « 1) Les HBG représentent l'herbicide le plus appliqué au monde et leur usage continue d'augmenter ; 2) mondialement, les HBG contaminent souvent les ressources d'eau de consommation, les précipitations, l'air, spécialement dans les régions agricoles ; 3) la demi-vie du glyphosate dans l'eau et le sol est plus longue que ce qui avait été précédemment déterminé ; 4) le glyphosate et ses métabolites sont largement présents dans l'approvisionnement de soja ; 5) les expositions humaines au HBG augmentent ; 6) le glyphosate est classé par une autorité compétente comme cancérigène probable pour les humains ; 7) les estimations réglementaires de la dose journalière acceptable pour le glyphosate aux États-Unis et dans l'Union européenne sont fondées sur de la science dépassée. »

Dans leur document, les treize scientifiques attirent l'attention des agences de réglementation sur un nombre croissant d'études qui suggèrent que les herbicides à base de glyphosate agissent comme des perturbateurs endocriniens. J'ai longuement parlé des perturbateurs endocriniens dans mon livre *Notre poison quotidien*. J'y racontais comment la zoologue Théo

Colborn, aujourd'hui décédée, avait découvert l'existence de ces molécules extrêmement toxiques, en consultant un millier d'études réalisées par des scientifiques américains ou européens, qui, « chacun de leur côté, observaient des phénomènes similaires, à savoir une réduction draconienne des populations de certaines espèces animales, des dysfonctionnements du système de la reproduction tels que les adultes avaient du mal à faire des petits et, quand ils y parvenaient, les petits naissaient avec des malformations congénitales et ne survivaient pas »... Ces dysfonctionnements frappaient les bélugas et les dauphins du fleuve Saint-Laurent, les goélands des lacs Ontario et Michigan, les visons, mais aussi les panthères et pygargues à tête blanche de Floride.

S'inspirant de l'« œuvre visionnaire » de Rachel Carson, Théo Colborn avait fini par identifier le coupable : les hormones de synthèse utilisées par les industriels pour des raisons diverses et variées. Certaines étaient des pesticides, comme le DDT, ou servaient d'isolants dans les transformateurs électriques, comme les PCB de Monsanto, ou rendaient le plastique dur, comme le Bisphénol A, ou les poêles anti-adhésives comme le PFOA, etc. C'est en juillet 1991, lors d'un congrès scientifique historique à Wingspread (Wisconsin), que fut inventé le mot « perturbateur endocrinien ». « Nous avons choisi ce terme, parce que ces substances chimiques interfèrent avec la fonction du système endocrinien, m'avait expliqué Théo Colborn. Or celui-ci coordonne l'activité de la cinquantaine d'hormones que fabriquent les glandes de notre organisme, comme la thyroïde, l'hypophyse, les glandes surrénales, mais aussi les ovaires ou les testicules. Ces hormones jouent un rôle capital, car elles règlent des processus vitaux comme le développement embryonnaire, le taux de glycémie, la pression sanguine, le fonctionnement du cerveau et du système nerveux, ou la capacité à se reproduire. C'est le système endocrinien qui contrôle tout le processus de construction d'un bébé, depuis la fécondation jusqu'à la naissance : chaque muscle, la programmation du cerveau ou des organes, tout cela en dépend. Le problème, c'est que nous avons inventé des produits chimiques qui ressemblent aux hormones naturelles et qui peuvent se glisser dans les mêmes récepteurs, en "allumant" une fonction ou en l'"éteignant". Les conséquences peuvent être irréversibles, surtout si l'exposition à ces substances a lieu pendant la vie intra-utérine[57]. »

Dans le best-seller qu'elle a publié en 1996, *Our Stolen Future*[58], la zoologue et ses coauteurs expliquent comment ces « dangereux brouilleurs de pistes » agissent à des doses extrêmement faibles et rendent obsolète le système de réglementation actuel : avec les perturbateurs endocriniens, ce n'est pas la dose qui fait le poison, mais le moment de l'exposition, même à des doses infinitésimales. Depuis, des milliers d'études ont confirmé que les perturbateurs endocriniens provoquent des dysfonctionnements de la reproduction (infertilité des hommes), des cancers hormonodépendants (sein, prostate, testicules), du diabète, des troubles de l'attention et l'obésité, tout particulièrement chez ceux et celles qui y ont été exposés dans le ventre de leur mère. Dans leur « déclaration de consensus » de 2016, Michael Antoniou et ses coauteurs énumèrent un certain nombre d'études montrant que le glyphosate agit comme un perturbateur endocrinien et soulignent qu'il menace à ce titre « les fœtus et les enfants ». La même année, une étude publiée par l'équipe du professeur Séralini a révélé que les adjuvants, comme le POEA, que contiennent les formulations à base de glyphosate jouent aussi ce rôle néfaste de manière encore plus aiguë que la molécule active seule[59].

Face à ce corpus de preuves absolument impressionnant montrant les effets néfastes de l'herbicide le plus vendu au monde, un nombre croissant de scientifiques, d'associations écologiques et de personnalités de la société civile se sont mobilisés pour que l'homologation du glyphosate ne soit pas renouvelée, mais au moment où j'écrivais ces lignes, en août 2017, il n'était toujours pas sûr qu'ils soient entendus...

8

Les preuves de la collusion entre Monsanto et les agences de réglementation

« Vous avez vu ? Les nouvelles ne sont pas bonnes ! D'après notre étude, 100 % des échantillons analysés contenaient du glyphosate, cela veut dire que l'ensemble de la population française est contaminée, car malgré le nombre restreint de nos cobayes, nos résultats sont conformes à ceux obtenus sur de plus grandes cohortes en Allemagne ou aux États-Unis. » C'était le 6 avril 2017, à Paris, lors d'une conférence de presse de l'association Générations futures, qui mène un travail d'information rigoureux sur les dangers des pesticides. François Veillerette, son porte-parole, présentait les résultats d'une étude lancée quelques semaines plus tôt : l'association avait demandé à trente personnes, âgées de huit à soixante ans, habitant en ville ou à la campagne, de… faire pipi dans un flacon[1] !

« 100 % des citoyens sont contaminés »

Je faisais partie des « volontaires », aux côtés de la chanteuse Émilie Loizeau, de l'ex-ministre de l'Environnement Delphine Batho ou d'Olivier de Schutter, l'ex-rapporteur des Nations unies pour le droit à l'alimentation. Les consignes avaient été très strictes : recueillir l'urine du matin et la passer pendant dix minutes au bain-marie pour éviter qu'elle soit contaminée par des agents pathogènes, puis remettre le précieux flacon à François Veillerette en personne, qui se chargerait de l'envoyer par Chronopost au laboratoire Biocheck à Leipzig (Allemagne). L'un des rares laboratoires européens capables de détecter des résidus très faibles de glyphosate, jusqu'à 0,075 µg/l. Ce n'est pas un détail car, nous l'avons vu dans le chapitre précédent, le glyphosate peut agir à des doses infinitésimales, que la plupart des laboratoires ne peuvent mesurer, faute d'outils adéquats. Or on ne trouve que ce que l'on est en mesure de chercher...

Le coût de l'opération n'était pas négligeable pour une association : 85 euros par échantillon. À titre de comparaison, la détection d'un paquet de cinq cents molécules chimiques dans un échantillon d'urine coûte 240 euros. L'herbicide vedette de Monsanto est bel et bien une molécule exceptionnelle... Enfin, il faut savoir que « la détection du glyphosate dans les urines permet de caractériser l'exposition humaine », ainsi que l'a expliqué François Veillerette lors de la conférence de presse. En effet, on estime qu'un tiers du glyphosate ingéré est distribué dans le corps par voie sanguine, dont 99 % sont excrétés par les reins dans les urines. Les deux tiers restants demeurent dans le système gastro-intestinal, où la molécule peut donc affecter le microbiote, avant d'être évacuée dans les selles.

« La totalité des échantillons contenaient du glyphosate à une concentration supérieure à 0,075 µg/l d'urine, a précisé le porte-parole de Générations futures. La concentration moyenne est de 1,25 µg/l et la plus élevée de 2,89 µg/l. Dans vingt-neuf cas sur trente, la concentration est douze fois supérieure au maximum autorisé dans l'eau distribuée (0,1 µg/l) ! » Le rapport de Générations futures ne dit pas à qui revient la « palme d'or » (2,89 µg/l) ; mais, parmi les personnalités qui ont accepté que leur résultat soit rendu public, Delphine Batho n'est pas loin derrière (2,4), suivie d'Émilie Loizeau (2,07) et de François Veillerette

(1,27). Avec Olivier de Schutter, j'ai eu le privilège d'être dans la fourchette basse (0,8).

Comme l'a souligné François Veillerette dans son introduction, les résultats sont similaires à ceux obtenus en Allemagne, où Monika Krüger (voir *supra*, chapitre 6) a dirigé la plus grande enquête jamais réalisée dans le monde sur la contamination par le glyphosate : 2 009 personnes ont été testées. Baptisée « Urinal 2015 » et financée par la Fondation Heinrich Böll, l'étude publiée en mars 2016 a conclu que 99,9 % des urines contenaient du glyphosate, dont 79 % cinq fois plus que ce qui est autorisé dans l'eau et un tiers entre dix et quarante-deux fois plus[2]. Les enfants et adolescents présentaient les niveaux les plus élevés, ainsi que les mangeurs de viande. La concentration maximale atteignait 4,2 µg/l.

Monika Krüger a obtenu, également en 2016, des résultats similaires en analysant l'urine de quarante-huit députés européens, dont les concentrations en glyphosate étaient comprises entre 0,17 et 3,57 µg/l[3]. La petite histoire rapporte que le gros lot revenait à un député écologiste belge, qui était un grand buveur de... bière. Or une étude publiée en février 2016 par l'Institut de l'environnement de Munich a révélé que quatorze des bières les plus vendues étaient toutes contaminées par des résidus de glyphosate, avec une mention spéciale pour la Hasseröder Pils, qui affichait le record de 29,74 µg/l, près de trois cents fois le seuil autorisé dans l'eau[4]... L'affaire avait provoqué un vif émoi en Allemagne, où on avait découvert que le houblon était le principal responsable. Dans une autre étude publiée en 2014, Monika Krüger avait comparé les urines de quatre-vingt-dix-neuf personnes qui ne mangeaient pas bio et de quarante et une qui mangeaient bio : la concentration de glyphosate dans les urines des premières était en moyenne quatre fois plus élevée que celle des secondes[5]. De même, aux États-Unis, une étude conduite par l'Organic Consumers Association et l'université de Californie a révélé en mai 2016 que 93 % de cent trente et un Américains testés présentaient une concentration moyenne de glyphosate dans leurs urines de 3 µg/l, avec en tête les enfants qui affichaient un taux moyen de 3,58 µg/l[6].

« Hormis l'exposition professionnelle directe, nous pensons que l'exposition au glyphosate provient essentiellement de l'alimentation, a expliqué François Veillerette. J'en suis un bon exemple : à la maison, je mange bio, mais avec mon travail je suis contraint de manger régulièrement des sandwichs de la SNCF ou dans des restaurants pas bios ; et, du coup, je suis dans la fourchette médiane de l'étude. Cette imprégnation de la population est très préoccupante au regard des propriétés toxicologiques du glyphosate. Il est aussi très inquiétant de voir que l'Europe va peut-être renouveler l'homologation de la molécule, sans tenir compte de l'exposition réelle des citoyens. »

Des résidus élevés de glyphosate dans les aliments

« Pourquoi les gens ont-ils du glyphosate dans leurs urines ? D'où provient-il ? Pourquoi les aliments à destination humaine ou animale (comme le soja importé) et l'eau potable sont-ils si rarement analysés pour rechercher le glyphosate ? Quels sont les effets sur notre santé du glyphosate présent dans notre corps ? Pourquoi n'y a-t-il eu aucune étude à long terme sur l'ingestion chronique ou répétée de glyphosate chez les humains ? » Cette série de questions, qui tombent sous le sens, a été posée en juin 2013 par l'association Les Amis de la Terre dans un document intitulé « Glyphosate : contamination des humains ». On peut parier qu'elles ont été ignorées par les autorités, dont l'EFSA, qui a pourtant été créée en janvier 2002 pour « restaurer et maintenir la *confiance* vis-vis de l'approvisionnement alimentaire de l'Union européenne à la suite d'une série de crises liées à la sécurité des aliments survenues à la fin des années 1990[a] », ainsi que l'explique la page d'accueil de son site Web.

Installée à Parme (Italie), l'Autorité européenne de sécurité des aliments a pour mission d'évaluer les risques liés à l'utilisation de produits chimiques dans la chaîne alimentaire. Sans pouvoir réglementaire, elle émet des « avis et conseils scientifiques » pour « aider la Commission européenne, le Parlement européen et les États membres de l'Union européenne à arrêter des décisions efficaces et opportunes en matière de gestion des risques ». Concrètement, l'agence est chargée de fixer les DJA et LMR des pesticides (mais aussi des additifs et plastiques alimentaires), en proposant des normes à la Commission européenne qui doivent être approuvées par les États membres de l'Union. Généralement, les « avis » de l'EFSA passent comme une lettre à la poste, sauf pour le glyphosate, qui depuis 2015 est au cœur d'une polémique sans précédent, opposant, d'un côté, les fabricants et les experts de l'agence, et, de l'autre, des scientifiques indépendants et les associations de consommateurs et environnementalistes.

Depuis 2009, l'EFSA publie chaque année un rapport sur les « résidus de pesticides dans l'alimentation », où elle établit une synthèse des observations réalisées dans les vingt-sept États de l'Union européenne. Le dernier rapport, d'avril 2017[7], concerne les relevés effectués en 2015, c'est-à-dire l'année où le CIRC a déclaré le glyphosate « cancérigène probable pour les humains ». Force est de constater que cette information n'a pas provoqué un excès de vigilance de la part des gouvernements européens[b] qui, dans un bel ensemble, ont continué d'ignorer les « propriétés toxicologiques très préoccupantes » de l'herbicide le plus vendu au monde, pour reprendre les mots de

a. C'est moi qui souligne.

b. En France, l'organisme responsable des relevés est la direction générale de la concurrence, de la consommation et de la répression des fraudes, qui dépend du ministère de l'Économie et des Finances, en liaison avec la direction générale de l'alimentation, rattachée au ministère de l'Agriculture.

François Veillerette. Sur les 84 341 aliments analysés par les vingt-deux États ayant contribué au rapport, seuls 5 329 ont été testés pour leurs résidus de glyphosate (contre 4 721 en 2014). C'est absolument ridicule ! À titre de comparaison, le fluquinconazole a été mesuré dans 61 717 échantillons, l'hexachlorobenzène dans 55 722, l'imidacloprid dans 64 807 ou le lindane (interdit depuis des lustres !) dans 65 198. À elle seule, l'Allemagne, qui ne déroge pas à sa place de « meilleure élève », a réalisé 68,3 % des tests, suivie par le Royaume-Uni (7,2 %) et la France (6,4 %). Rappelant à juste titre que le « glyphosate a attiré un niveau élevé d'intérêt public », l'EFSA note que le « nombre d'échantillons de soja analysés est très limité », soit… « onze provenant essentiellement de l'Union européenne » ! Et d'ajouter, avec sa prudence légendaire : « Étant donné que les haricots de soja, sur lesquels le glyphosate est fréquemment utilisé, sont l'objet d'un commerce mondialisé, une information plus détaillée sur l'occurrence des résidus de glyphosate serait souhaitable. » Diantre ! Quelle audace ! Pas un mot sur les animaux d'élevage européens nourris avec les tourteaux produits à partir des fameux « haricots de soja » ! D'une manière générale, la recherche des résidus de glyphosate a été réalisée sur 1 853 légumes, 1 684 fruits frais et secs, 1 407 céréales et seulement 27 produits d'origine animale ! En d'autres termes : chaque pays participant a testé en moyenne un peu plus d'un beefsteak ou d'une côte de porc… La part du lion revient au blé avec 1 079 échantillons, dont 0,6 % présentait des concentrations de glyphosate supérieures à la LMR de 10 mg/kg. Le rapport note que dans 38,1 % des échantillons de blé, « vingt-six pesticides ont été trouvés à des concentrations égales ou supérieures à la LOQ », dont le glyphosate qui représente le troisième pesticide le plus détecté.

Mais qu'est-ce que la LOQ ? Cet acronyme désigne la « limite de quantification », c'est-à-dire la quantité minimale de résidus que les instruments des laboratoires sont censés pouvoir détecter. Le problème est que l'EFSA ne dit pas à combien s'élevait la LOQ ! Ce qui est plutôt préoccupant, quand on sait que peu de laboratoires européens sont capables de mesurer de très faibles doses de glyphosate. Voilà comment les citoyens sont embobinés – passez-moi l'expression – avec des déclarations très lénifiantes comme celle qu'on peut lire dans le résumé du rapport de l'EFSA : « Globalement, 97,2 % des 84 341 échantillons analysés en 2015 étaient libres de résidus quantifiables ou contenaient des résidus compris dans les niveaux légalement autorisés. » Autant dire qu'en termes de santé publique, ce rapport ne sert pas à grand-chose et pour deux raisons : d'abord, parce qu'on ne sait pas à partir de quel niveau les résidus sont « quantifiables » ; ensuite, parce que, comme nous l'avons vu au chapitre précédent, les « niveaux légalement autorisés », à savoir les LMR, sont bricolés au doigt mouillé, non pas pour assurer une meilleure protection aux consommateurs, mais pour satisfaire les besoins des fabricants. C'est ainsi que l'EFSA peut se targuer que seulement « deux échantillons de lentilles en provenance du Canada excédaient la LMR du glyphosate qui est de 10 mg/kg ». Quand on sait comment la LMR desdites lentilles a été augmentée à la demande de Monsanto, on est effectivement rassuré...

« Malgré la prédominance à l'échelle mondiale du glyphosate en tant qu'herbicide, les évaluations des teneurs en résidus de glyphosate dans la nourriture demeurent peu nombreuses, résume parfaitement le document précité des Amis de la Terre. Le manque de données fait qu'il est difficile de mesurer les concentrations en glyphosate auxquelles sont exposées les populations par le biais de leur alimentation. » Pourtant, comme l'explique l'association, la vigilance devrait être de mise : « Après épandage, le glyphosate et ses produits de décomposition sont diffusés dans toute la plante, aussi bien dans les feuilles que dans les graines ou les fruits. On ne peut donc pas les supprimer par lavage, et ils ne sont pas décomposés lors de la cuisson. » De fait, un document de l'EFSA très technique confirme cette information, tout en soulignant l'extrême « stabilité des résidus de glyphosate » qui peuvent demeurer dans la « nourriture pendant plus d'une année, après congélation, déshydratation ou transformation[8] ». Mieux : un rapport du JMPR, l'organisme onusien chargé d'évaluer les résidus de pesticides dans l'alimentation (voir chapitre précédent), indiquait en 1994 que certains processus de transformation conduisent à une augmentation des teneurs en glyphosate : par exemple, lors de la production de son de blé, la concentration peut être multipliée par quatre[9]. De fait, des tests conduits par le gouvernement britannique sur les résidus de glyphosate dans le pain ont montré que 38 % des échantillons étaient contaminés, avec une concentration maximale de 0,9 mg/kg. Le pain complet était particulièrement touché, en raison de la présence de son, qui affichait jusqu'à 5,7 mg/kg de glyphosate[10].

L'étude britannique constitue une exception, car en général ce sont les associations écologistes, parfois en liaison avec des universités, qui mènent la tâche essentielle de mesurer les résidus de glyphosate dans l'alimentation. Mais leurs moyens étant limités, leurs études le sont aussi et visent surtout à tirer la sonnette d'alarme. C'est ainsi qu'aux États-Unis Food Democracy Now ! s'est associée aux Laboratoires Anresco de San Francisco, qui collaborent avec la Food and Drug Administration depuis 1943. Vingt-neuf produits alimentaires de consommation courante outre-Atlantique – chips, céréales de petit déjeuner, cornflakes, cookies et autres crackers – ont été testés ; et les résultats sont spectaculaires : la palme d'or revient aux « Original Cheerios » qui contiennent 1,125 mg/kg de glyphosate. Miam ! À côté, les corn-flakes Kellog's font pâle figure avec 0,078 mg/kg. Et que dire des Crispy Cheddar Crackers avec leurs 0,327 mg/kg ou des Stacy's Simply Naked Pita Chips qui affichent au compteur 0,812 mg/kg ? Dans son rapport publié en novembre 2016[11], Food Democracy Now ! rappelle que plusieurs études scientifiques récentes, dont celle de Michael Antoniou et Gilles-Éric Séralini que j'ai présentée dans le chapitre précédent, montrent que le glyphosate peut provoquer des dommages à la santé humaine à « des doses ultra-faibles de 0,1 ppb », à savoir 0,1 part par milliard, ce qui correspond à 0,0001 mg/kg.

Bien évidemment ces chiffres n'émeuvent pas la Glyphosate Task Force, le consortium des fabricants européens, qui assure avec son aplomb habituel : « Il a été démontré que l'exposition potentielle maximale des consommateurs à des traces résiduelles de glyphosate – même si tous les aliments et l'eau potable contenaient des résidus au maximum des taux autorisés (ce qui est très improbable) – ne représente pas plus que 4 % de la dose journalière acceptable. [...] Dans la pratique, l'ingestion actuelle est certainement nettement inférieure à cette exposition maximale potentielle. » *No comment...*

Allergies, autisme, fibromyalgie : le cri d'alarme des mères américaines

La « propagande de la mafia du glyphosate » ne fait pas rire du tout Zen Honeycutt, une mère de famille californienne qui a créé en 2013 l'association Moms Across America. « Le but est de sensibiliser toutes les mamans américaines aux dommages causés par les produits chimiques qui contaminent la chaîne alimentaire, avec en tête les OGM et le glyphosate », m'a-t-elle expliqué, avec une détermination impressionnante. J'ai rencontré la présidente de « Moms » le 25 mai 2016, lors d'un colloque sur l'autisme organisé à Chicago. Elle avait été invitée à faire une conférence sur les travaux de son association, qui est régulièrement contactée par des parents d'enfants autistes. Une pathologie de plus en plus fréquente aux États-Unis, où le nombre d'enfants qui en souffrent est passé de 2 pour 100 000 dans les années 1960-1970 à 1 pour 50 en 2014. D'après les prévisions, si l'évolution se poursuit au rythme actuel, le chiffre pourrait atteindre 1 pour 12 avant 2050.

Le matin précédant l'ouverture du colloque, Zen avait organisé un petit déjeuner dans un café bio avec six adhérentes de Chicago qu'elle rencontrait pour la première fois. Pour être franche, j'ai été bouleversée par l'échange entre ces sept mères de famille qui racontaient toutes la même douloureuse histoire. J'ai choisi d'en retranscrire ici de larges extraits, pour rester le plus fidèle possible à la parole de ces femmes qui sont traitées de « folles » par les hommes de Monsanto. C'est Zen qui a ouvert le bal des présentations : « Je suis mère de trois garçons de treize, onze et sept ans, a-t-elle commencé. Mon fils aîné a failli mourir à l'âge de cinq ans un soir de Thanksgiving. Il a développé une violente allergie aux noix de pécan que contenait la farce de la dinde. Il a commencé à enfler et avec mon mari nous avons foncé aux urgences, où on l'a bourré de stéroïdes. Grâce à Dieu, il a survécu. Mais l'horrible sentiment qu'il aurait pu perdre la vie à cause de la nourriture continue de me hanter. Je sais depuis que des milliers de mères américaines vivent avec cette inquiétude, car les familles qui sont épargnées par les allergies sont aujourd'hui très rares. » Ces mots ont provoqué un murmure d'assentiment chez les six femmes réunies autour de la table. « Quand nous étions enfants, il n'y avait pas toutes ces allergies !, a poursuivi Zen. Mon deuxième fils a développé des symptômes autistiques à l'âge de huit ans. D'un coup, il s'est mis à avoir des colères pour un rien et il ne voulait plus rien faire à l'école. Je l'ai emmené chez un médecin naturopathe qui a finalement trouvé qu'il avait du glyphosate dans ses urines, à une concentration de près de 1 mg/l ! J'étais furieuse, mais je ne comprenais pas d'où ça pouvait venir, d'autant que mes deux autres fils ont été testés négatifs. Je me suis renseignée et j'ai découvert que le glyphosate était utilisé comme agent dessiccatif sur le blé. Or, mon deuxième fils était le seul à manger des céréales au petit déjeuner, car ses deux frères étaient allergiques au gluten. Nous avons éliminé le blé pour toute la famille et sommes passés à une alimentation biologique. Les symptômes autistiques de mon fils ont disparu…

— Il s'est passé exactement la même chose avec l'un de mes trois fils, a dit Kathleen DiChiara. On lui a d'abord diagnostiqué un autisme, et finalement on a dit qu'il souffrait de “trouble envahissant du développement non spécifié”. Dans la famille, nous étions tous malades : mon plus jeune fils avait de l'eczéma chronique et de multiples allergies ; en ce qui me concerne, j'étais atteinte – m'a-t-on dit – de fibromyalgie, ce qui me handicapait pour tout. J'ai progressivement éliminé le gluten, le lactose et le sucre de notre alimentation. Mais les troubles persistaient. Finalement, nous sommes passés au 100 % bio et, petit à petit, nous avons tous récupéré. Depuis, je me suis formée en diététique et j'ai écrit un livre où j'explique comment les produits chimiques, et tout particulièrement le glyphosate, affectent les bactéries de notre intestin, en anéantissant nos défenses immunitaires[12].

— C'est aussi ce que j'ai découvert !, a poursuivi Marilyn Hallihan. J'ai une fille de quarante-quatre ans, à qui on a diagnostiqué une fibromyalgie. Elle était tout le temps fatiguée et faisait tomber des objets sans comprendre pourquoi. Elle a complètement changé son régime alimentaire, en supprimant tous les aliments transformés et les OGM. Elle ne mange plus que des fruits et légumes bios. Mais c'est grâce à mon mari que j'ai identifié le rôle du glyphosate : dès qu'il mangeait du blé, particulièrement du pain complet, il souffrait de violentes douleurs articulaires. En fait, le son du pain complet est bourré de glyphosate qui est appliqué pour dessécher le blé avant la récolte. Ma fille et mon mari vont mieux depuis que nous ne mangeons que bio.

— Regardez, s'est exclamée Zen, en sortant un papier de son sac. J'ai ici un document officiel de l'EPA, datant du 22 octobre 2015. Il recense les quantités annuelles de glyphosate qui sont déversées sur chaque culture : 100 000 livres sur les pêches, la même chose sur les poires, 8 000 livres sur les avocats, 20 000 sur les citrouilles, 300 000 sur les tomates, 10 000 sur les fraises, 600 000 sur les noyers, 8 600 000 sur le blé, 300 000 sur les cannes à sucre, 1 300 000 sur les betteraves à sucre transgéniques. Il y a plein de gens qui passent du sucre de betterave au sucre de canne, pour éviter les OGM, mais le glyphosate est utilisé comme agent dessiccatif sur les cannes à sucre ! Et sur le soja, c'est le pompon : 101 millions de livres ! On retrouve l'herbicide dans le lait de soja ou le tofu !

— On le retrouve aussi dans les petits pots pour enfants, a dit Jennifer Guistra Kozek.

— Oui !, a ajouté Kathleen DiChiara. De nombreux pédiatres recommandent le lait ou les yaourts de soja pour les enfants qui sont allergiques au lactose. C'est terrible !

— C'est très difficile de nourrir sa famille aujourd'hui aux États-Unis, a dit Barbara Kimicata, visiblement émue. C'est même un vrai casse-tête qui provoque des disputes dans les foyers. Quand on n'arrive pas à trouver les aliments bios pour faire la cuisine, ça crée un énorme stress...

— Cela pose aussi des problèmes avec les amis ou les collègues qui hésitent à nous inviter à dîner !, a ajouté Zen Honeycutt. C'est devenu un vrai sujet social et relationnel. Dès que je reçois une invitation pour que l'un de mes fils aille à un anniversaire, j'ai un coup de stress !

— Moi, j'appelle aussitôt pour demander quel sera le menu, a dit Jennifer Guistra-Kozek, dont la voix s'est subitement cassée. Je me bats aussi à l'école où nos enfants sont nourris avec de la merde ! Il faut avoir le courage de le dire publiquement !

— Oui, a conclu Zen Honeycutt, mais maintenant nous savons quelle est l'origine de nos problèmes et nous pouvons donc agir. C'est cela qu'il faut dire à toutes les mères américaines qui souffrent... »

Les hommes de paille de Monsanto

En 2014, Moms Across America a fait son premier coup d'éclat : elle a testé le lait maternel de dix jeunes mères. Trois échantillons contenaient des résidus de glyphosate compris entre 76 et 166 µg/l[13]. « Ce test était le premier du genre aux États-Unis, a expliqué Zen Honeycutt. Nous ne prétendons pas qu'il a la valeur d'une vraie étude scientifique, mais nous voulions encourager des chercheurs indépendants et les agences de réglementation à travailler sur ce sujet absolument capital. » Bien que le test ait été réalisé par un laboratoire renommé – Microbe Inotech Labs, installé à Saint Louis (Missouri) –, Monsanto en a aussitôt dénigré les résultats, en lâchant *illico presto* ses limiers.

Le premier à être monté au créneau est Daniel Goldstein, que nous avons déjà rencontré deux fois dans ce livre : la première, lors de l'interdiction du glyphosate au Sri Lanka (voir *supra*, chapitre 4) ; la seconde à propos d'une étude qu'il a cosignée avec deux autres cadres de la firme, qui constituait une réponse *ad hoc* à l'enquête de Moms Across America sur le lait maternel (voir *supra*, chapitre 6). Visiblement très actif sur les réseaux sociaux, le toxicologue en chef de Monsanto a répété ses « arguments » habituels sur un forum : « Dès qu'il est ingéré, le glyphosate est rapidement excrété sans transformation dans les urines, il ne s'accumule pas dans la graisse ni les tissus[14]. » Pour donner plus de poids à son affirmation, il renvoie sur le site de l'EFSA, une pratique courante qui confirme, s'il en était besoin, que les agences de réglementation constituent surtout des faire-valoir pour les fabricants. D'où l'intense lobbying de ces derniers pour obtenir des « avis » favorables à leur intérêt. Et puis Monsanto a actionné le second levier de la désinformation organisée : l'intervention dans les médias d'hommes de paille, à savoir des universitaires souvent grassement payés pour contrer des informations dérangeantes. Cette technique m'avait été décrite par Diane Forsythe, une ancienne lobbyiste des pesticides, dont j'avais recueilli le témoignage pour mon livre *Notre poison quotidien*[15].

Travaillant pour le département des affaires gouvernementales de la filiale américaine de Sandoz Agro, un fabricant suisse de pesticides (qui a fusionné en 1996 avec Ciba-Geigy pour former Novartis), elle avait été chargée par un consortium de chimistes, dont Monsanto, d'organiser la contre-offensive après les révélations de Théo Colborn sur les perturbateurs endocriniens (voir chapitre précédent). Sa mission était notamment de « contacter tous les groupes propesticides que l'industrie avait créés dans les cinquante États américains. Ce sont des associations de paille que nous avions montées de toutes pièces et vers qui nous renvoyions la presse, quand elle sollicitait une interview d'un représentant de l'industrie », m'avait-elle expliqué en exhibant des courriers adressés à la « Coalition de l'Indiana pour la défense de l'environnement » ou au « Conseil du Kansas pour la protection et l'éducation environnementale » qui étaient des associations bidon... « Nous leur donnions de l'argent et des informations et leur rôle était de défendre nos positions, tout en prétendant être indépendantes, avait poursuivi Diane Forsythe. Par ailleurs, j'avais été chargée de constituer un réseau d'universitaires amis que l'on puisse solliciter pour faire des études bien payées, et éventuellement prendre publiquement la parole pour défendre nos intérêts... »

Impossible de savoir combien d'universitaires « font le job » pour défendre le glyphosate. Nous avons déjà croisé Marc McGuire, qui dirige le département vétérinaire de l'université de l'Idaho (voir *supra*, chapitre 6) et son épouse Michelle, la porte-parole de la Société américaine de nutrition – un autre réseau d'influence important pour Monsanto. Il y a aussi Ronald Kleinman, qui dirige le service de pédiatrie de l'Hôpital général pour enfants du Massachusetts et est professeur de pédiatrie à l'école de médecine de Harvard. Défenseur invétéré du Coca-Cola et des OGM[16], il a « spontanément » minimisé les tests de Moms Across America sur le lait maternel, en martelant dans les médias deux arguments clés : « En raison de ses propriétés chimiques, le glyphosate ne s'accumule pas dans le corps ni dans le lait maternel » ; « les niveaux détectés dans trois des dix échantillons [...] suggèrent qu'un nourrisson serait exposé à 1/50e de la dose journalière acceptable, ce qui ne constitue aucun risque pour le bébé ni pour sa mère[17] ».

Les affirmations de l'homme de paille de Monsanto ont été démenties par l'un de ses confrères, le docteur Paul Winchester qui est professeur de pédiatrie clinique dans un hôpital pour enfants d'Indianapolis (Indiana). Celui-ci a analysé les urines de soixante-neuf femmes enceintes et a détecté du glyphosate dans 91 % des échantillons. Son équipe a alors suivi les femmes qui ont consulté le service obstétrique de l'hôpital sur deux ans (2015-2016). Elle a constaté une corrélation entre un taux élevé de glyphosate dans les urines des futures mères et le risque accru de naissances prématurées ou d'un faible poids des nouveau-nés[18].

Des « corrélations troublantes »

Face à une telle machine de guerre, « il n'est pas facile pour les scientifiques indépendants de faire leur travail, en leur âme et conscience », ainsi que me l'a dit Stéphanie Seneff, *senior research scientist* (chercheur scientifique principal) au prestigieux Massachusetts Institute of Technology (MIT) de Cambridge (États-Unis). Docteur en ingénierie électrique et informatique, elle travaille depuis trente ans sur l'interaction entre la biologie et l'informatique. Depuis une dizaine d'années, elle concentre ses recherches sur l'impact des déficiences nutritionnelles et des toxines environnementales sur la santé humaine. C'est à ce titre qu'elle a été invitée au colloque sur l'autisme de Chicago, en août 2016, où je l'ai rencontrée. Depuis 2013, Stéphanie Seneff collabore avec le biochimiste Anthony Samsel (voir *supra*, chapitre 3), avec qui elle a publié une série de six articles montrant que le glyphosate peut être considéré comme une « voie vers les maladies modernes[19] » en raison de ses propriétés chimiques exceptionnelles. Lors du colloque, elle a exposé pourquoi elle pensait que l'herbicide le plus vendu au monde pouvait avoir un lien avec l'« augmentation exponentielle des cas d'autisme depuis vingt ans aux États-Unis ». Pour illustrer son propos, elle a présenté un graphisme avec deux courbes : l'une indiquait la progression de l'usage du Roundup dans les champs américains ; l'autre celle du nombre de cas d'autisme enregistrés, année par année, par le Center for Disease Control and Prevention d'Atlanta. Et il est vrai que les deux courbes coïncident parfaitement, avec un décollage exponentiel amorcé autour de 1995.

« Que répondez-vous à vos détracteurs qui disent qu'une corrélation n'implique pas forcément un lien de causalité ?, lui ai-je demandé lors de l'interview qu'elle m'a accordée à l'issue de sa conférence.

— Je connais l'argument !, a-t-elle répondu avec un large sourire. Il revient régulièrement sous la plume des industriels ou de leurs affidés. Je le trouve surprenant car, finalement, comment a-t-on procédé pour établir le lien entre le tabac et le cancer du poumon ? On a d'abord constaté qu'il y avait une augmentation de ce type de cancer qu'on a corrélée avec le développement du tabagisme. Ce fut le point de départ. Ensuite – malgré le déni et les manœuvres des fabricants de cigarettes –, les études expérimentales sur les animaux ont confirmé que le tabac et ses adjuvants provoquaient le cancer du poumon. C'est la même chose pour l'autisme, dont les statistiques médicales montrent que le taux d'incidence croît de manière exponentielle depuis l'introduction des OGM tolérants au glyphosate, qui ont entraîné une croissance également exponentielle de la consommation de l'herbicide. En tant que scientifique, il est tout à fait légitime que j'interroge cette corrélation, en investiguant les propriétés chimiques du suspect, à savoir le glyphosate.

« Or, si l'on compare les mécanismes biologiques de l'autisme avec ceux de la molécule, on trouve des éléments très troublants, qui permettent de lier le glyphosate aux symptômes de l'autisme. Le plus impressionnant, c'est tout ce qui touche à l'intestin : beaucoup d'enfants autistes souffrent d'un dysfonctionnement de leur système gastro-intestinal, avec par exemple ce qu'on appelle un "intestin perméable"[a]. Cela peut être lié avec l'activité antimicrobienne du glyphosate,

a. Cette pathologie de plus en plus courante désigne la porosité des parois de l'intestin, qui ne sont plus capables de bloquer le passage de toxines et

qui anéantit en priorité les bactéries bénéfiques comme les lactobacilles, lesquelles sont capitales pour le développement des bébés car elles empêchent les agents pathogènes de proliférer. Or, en raison de la communication entre l'intestin et le cerveau, ces bactéries nuisibles peuvent aussi coloniser le système cérébral. Ensuite, le fait que le glyphosate soit un chélateur de métaux qui provoque, par exemple, une déficience en manganèse dans les organismes où il s'est introduit, peut être lié à d'autres symptômes de l'autisme : le manganèse est essentiel pour protéger l'activité des mitochondries dans les cellules ; de plus, il est indispensable pour détoxifier l'organisme du glutamate[a] qui, en excès, est une neurotoxine. Or les enfants autistes présentent des taux élevés de glutamate dans leurs selles, leur sang et leur cerveau.

— Que répondez-vous à ceux qui disent que votre obsession pour le glyphosate est ridicule ?

— Je n'ai jamais dit que le glyphosate était le seul responsable de l'autisme, m'a répondu Stéphanie Seneff. En revanche, je pense qu'il joue un rôle fondamental pour l'explosion de la maladie. Je ne suis d'ailleurs pas la seule à le penser ! »

Et de me montrer un article publié en 2014 par Nancy Swanson, une physicienne qui partagea sa carrière entre l'US Navy et la Western Washington University. Constatant que, d'après une étude de 2012, « le taux de maladies chroniques a augmenté de manière dramatique pour atteindre 25 % de la population américaine[20] », la scientifique a aussi établi une corrélation entre l'augmentation exponentielle de l'incidence de vingt-deux maladies chroniques et l'usage des herbicides à base de glyphosate. Parmi elles : l'autisme, mais aussi l'hypertension, le diabète, l'obésité, les maladies d'Alzheimer et de

---

micro-organismes pathogènes dans le sang, provoquant infections et baisse de l'immunité.

a. L'acide glutamique, ou glutamate (sous sa forme anionique), est un acide aminé qui est l'un des principaux neurotransmetteurs du cerveau central. Quand sa concentration est trop élevée, il provoque la mort des neurones.

Parkinson, les maladies inflammatoires intestinales, les insuffisances rénales aiguës, les cancers de la thyroïde, du foie, de la vessie, du pancréas, du rein, et la leucémie myéloïde. Pour toutes ces pathologies, « les coefficients de corrélation Pearson sont hautement significatifs », puisqu'ils sont compris entre 0,841 et 0,994[a].

En 2015, Stéphanie Seneff a publié un nouvel article avec Nancy Swanson et Judy Joy, la zoologue du Fish and Wildlife Service (voir chapitre précédent). Les trois chercheuses sont parties des observations sur la faune pour vérifier si elles pouvaient être corrélées avec des pathologies similaires dans la population humaine[21]. Pour cela, elles ont consulté les fiches d'admission établies dans plusieurs centaines d'hôpitaux américains et centralisées dans la banque de données du Center for Disease Control and Prevention d'Atlanta de 1998 à 2010. Chaque dossier précisait l'âge, le sexe, la localisation géographique du patient et le diagnostic. « Étant donné que les observations de Judy concernaient majoritairement des faons, nous avons concentré notre investigation sur les nouveau-nés, c'est-à-dire les bébés âgés de moins de six jours, ensuite nous avions la catégorie des "six jours/quinze ans" et, enfin celle de la population générale, excepté les nouveau-nés, m'a expliqué Stéphanie Seneff, qui a conçu un logiciel permettant de trier les milliers de données par groupes d'âge, puis par pathologies. Les résultats furent spectaculaires : d'abord, nous avons constaté que les pathologies observées par Judy chez les faons coïncidaient avec celles diagnostiquées dans les hôpitaux pédiatriques : malformations de la tête et de la face, anomalies oculaires, sanguines et dermatologiques, malformations du système uro-génital, problèmes lymphatiques et pulmonaires. Dans les deux autres groupes d'âge, nous avons

---

a. Karl Pearson (1857-1936) est un mathématicien britannique qui a développé une formule mathématique permettant de mesurer l'intensité de la liaison entre deux variables. Ce coefficient de corrélation est compris entre – 1 et 1. Plus il est proche de 1, plus la corrélation est forte.

noté la prévalence élevée de cancers du foie. De même que pour l'autisme, la corrélation entre la progression de chacune de ces pathologies avec la progression de l'usage du glyphosate entre 1998 et 2010 était parfaite... »

La saga européenne de la réautorisation du glyphosate

« J'ai analysé le rapport pour le renouvellement de l'homologation du glyphosate, en particulier la partie rédigée par l'institut fédéral allemand pour l'évaluation des risques ainsi que les conclusions tirées par l'EFSA. J'accuse les autorités européennes de fraude scientifique. Leur conduite frauduleuse permet aux autorités de renforcer les conclusions proposées par la Glyphosate Task Force, dirigée par Monsanto, qui a déposé la demande de renouvellement. » Les mots très forts du docteur Peter Clausing, un ancien toxicologue de l'industrie qui travaille comme consultant indépendant, ont fait sursauter le juge Jorge Fernandez Souza. À ses côtés, la juge Dior Fall Sow a ajusté ses écouteurs, manifestement surprise par la gravité de l'accusation portée par l'expert allemand qui, avec son costume impeccable et son ton posé, n'avait pas du tout l'air d'un excité. Avant de redonner la parole à Peter Clausing, qui ouvrait la dernière session du Tribunal international Monsanto, consacrée aux « pressions exercées sur les parties prenantes et les institutions », je voudrais retracer les grandes lignes de l'incroyable saga qu'a provoquée la demande du renouvellement de l'homologation du glyphosate par les fabricants, regroupés au sein de la fameuse Glyphosate Task Force[22].

Pour comprendre le rôle joué par les acteurs clés de ce feuilleton à rebondissements, je rappelle que d'après la réglementation européenne tout pesticide doit faire l'objet d'une demande d'autorisation de mise sur le marché déposée par le fabricant auprès de l'un des États de l'Union, considéré comme l'« État rapporteur ». Or, comme nous l'avons vu dans le chapitre 2, c'est le fabricant qui désigne l'« État rapporteur ». Un privilège inouï, dont Monsanto et consorts ont su tirer profit, puisque, pour le glyphosate, ils ont choisi l'Allemagne, le pays de BASF et Bayer, où les « experts » ont une réputation de bienveillance à l'égard des fabricants de poisons agricoles. La suite prouvera que cette réputation est méritée… Le gouvernement d'outre-Rhin a confié à l'Institut fédéral d'évaluation des risques, le BfR (Bundesinstitut für Risikobewertung) la mission d'évaluer les études toxicologiques sur le glyphosate, afin de rédiger un prérapport transmis à l'EFSA, chargée ensuite de rendre un avis, et de fixer la DJA et les LMR de l'herbicide. La dernière homologation du glyphosate date de 2002. Elle aurait dû être réexaminée en 2012, en vertu d'un processus de révision automatique qui a lieu tous les dix ans, pour pouvoir tenir compte des dernières données toxicologiques et épidémiologiques sur l'herbicide. Mais, comme je l'ai raconté, après le branle-bas de combat provoqué par l'étude du professeur Andrés Carrasco, la révision avait été finalement repoussée à 2015 sans aucune explication.

C'est ainsi que le 15 février 2015, le BfR a remis son prérapport à l'EFSA, qui devait ensuite rédiger un rapport définitif avec un avis transmis à la Commission européenne pour qu'il soit soumis à l'approbation des États membres. Mais la machine s'est grippée, une première fois le 20 mars 2015, après la décision surprise du CIRC de classer le glyphosate comme « cancérigène probable ». J'aurais aimé être une petite souris pour assister au remue-ménage qu'a certainement suscité l'annonce onusienne dans les couloirs du BfR à Berlin ou de l'EFSA à Parme au printemps 2015. Après la mise en ligne de la monographie du CIRC, le 29 juillet, le BfR s'est (tout de même !) senti obligé de rédiger un appendice de quatre-vingt-quinze pages qu'il a ajouté à son prérapport, entièrement consacré à l'évaluation de… l'évaluation conduite par les experts de Lyon. Le suspense a duré jusqu'au 12 novembre 2015, date à laquelle l'agence européenne a publié sa « conclusion » officielle. Celle-ci se résume en quelques mots alambiqués : « Il est improbable que le glyphosate pose un risque cancérigène pour les humains et les preuves ne permettent pas de le classer en fonction de son potentiel cancérigène[23]. » Dans la foulée, l'EFSA annonçait qu'elle avait décidé d'augmenter la DJA du glyphosate de 0,3 à 0,5 mg/kg ! Un incroyable pied de nez, que seule peut expliquer l'inquiétude que la norme en vigueur ne protège pas suffisamment les autorités et les fabricants d'éventuels recours étant donné le niveau d'exposition élevé des citoyens européens...

Très attendu, l'avis de l'EFSA a suscité un tollé dans les rangs des associations environnementalistes comme la française Générations futures ou l'américaine Food Democracy Now !, mais aussi – fait beaucoup plus rare – dans ceux de nombreux scientifiques indépendants, comme Peter Clausing.

Les autorités européennes accusées de fraude

« Pour comprendre la fraude des autorités européennes et allemandes, a expliqué le toxicologue, il faut rappeler la législation européenne qui dit, je cite, que "la molécule active d'un pesticide peut être approuvée seulement si elle n'a pas été classée comme un cancérigène de la catégorie 1A ou 1B[a]". Elle précise que la catégorie 1B est attribuée, je cite de nouveau, "s'il y a suffisamment de preuves qui montrent la cancérogénicité chez les animaux". Les textes européens déterminent qu'il y a "suffisamment de preuves si au moins deux études réalisées sur au moins une espèce animale montrent une augmentation de l'incidence des tumeurs". Dans ce cas, le pesticide ne doit

a. La classification européenne n'est pas la même que celle du CIRC. Le groupe 1A désigne des « substances que l'on sait être cancérigènes pour l'homme », en raison de données épidémiologiques. Le groupe 1B désigne des « substances devant être assimilées à des substances cancérigènes pour l'homme », en raison d'« études appropriées à long terme sur l'animal ».

pas être autorisé dans l'Union européenne. Pour le glyphosate, en plus des études sur les rats, cinq études indépendantes sur les souris, considérées comme fiables et acceptables par les autorités, montrent une augmentation statistiquement significative d'une ou plusieurs tumeurs, comme le cancer des tissus mous. Trois d'entre elles montrent l'augmentation significative d'une tumeur spécifique, à savoir le lymphome malin, ce qui prouve que ce résultat est reproductible. Tout cela indique que les critères pour que le glyphosate soit classé dans la catégorie 1B sont largement dépassés, ce qui devrait entraîner son interdiction. Pourtant, les autorités européennes considèrent les résultats des cinq études sur les souris comme non pertinents et violent donc leurs propres règles. »

Après cette introduction, Peter Clausing a démonté un à un les cinq arguments avancés par les « experts » de Berlin et de Parme pour rejeter les études sur les souris ainsi que celles sur les rats montrant un excès d'adénomes du pancréas, du foie ou de la thyroïde. Je n'entrerai pas dans les détails du tour de passe-passe très technique des experts européens, pour ne retenir que les grandes lignes de leur prétendue démonstration. D'abord, ils estiment que les effets observés dans les différentes études ne sont pas statistiquement significatifs, au motif qu'ils concernent majoritairement les mâles et plus rarement les femelles ; ensuite, ils prétendent que certaines tumeurs ne sont pas dues à la cancérogénicité du glyphosate, mais aux fortes doses utilisées, d'autant que certaines études industrielles ne montrent pas d'effets similaires, suggérant que les cancers notés sont le fait du hasard. De plus, pour rejeter les études précitées sur les souris, ils ont comparé leurs résultats à celle de la « base de données contrôle historiques » (voir *supra*, chapitre 2), une technique que le Britannique Michael Antoniou avait estimée « contraire à une méthodologie scientifique rigoureuse ». Enfin, ils affirment que, pour au moins une étude, les souris étaient infectées par un virus cancérigène, sans préciser d'où ils tenaient cette « information ».

Tous ces « arguments » sont jugés « frauduleux » par Peter Clausing, qui n'a pas mâché ses mots lors son audience au TIM : « Le fait de déformer plusieurs données, d'ignorer des études existantes et de dénigrer des preuves fiables doit être considéré comme une tentative des autorités d'autoriser l'industrie chimique à maintenir sur le marché un herbicide cancérigène. » « Ma question est : pourquoi ? Pourquoi cette conspiration ? Qu'est-ce qui se passe ?, a demandé le juge Steve Shrybman, qui n'avait cessé de froncer les sourcils pendant l'allocution du toxicologue allemand.

— Je n'ai pas de preuves, a répondu ce dernier, en marquant une pause. Mais on peut imaginer qu'il y a un énorme intérêt économique derrière la réhomologation du glyphosate dans l'Union européenne. Il y a aussi une autre raison : le BfR a déclaré le glyphosate comme sans danger en 2002. Donc ce pourrait être un peu gênant pour lui d'avoir à changer d'avis, alors que la majorité des études était déjà disponible à l'époque...

— Mais les erreurs que vous avez décrites sont clairement incompatibles avec la volonté de se fonder sur une science rigoureuse, a insisté le juge canadien. C'est surprenant que des scientifiques soient prêts à risquer leur réputation, je trouve même ça choquant !

— Vous avez soulevé un point important, a noté Peter Clausing avec un léger sourire. Les autorités refusent de dire qui a fait l'évaluation. Officiellement, c'est l'institut allemand dont les membres sont anonymes. Donc aucun scientifique n'a fait courir un risque à sa réputation scientifique... »

De fait – et c'est une faille soulignée par tous les observateurs –, il est impossible de savoir qui sont les auteurs du prérapport allemand ni ceux de l'EFSA qui ont rédigé l'opinion finale. Même le CIRC ignore l'identité des « experts » qui ont commis les deux textes. « Hum... Il me semble qu'il est indiqué dans l'introduction du prérapport allemand que le brouillon a été fourni par la Glyphosate Task Force », m'a dit en juin 2016 Kathryn Guyton, la coordinatrice de la monographie du CIRC sur le glyphosate, qui manifestement marchait sur des œufs. « Le BfR et l'EFSA ne nous ont jamais communiqué les noms des auteurs des rapports, ni leurs déclarations de conflits d'intérêts, m'avait indiqué trois mois plus tôt Kurt Straif, le directeur du programme des monographies, avec une prudence extrême. C'est une différence notable avec le fonctionnement du CIRC, qui a rendu publics les identités des dix-sept membres du groupe de travail et leurs potentiels conflits d'intérêts... » Sur son site, le BfR se contente de fournir l'identité des membres de son groupe d'experts sur les résidus de pesticides. Quatre sur douze travaillent pour des entreprises de l'agrochimie : deux pour Bayer, un pour BASF et un pour Eurofins (une multinationale spécialisée dans l'agroalimentaire et la pharmacie animale). Mais rien ne dit qui a participé à la rédaction du prérapport controversé.

La révolte des scientifiques et des associations écologiques

« Nous sommes un groupe de scientifiques indépendants travaillant pour des universités ou des agences gouvernementales du monde entier qui ont dédié leur vie professionnelle à la compréhension du rôle que jouent les risques environnementaux pour le cancer et la santé humaine. Nous nous sommes associés pour exprimer notre profonde préoccupation à propos de la récente décision de l'Autorité européenne de sécurité des aliments (EFSA), que nous avons examinée ainsi que celle du CIRC. Nous avons conclu que la décision du CIRC était beaucoup plus crédible, [...] parce qu'elle a été prise par des scientifiques indépendants qui n'étaient pas affiliés ni soutenus financièrement en aucune manière par l'industrie chimique. [...] Nous estimons que les arguments avancés par le BfR sont fondamentalement et scientifiquement frauduleux et qu'ils doivent être rejetés. »

C'est ce qui s'appelle jeter un pavé dans la mare ! Cette lettre a été adressée le 27 novembre 2015 par quatre-vingt-seize scientifiques internationaux à Vytenis Andriukaitis, le commissaire européen chargé de la santé et de la sécurité alimentaire, avec copie notamment à Bernhard Url, le directeur exécutif de l'EFSA. Son instigateur était Christopher Portier, un biostatisticien américain de renommée internationale, qui affiche un CV impressionnant : auteur de plus de deux cents publications scientifiques, il a été directeur de la santé environnementale des Centers for Disease Control and Prevention, directeur de l'agence américaine des substances toxiques et du registre des maladies, directeur adjoint du prestigieux National Institute of Environmental Health Sciences (NIEHS) et du National Toxicology Program. Aujourd'hui retraité, il a été auditionné comme « invité spécial » par les experts du groupe de travail du CIRC sur le glyphosate, mais n'a pas participé à la rédaction de l'avis en raison de son activité de consultant privé auprès de l'Environmental Defense Fund (EDF), une ONG écologiste de Washington. C'est précisément dans les bureaux de l'EDF que je l'ai rencontré le 23 août 2016.

« Pourquoi avoir écrit cette lettre, exceptionnelle venant de scientifiques plutôt enclins à garder le silence ?, ai-je demandé.

— J'ai été très choqué par les critiques que le BfR et l'EFSA ont formulées publiquement sur l'avis du CIRC, suggérant comme Monsanto que nous avions fait de la "science de caniveau". Il me semblait important de répondre à cette attaque inacceptable, d'autant plus que les avis émis par les deux agences me semblaient fallacieux. J'ai d'abord contacté les dix-sept scientifiques qui avaient rédigé la monographie du CIRC, mais la plupart ne pouvaient pas signer, parce qu'ils travaillent dans des agences gouvernementales qui leur imposent un devoir de réserve. Petit à petit, l'information a circulé et de nombreux scientifiques, essentiellement des épidémiologistes et des toxicologues, m'ont contacté après avoir épluché la monographie et les études sur lesquelles elle s'appuie. À la fin, nous étions quatre-vingt-seize signataires qui considéraient que les conclusions présentées par le BfR et l'EFSA dans leur rapport sont frauduleuses d'un point de vue scientifique.

— Pourquoi ?

— Parce que les experts de ces deux agences ont utilisé des procédures inadaptées, m'a répondu Christopher Portier avec une extrême fermeté. Ils ont ignoré des preuves scientifiques capitales et ils ont tenu compte d'études qui ne sont pas pertinentes pour l'évaluation qu'ils devaient faire.

— Pourquoi ont-ils fait cela ?

— Je ne sais pas pourquoi. Mais ce que je peux dire, c'est que d'un point de vue scientifique, c'est une fraude ! J'ai l'impression que le BfR et l'EFSA ont décidé qu'on ne pouvait pas interdire le glyphosate, alors qu'ils savent qu'il est dangereux pour la santé ; donc ils tordent la science, pour que la substance n'ait pas les caractéristiques d'un produit dangereux et ainsi éviter l'interdiction.

— Que répondez-vous au BfR et à Monsanto, qui disent que le CIRC n'a pas tenu compte d'un certain nombre d'études ?

— Ma réponse est que le BfR devrait nous transmettre ces études ! Tant qu'il ne le fera pas, je ne pourrai pas juger de la pertinence d'études fournies par l'industrie et auxquelles je ne peux avoir accès. Lors d'une audition au Parlement allemand, le directeur du BfR a reconnu que, pour rédiger leur rapport, ses experts avaient repris un texte écrit par la Glyphosate Task Force. Je suis très choqué par le manque de transparence des agences européennes, qui donnent l'impression qu'elles ont quelque chose à cacher. Quand on connaît l'enjeu, c'est tout simplement révoltant. »

Un sursis de dix-huit mois pour le glyphosate

Puis la saga reprit, avec ses nouveaux rebondissements. Le 2 mars 2016, six ONG environnementales issues de cinq pays européens (Global 2000, PAN Europe, PAN UK, Générations futures, Nature et Progrès Belgique et WeMove) déposaient une plainte à Berlin contre les responsables de l'évaluation du glyphosate en Europe. Du jamais vu ! Pour étayer l'accusation, fondée sur le « déni des effets cancérigènes » de l'herbicide, mais aussi sur les « manquements aux dispositions légales » de l'Union européenne, Peter Clausing avait rédigé un volumineux rapport qui constituait un caillou de plus dans les chaussures du BfR et de l'EFSA[24].

La date n'était pas fortuite : le 7 mars, les représentants des États membres de l'Union devaient se prononcer pour ou contre la réautorisation du glyphosate pour... quinze ans. Mais la réunion fut reportée au 18 mai. Ce jour-là, la Commission n'obtint pas la majorité qualifiée nécessaire pour entériner le renouvellement de l'homologation, qui arrivait à expiration en juillet 2016. Les représentants de la France (grâce à la position courageuse de Ségolène Royal, ministre de l'Environnement et de l'Énergie), de Malte, des Pays-Bas et de la Suède se sont opposés au renouvellement, tandis que sept pays se sont abstenus : l'Allemagne, l'Autriche, la Bulgarie, la Grèce, l'Italie, le Luxembourg et le Portugal. Face au blocage, la Commission botta en touche : elle décida de prolonger l'homologation pour dix-huit mois, en refilant la patate chaude à l'Agence européenne des produits chimiques (ECHA) d'Helsinki (Finlande), chargée de rédiger un nouveau rapport...

Au même moment, un scandale apportait du grain à moudre aux opposants à la réhomologation. Deux jours avant la réunion à Bruxelles, le JMPR (l'organisme onusien chargé d'évaluer les pesticides, voir chapitre précédent) publiait à Genève les résultats d'une nouvelle expertise, qui concluait : « Il est improbable que le glyphosate pose un risque cancérigène pour les humains, du fait de l'exposition par voie alimentaire[25]. » La phrase est intéressante à plusieurs titres : d'abord parce qu'elle n'est pas complètement affirmative, en raison du mot *unlikely* (« improbable »), qu'avaient aussi utilisé les auteurs du rapport de l'EFSA. Ensuite parce que, pour la première fois, les experts abordaient la question des résidus du glyphosate dans les aliments, un sujet qui, nous l'avons vu, était largement ignoré par les fabricants et les agences de réglementation. Il n'est pas exclu que cette préoccupation soudaine soit liée à une pétition lancée par la « cyber-ONG » Avaaz au printemps 2016, qui réunira 2 050 000 signatures avec ce leitmotiv : « La menace est claire : ce poison est utilisé dans notre alimentation, nos champs, nos terrains de jeux et nos rues[26]. »

En fait, tout indique que ce sont des cadres de Monsanto qui ont tiré les ficelles de la session du JMPR de mars 2016, dans l'intention d'obtenir un « avis » frappé du sceau de l'ONU et auquel la multinationale pourrait ensuite se référer, minimisant les risques de l'exposition alimentaire au glyphosate. Le 17 mai 2016, en effet, plusieurs ONG, dont Greenpeace Europe, dévoilaient que le président et le vice-président de la session du JMPR (le toxicologue britannique Alan Boobis et le neurotoxicologue italien Angelo Moretto) faisaient partie du conseil d'administration de l'International Life Sciences Institute (ILSI, Institut international des sciences de la vie), lequel est loin d'être neutre[27]. L'organisme de « recherche » a en effet été fondé en 1978 à Washington par de grandes firmes de l'agroalimentaire, comme Coca-Cola, Danone ou McDonald, auxquelles se sont joints des fabricants de pesticides, dont Monsanto et BASF, ou de médicaments, comme Pfizer et Novartis[28a].

Sur son site Web, l'ILSI Europe affirmait toujours en 2017 que sa « mission » était de « fournir des solutions fondées sur des preuves scientifiques pour faire progresser la nutrition, la sécurité alimentaire, la confiance des citoyens et la durabilité ». Mais, derrière ces bonnes intentions affichées, se cachait une réalité beaucoup plus prosaïque. C'est ainsi qu'en 2001, un rapport interne de l'OMS dénonçait les « liens politiques et financiers » de l'Institut avec l'industrie du tabac[29], pour

a. On peut consulter la liste complète des membres financeurs de la branche européenne de l'ILSI, créée en 1986, sur le site d'ILSI Europe, <www.ilsi.org/Europe>. Siégeant à Washington, l'ILSI est implanté sur tous les continents.

laquelle il avait financé plusieurs études minimisant le tabagisme passif, au moment où le CIRC envisageait de le classer comme cancérigène pour les humains. Ces révélations étaient fondées sur sept cents documents déclassifiés issus des grands procès américains contre les fabricants de tabac (les fameux *Cigarettes papers*), qui attestaient seize ans de collaboration intense entre 1983 et 1998[30]. D'après des documents obtenus par l'ONG américaine US Right to Know, l'ILSI a touché en 2012 un don de Monsanto s'élevant à 500 000 dollars et un autre de 528 500 dollars provenant de Croplife International, qui regroupe les producteurs de pesticides, dont Monsanto et Syngenta[31]. Pour ma part, j'avais eu l'insigne privilège d'interviewer Angelo Moretto, lorsqu'il présidait la session du JMPR en septembre 2009. Il affichait une posture pro-industrie très décomplexée, au point d'approuver le diktat imposé par les entreprises qui exigent que les données de leurs études soient couvertes par le « secret commercial ». Trois ans plus tard, j'apprenais que le professeur Moretto avait été contraint de démissionner d'un panel d'experts de l'EFSA, après que le Parlement européen eut révélé qu'il avait omis de déclarer son appartenance au conseil d'administration de l'ILSI[32].

Les Monsanto papers

Mais rien n'y fit. Le 15 mars 2017, l'ECHA (l'agence européenne des produits chimiques) rendit son rapport, dont les conclusions sont proprement sidérantes : dans leur résumé, les « experts » anonymes concluent que « la substance n'est pas cancérigène, mutagène ni toxique pour la reproduction[33] ». Encore une fois : circulez, il n'y a rien à voir ! Dans la foulée, la Commission européenne annonçait qu'elle allait proposer aux États membres un renouvellement de l'autorisation du glyphosate pour dix ans[34]. Mais la machine s'est à nouveau grippée, en raison de révélations provenant des États-Unis fort embarrassantes pour les agences de réglementation des deux côtés de l'Atlantique. En effet, depuis la première plainte déposée en novembre 2015 par Christine Sheppard et son avocat Timothy Litzenburg (voir *supra*, chapitre 3), plus de 1 500 malades atteints d'un lymphome non hodgkinien ont rejoint le cabinet Miller auxquels s'ajoutent 1 500 autres qui ont saisi d'autres avocats aux quatre coins des États-Unis. Pour la seule Californie, deux cents procédures ont été ouvertes contre Monsanto, qui ont été regroupées dans une action collective suivie par le juge Vince Chhabria de la cour fédérale de San Francisco. « Au nom des plaignants, nous avons demandé au juge de rendre publics les milliers de documents internes de Monsanto dont nous avons obtenu la déclassification et il a accepté ! », m'a écrit Timothy Litzenburg dans un courriel le 18 juillet 2017. C'est ainsi que commença, le 16 mars 2017, la saga des *Monsanto papers*, qui désignent quelque 10 millions de pages de courriels, mémos internes, rapports et autres documents que la firme de Saint Louis a été contrainte de livrer à la justice américaine. Cette masse de pièces à conviction est patiemment épluchée par l'ONG US Right to Know, qui a recruté Carey Gillam, une ex-journaliste de Reuters, pour la mettre en ligne et la commenter[35].

Les *Monsanto papers* attestent que la firme mène une guerre sans merci contre les scientifiques qui se dressent sur son chemin en ayant recours aux techniques les plus nauséabondes. Cette pratique n'est pas nouvelle, ainsi que je l'ai révélé dans *Le Monde selon Monsanto*. Mais elle a redoublé de violence au fur et à mesure que s'approchait la date du processus de réhomologation du glyphosate, qui, je le rappelle, était initialement prévue en 2012. La première cible des limiers de Monsanto fut le professeur Andrés Carrasco (voir *supra*, chapitre 2). Puis, ce fut le tour du professeur Gilles-Éric Séralini (voir chapitre précédent), qui fut victime d'une campagne de dénigrement absolument inouïe conduisant à la rétractation de son étude par le *Journal of Food and Chemical Toxicology*, « pour des raisons complètement fallacieuses et sans fondement », ainsi que me l'a expliqué le docteur Michael Antoniou.

Lors du TIM, la Britannique Claire Robinson, qui codirige l'ONG GMWatch, a fait une synthèse glaçante de l'implacable machine à broyer lancée contre le chercheur français[36]. J'en résume ici les grandes lignes, pour que le lecteur prenne la mesure des coups tordus dont est capable Monsanto.

L'offensive fut déclenchée par un obscur Science Media Center (SMC), qui « défend et promeut les biotechnologies et est financé à 70 % par des multinationales, dont Monsanto », ainsi que l'a expliqué Claire Robinson aux juges. Le SMC fit appel à des hommes de paille qui dénigrèrent les résultats de l'étude dans des pseudo-interviews complaisamment relayées par les médias, dont *The New York Times* ou Reuters. Parmi eux, Bruce Chassy, un professeur émérite de l'université de l'Illinois, dont la justice américaine a déclassifié les courriels qu'il a adressés à Wallace Hayes, l'éditeur du *Journal of Food and Chemical Toxicology* lui demandant de retirer l'étude[37]. Le SMC s'est bien gardé de mentionner que Bruce Chassy avait touché 57 000 dollars de Monsanto en 2010 et 2011. Puis le magazine *Forbes* vint à la rescousse en publiant six articles rédigés par des lobbyistes professionnels, comme un dénommé Henri Miller qui avait œuvré précédemment pour l'industrie du tabac, ou un certain Jon Entine, auteur d'un pamphlet pro-OGM. Ces papiers accusaient clairement Gilles-Éric Séralini de « fraude » en stigmatisant sa « longue et sordide histoire d'activisme ». Ils exigeaient qu'il livre les données brutes de son étude, un comble quand on sait que celles de Monsanto sont couvertes par le « secret commercial » !

Puis entrèrent en scène deux redoutables personnages que j'avais croisés pour *Le Monde selon Monsanto* : Jay Byrne, qui fut responsable de la stratégie Internet de la multinationale avant de créer V-Fluence, une boîte de communication spécialisée dans la désinformation virale, et Channapatna S. Prakash, le fondateur de AgBioWorld, un site pro-OGM qui n'hésite pas à créer de faux scientifiques pour lancer ses campagnes malveillantes. Les deux compères mirent une pétition en ligne qui fut signée par des centaines de scientifiques de par le monde, reprenant en boucle deux arguments complètement fallacieux censés invalider les résultats du professeur Séralini. Le premier était que « nous n'avons pas utilisé la bonne souche de rats », a rappelé Nicolas Defarge, l'un des coauteurs de l'étude qui fut auditionné par les juges du TIM. « Bizarrement, Monsanto a aussi utilisé des rats Sprague Dawley pour sa demande d'homologation pour le glyphosate et les OGM. Pourquoi ce serait la mauvaise pour nous, et la bonne pour eux ? », a ironisé le biologiste de l'université de Caen. Second argument : « Le nombre de rats était insuffisant pour pouvoir conclure, a-t-il poursuivi. Nous avons utilisé dix rats par groupe, si vous prenez l'étude faite par les scientifiques de Monsanto pour l'homologation du maïs OGM que nous avons testé, ils avaient combien de rats ? Dix rats par groupe ! »

Finalement, l'incroyable campagne a porté ses fruits : après un an de pressions incessantes et la nomination de Richard Goodman, un ancien cadre de Monsanto dans le conseil d'administration du *Journal of Food and Chemical Toxicology*, Wallace Hayes rétracta l'étude[38], provoquant la réprobation de plusieurs centaines de scientifiques qui dénoncèrent un « acte de censure scientifique ». Mais, en 2014, après qu'un nouveau comité de lecture eut examiné ses données brutes, l'étude fut republiée dans la revue *Environmental Sciences Europe*[39].

Les manipulations de Monsanto et la complicité de l'EPA

Les *Monsanto papers* confirment aussi que la multinationale ment et manipule sans aucun état d'âme. Comme nous l'avons vu, elle n'a cessé de marteler que « le glyphosate n'est pas génotoxique », c'est-à-dire qu'il n'affecte pas l'ADN. En fait, elle est persuadée du contraire et a imaginé les pires stratagèmes pour se « border » au cas où… C'est ainsi qu'en 1999, elle a demandé à Mark Martens, son toxicologue en chef pour l'Europe et l'Afrique, de cornaquer le Britannique

James Parry (décédé en 2010), qui était alors considéré comme l'un des grands noms de la génotoxicité. Auteur de trois cents publications de référence, le scientifique fut chargé de rédiger un rapport qui a fini aux oubliettes. En effet, ainsi que le révèle un document remis par les avocats des parties civiles au juge californien[40], « après avoir examiné la littérature publiée ainsi que les études non publiées de Monsanto sur la génotoxicité », le professeur Parry conclua que « le glyphosate est un clastogène potentiel *in vitro* », c'est-à-dire une substance qui « cause un dommage structurel au matériel génétique ». N'ayant visiblement pas compris la manœuvre dont il était l'objet, il recommanda à Monsanto de « conduire de multiples tests supplémentaires pour déterminer la génotoxicité » de l'herbicide. « Nous ne ferons pas les études que demande Parry », s'énerve un cadre dénommé William Heydens, qui demande à Mark Martens : « A-t-il déjà travaillé pour l'industrie ? », en espérant que ce rapport « n'a pas coûté trop cher ». Et de suggérer que soit « trouvé un autre expert » pour combler ce qui en interne est appelé le « trou de la génotoxicité » (*genotox hole*). Dans un courriel collectif envoyé en 2001 par un dirigeant de la firme, Mark Martens est vilipendé : « Mark n'a pas bien géré cela et on en est presque arrivé à voir Parry déclarer le glyphosate génotoxique[41]... »

Dans un autre document déclassifié, l'infortuné Mark Martens explique comment les surfactants – ces fameux adjuvants que contient la formulation du Roundup – augmentent l'absorption du glyphosate à travers la peau des utilisateurs. Or ces surfactants, qui, je le rappelle, ne sont jamais testés pour établir les normes d'exposition (DJA et LMR) des herbicides à base de glyphosate, inquiètent vivement l'EPA, ainsi que le révèlent plusieurs courriels internes qu'a pu consulter Carey Gillam, de US Right to Know. En avril 2016, alors qu'à l'instar de son homologue européenne, l'agence américaine se débattait pour justifier la réautorisation du glyphosate, l'un de ses cadres, Khue Nguyen, demandait instamment à Monsanto de lui fournir « toutes les études disponibles montrant la sécurité et la composition des formulations complètes utilisées actuellement mais aussi au début des années 1980 ». Mieux vaut tard que jamais ! Cela n'empêcha pas le même Khue Nguyen de raconter des bobards à un jardinier amateur de quatre-vingt-trois ans qui s'était adressé à l'EPA pour faire part de ses inquiétudes : « Les fabricants de pesticides sont obligés de communiquer à l'EPA la nature des adjuvants qu'ils utilisent, écrit-il avec un bel aplomb, le 16 avril 2016. Pour le Roundup, ceux-ci ne sont pas préoccupants, si l'herbicide est utilisé en respectant le mode d'emploi[42]. » Le potentiel toxique des adjuvants est un vieux sujet de discussion parmi les toxicologues de Monsanto. Dans un mail du 12 février 2001, Mark Martens – encore lui ! – écrit à trois collègues : « Si quelqu'un m'annonçait qu'il veut tester la formulation complète du Roundup, je sais comment je réagirais : avec une vive inquiétude. » Un an plus tard, le 25 avril 2012, William Heydens, que j'ai déjà cité, fait un bel aveu à sa consœur Donna Farmer (qui est toujours en poste aujourd'hui) : « J'ai discuté de la situation avec Holson et DeSesso, et sans surprise nous avons conclu que nous sommes plutôt bien avec le glyphosate, mais vulnérables avec les surfactants. [...] Comme je te l'ai entendu dire : le glyphosate est OK, mais la formulation, et donc les surfactants, cause les dommages[43]. »

Les documents déclassifiés par le juge californien dévoilent encore la collusion permanente entre Monsanto et l'EPA, dont les responsables sont plus prompts à défendre les intérêts de la firme que ceux des citoyens. Dans une lettre datée du 4 mars 2013, la toxicologue Marion Copley (décédée en janvier 2014) accuse ainsi son chef Jess Rowland, qui dirige le processus de révision du glyphosate, d'« intimider le personnel » afin de « modifier les rapports pour qu'ils soient favorables à l'industrie » et assure que « la recherche sur le glyphosate montre qu'il devrait être classé comme cancérigène probable pour les humains[44] ». On découvre aussi comment les responsables de l'EPA ont tout fait pour faire échouer une évaluation des risques causés par l'exposition alimentaire aux résidus de glyphosate que voulait conduire une agence fédérale rattachée au Center for Diseases Control and Prevention (CDC) d'Atlanta. Annoncée pour octobre 2015, l'évaluation n'était toujours pas publiée près de deux ans plus tard[45].

Comment Monsanto a engagé la guerre contre le CIRC

Enfin, les *Monsanto papers* révèlent l'incroyable offensive que mène la multinationale contre les scientifiques du CIRC qui ont participé à la monographie sur le glyphosate. Le jour même de la publication de la synthèse de l'avis sur le site de l'organisme onusien, Henri Miller, le vice-président de Monsanto chargé des affaires réglementaires (voir *supra*, chapitre 3), a envoyé un courriel incendiaire à Margaret Chan, la directrice de l'OMS, dont dépend le CIRC. Avec une incroyable arrogance, il exigea un « rendez-vous en urgence », afin de décider des « mesures à prendre immédiatement pour rectifier ce travail et cette conclusion hautement contestables ». Puis, se faisant menaçant, il demanda à la directrice de l'OMS de lui fournir les « documents comptables où figurent tous les financements concernant la classification du glyphosate par le CIRC, y compris les donateurs[46] ». Dès lors, la guerre fut impitoyable : pour faire plier le CIRC, Monsanto n'a reculé devant rien pour discréditer le travail de l'organisme, fragiliser ses financements ou calomnier les auteurs de la monographie qui ont été harcelés par des avocats et dénigrés dans des médias complaisants.

C'est ainsi que Carey Gillam, qui travailla pendant dix-sept ans pour l'agence Reuters, a révélé en juin 2017 comment son ex-consœur Kate Kelland a publié un faux scoop alimenté par Monsanto qui fut alors largement repris dans les médias professionnels et sociaux, où la firme a tissé sa toile[47]. Celui-ci prétendait que Aaron Blair, un épidémiologiste renommé de l'Institut national du cancer, qui a dirigé le groupe des experts du CIRC sur le glyphosate, aurait caché des données montrant qu'il n'y a pas de lien entre l'exposition au glyphosate et le lymphome non hodgkinien. Ces données concernent la *Agricultural Health Study* (étude de santé agricole), la plus grande étude prospective sur l'impact sanitaire des pesticides jamais conduite en milieu agricole. Depuis 1998, 89 658 personnes résidant dans les États ruraux de l'Iowa et de la Caroline du Nord – des agriculteurs et leurs épouses ainsi que des applicateurs professionnels de pesticides – sont suivies année par année notamment pour enregistrer l'apparition de pathologies dès l'établissement du diagnostic par un médecin. Ces données sont ensuite comparées avec un groupe contrôle suivi en parallèle. En 2005, sept ans après le lancement de l'étude, les premiers résultats avaient été présentés dans quatre-vingts publications scientifiques, qui montraient un risque accru de cancer des ovaires chez les applicatrices industrielles (multiplié par trois) et de mélanome (cancer de la peau) chez les épouses d'agriculteurs (+ 64 %). Chez les hommes, les résultats indiquaient un excès des cancers du système lymphatique, comme les myélomes multiples (+ 25 %), ainsi que du cancer de la prostate (+ 24 % chez les agriculteurs et + 37 % et chez les applicateurs industriels)[48]. En 2014, des résultats préliminaires indiquaient que l'exposition aux pesticides, en général, n'entraînait pas un excès de lymphomes non hodgkiniens. Mais les chercheurs de l'Institut national du cancer avaient estimé que la publication de ces résultats partiels n'était pas une priorité, d'autant que le délai de latence de ce type de cancer est généralement « de vingt ans ou plus ». Voilà pourquoi Aaron Blair n'a pas jugé bon de communiquer ces données au CIRC, qui ne prend en compte que des études dûment publiées.

Pour publier son « scoop », la journaliste de Reuters, connue pour ses « relations chaleureuses avec l'industrie agrochimique », a prétendu qu'elle avait obtenu la déposition d'Aaron Blair dans les documents déclassifiés par le juge californien. En effet, l'épidémiologiste avait été interrogé, le 20 mars 2017, par un avocat du cabinet Miller et trois avocats du cabinet Hollingsworth, qui défend les intérêts de Monsanto, à la demande de la multinationale. Or cette déposition restranscrite sur... 301 pages ne faisait pas partie des documents rendus publics ! C'est donc Monsanto qui a fourni cette prétendue pièce à conviction à la journaliste de Reuters. Du coup, Carey Gillam a demandé au cabinet Miller de lui en transmettre une copie. Et elle a découvert que les propos d'Aaron Blair avaient été largement déformés[49].

Un témoignage direct de l'espionnage d'agents de Monsanto

J'ai lu attentivement la déposition de l'épidémiologiste, qui a été littéralement harcelé par Eric Lasker, l'un des avocats de Hollingsworth. Et quelle ne fut pas ma surprise de découvrir à la page 221 que mon nom était cité à plusieurs reprises ! Cela à propos d'un courriel que j'avais adressé le 8 août 2016 à Aaron Blair, pour l'inviter à témoigner au TIM sur la monographie du CIRC sur le glyphosate. Son nom m'avait été suggéré par Kathryn Guyton, qui dirigea cette monographie, à qui l'OMS n'avait pas donné l'autorisation de se rendre à La Haye. Aaron Blair, retraité, avait décliné ma proposition, probablement par crainte que sa participation au tribunal ne soit exploitée par la multinationale comme une preuve de sa « partialité ». Il n'avait pas tort... D'après l'enquête conduite par *Le Monde*, Monsanto a actionné le dispositif du *Freedom of Information Act*, qui permet, je le rappelle, « à tout citoyen américain de demander l'accès aux documents produits par les organismes publics et leurs fonctionnaires : mémos, courriels, rapports internes, etc.[50] ». Voilà comment le mail que j'ai adressé à Aaron Blair s'est retrouvé dans les pattes de la multinationale, mais aussi dans celles de ses hommes de paille en France.

En effet, le 30 juin 2017, j'ai retrouvé *in extenso* mon courriel d'août 2016, traduit en français, sur le blog d'un lobbyiste pro-OGM connu comme le loup blanc, qui se cache derrière le pseudonyme de « Wackes Seppi »[51]. Ainsi que l'a révélé le journaliste scientifique Benjamin Sourice, le « sulfureux Wackes Seppi », adepte teigneux de l'« écolo *bashing* » est un « fonctionnaire onusien retraité du nom d'André Heitz[52] » : « Il a fait l'essentiel de sa carrière (1975-2000) au sein de l'Union internationale pour la protection des obtentions végétales (UPOV), une organisation intergouvernementale, sous contrôle de l'ONU, qui a été fondée en 1961 pour coordonner la mise en œuvre au niveau international des droits de propriété intellectuelle des obtenteurs végétaux et des grands semenciers. » Puis, « après une carrière saluée par ses pairs, il devient directeur de coordination du nouveau bureau de l'Organisation mondiale de la propriété intellectuelle (OMPI) à Bruxelles en 2004. [...] Un travail de relations publiques à la hauteur des stratégies mises en place par les cabinets de lobbying qui pullulent à Bruxelles et qui prendra fin en 2010 avec son départ en retraite ».

Comment André Heitz, *alias* « Wackes Seppi », s'est-il procuré le mail que j'ai adressé à Aaron Blair le 8 août 2016 ? D'après mes informations, la Free Market Environmental Law Clinic (FMELC), une organisation de lobbying pro-industrie[a], dont l'objectif revendiqué est de « fournir un contrepoids au mouvement environnemental procédurier qui promeut un régime réglementaire économiquement désastreux aux États-Unis », a mené deux requêtes pour Monsanto dans le cadre du *Freedom of Information Act* : la première date du 8 août 2016, très exactement le jour de mon courriel à Aaron Blair. Déposée à Washington, elle demandait la communication de toutes les correspondances entre le docteur Blair et les autres

a. Sur la page d'ouverture de son site, la FMELC cite le président Ronald Reagan : « Si vous ne parvenez pas à faire en sorte qu'ils voient la lumière, faites leur sentir la chaleur » (<http://fmelawclinic.org/>).

auteurs de la monographie sur le glyphosate. La seconde date du 7 octobre 2016. Déposée à Burke en Virginie, elle visait les correspondances de l'épidémiologiste, provenant de toutes les adresses électroniques qu'il utilisait pour son travail au sein de l'Institut national contre le cancer, reçues ou envoyées entre le 8 août 2016 et le 9 septembre 2016, et contenant les mots « Guyton » et/ou « CIRC ». Or l'objet du mail que j'avais adressé à Aaron Blair était « sur recommandation de Kathryn Guyton »...

Ces informations sont troublantes parce que, par deux fois, apparaît la date du 8 août 2016, comme si « quelqu'un » avait intercepté le courriel que j'avais adressé à Aaron Blair. Mais peut-être est-ce un pur hasard... Ce qui est sûr en tout cas, c'est que « Wackes Seppi » en a récupéré une copie, qu'il a traduite en français et mise sur son blog le 30 juin 2017, seize jours après la publication de l'article de la journaliste de Reuters, à qui les avocats de Monsanto avaient gracieusement communiqué la déposition du docteur Blair et les pièces jointes...

Dans son torchon, cousu d'approximations et de mensonges, « Wackes Seppi » rapporte que « le Tribunal Monsanto avait annoncé le témoignage de M. Christopher Portier ». Ce qui est exact ! C'est d'ailleurs moi qui l'avais invité. Il avait d'abord accepté, puis s'était désisté, en raison d'un « problème de santé ». Aujourd'hui, je pense qu'il a pris peur et avait quelques bonnes raisons pour cela : le scientifique américain est l'objet d'attaques virulentes, propagées par un *alter ego* de « Wackes Seppi » qui répond au nom de David Zaruk. Cet ancien lobbyiste de l'industrie chimique, qui travailla chez Burson-Marsteller, une agence de relations publiques comptant Monsanto parmi ses clients, a aussi un blog où il ne cesse de calomnier Christopher Portier, tour à tour qualifié de « militant », de « rat », de « démon », de « mauvaise herbe », de « mercenaire » et même de « petite merde », ainsi que l'a écrit *Le Monde* en juin 2017. Quant au CIRC, il était comparé à une « croûte » dont on pouvait voir sortir le « pus » quand on la « gratte », tant elle était « infectée par son arrogance », sa « science militante politisée » ou « son partipris anti-industrie »[53]... On a les défenseurs que l'on mérite...

Conclusion

Les pistes prometteuses du Tribunal international Monsanto

Le 16 octobre 2016 à 18 heures, après deux journées intenses, Françoise Tulkens, la présidente du Tribunal international Monsanto, a conclu les auditions avec des mots simples mais d'une extrême puissance, tandis qu'un silence solennel régnait dans l'assistance : « D'abord, qu'est-ce qu'on a fait ? Nous avons entendu vingt-quatre personnes pendant ces deux jours. Nous avons entendu des témoins, mais j'ai envie de dire des experts, parce que les experts, ce ne sont pas seulement les experts de savoir, ce sont aussi les experts d'expérience personnelle, les experts de vie qui, en toute honnêteté, en toute intégrité et, surtout, en toute dignité, ont rapporté ce qu'ils ont vécu et souffert, je les en remercie. Nous avons aussi entendu des experts scientifiques et des experts juridiques qui nous ont éclairés par leur savoir, et je les remercie aussi. Les témoignages des experts de vie et des experts de savoir ont constitué le cœur essentiel du travail de ce tribunal. Alors, qu'allons-nous faire maintenant ? Parce que tout n'est pas fini, bien sûr !

« Eh bien, tout d'abord, nous allons délibérer. Nous allons vérifier si les activités de Monsanto, dans le domaine du droit à un environnement sain, à l'alimentation, à la santé, à l'information et à la recherche scientifique sont en conformité avec les instruments juridiques qui sont les nôtres, les vôtres, qui sont notre patrimoine commun, puisque ce sont des textes de portée universelle. Et puis, nous allons rédiger ce qu'on appelle une *advisory opinion*, c'est-à-dire un "avis consultatif", que l'on dit d'"autorité" parce qu'il trouve sa légitimité dans le fait que c'est la société civile qui l'a permis. Comme tout "avis consultatif", il va comporter des constatations, mais aussi des recommandations.

« Le premier objectif, c'est que cet avis juridique permette à des avocats, des juges et des tribunaux d'aller plus loin sur les questions de responsabilités et de réparations, toutes choses qui, évidemment, doivent être abordées, car elles sont indispensables. Le second objectif, c'est de faire progresser le droit humanitaire international. C'est une nécessité absolue et, pour cela, le rôle de la société civile est capital. C'est une observation que l'on fait tout au long de l'histoire : le droit suit les événements et les mouvements initiés par les citoyens. Car n'oubliez jamais que le droit est fait pour vous, non pas pour les juristes ni pour les livres de droit, il est fait pour les personnes, pour ceux qui vivent et qui souffrent. Et il doit s'adapter en permanence aux nouveaux enjeux. C'est pourquoi nous aimerions que soit reconnu le crime d'"écocide", en l'inscrivant un jour dans le Statut de Rome qui fonde la Cour pénale internationale de La Haye. Nous voudrions aussi que le droit international prenne en compte la responsabilité des entreprises, car au XXIe siècle les violations des droits humains ne sont pas seulement celles commises par les États contre les individus, elles sont aussi, de manière plus horizontale, celles perpétrées par les entreprises contre les citoyens et citoyennes. C'est tout ce que je voulais vous dire maintenant. Au nom du tribunal, je remercie tous les participants et je déclare la clôture des audiences du tribunal international Monsanto. » À ces mots, les quatre cents personnes de l'assistance se sont levées d'un seul mouvement, pour une *standing ovation* qui dura de longues minutes.

La fusion de Bayer et de Monsanto : le « mariage des affreux »

Confrontés à une « énorme masse de documents et de témoignages », les juges du TIM attendront six mois avant de rendre public leur « avis consultatif d'autorité ». Tandis que le feuilleton à rebondissements de la réhomologation du glyphosate battait son plein, une nouvelle alimentait la chronique internationale : le 21 mai 2016, le groupe chimique et pharmaceutique allemand Bayer, qui fabrique notamment l'insecticide Gaucho (surnommé le « tueur d'abeilles »), avait annoncé son intention de racheter Monsanto pour la bagatelle de 62 milliards de dollars (55 milliards d'euros). Une jolie dot pour ce « mariage des affreux », comme ma consœur du quotidien français *Libération* Coralie Schaub l'a aussitôt qualifié[1]. Lequel, s'il était confirmé par les autorités de la concurrence européenne, conduirait à la création d'un énorme numéro un mondial de l'agrobusiness, capable de contrôler toute la chaîne agroalimentaire, des semences à l'assiette du consommateur. Avec, en prime, une panoplie de médicaments, censés soigner les paysans et consommateurs malades à cause des poisons agricoles qui contaminent l'environnement.

Nombreux étaient alors les observateurs qui s'interrogeaient sur les raisons de cette « alchimie monstrueuse ». Certains y voyaient une tendance « naturelle » à l'heure de la concentration capitaliste des géants de l'agro-industrie : en décembre 2015, les américains DuPont et Dow Chemical avaient aussi annoncé leur fusion, suivis en février 2016 par le suisse Syngenta et le chinois ChemChina. Pour survivre dans une économie financiarisée et mondialisée, les grands devaient devenir toujours plus grands… D'autres, comme Coralie Schaub, évoquaient la « mauvaise forme » de Monsanto, qui, en raison du « plongeon des prix des matières premières agricoles et donc de la chute du revenu des agriculteurs », mais aussi « de la hausse du dollar, qui renchérit ses produits en Amérique latine », avait annoncé la suppression de « 3 600 emplois sur 20 000 » d'ici 2018[2].

Du coup, l'« ancien prédateur » était devenu une « proie » pour Bayer, qui rêvait de mettre la main sur les multiples brevets détenus par la firme de Saint Louis, notamment sur les semences transgéniques, mais aussi sur son concept de « ferme digitale » qui « permet de gérer les activités agricoles, les semences et l'épandage de pesticides en fonction de la température et de l'hydrographie, une des grandes spécialités de Monsanto », comme l'écrit *Le Monde*[3]. Sur le papier, tout cela faisait sens. Mais le comité directeur du Tribunal international Monsanto estimait qu'une autre raison, plus pernicieuse, avait peut-être poussé le fabricant de l'herbicide le plus vendu au monde à se jeter dans les bras de son concurrent européen : la multiplication des procès intentés contre la firme, dont celui initié par Christine Sheppard et le cabinet Miller, qui pourrait se traduire par des milliards de dollars de dommages et intérêts. À terme, ces méga-procédures, dont tout indiquait qu'elles risquaient de faire tache d'huile, pouvaient être fatales pour le leader mondial des OGM. Mais si Monsanto était absorbée par Bayer, qu'allait-il advenir de toutes ces actions en justice ?

C'est ainsi que, le 8 juin 2016, plusieurs organisateurs et ambassadeurs du TIM – Renate Künast, ex-ministre de l'Environnement de l'Allemagne, Vandana Shiva, Hans Herren et moi-même – avions adressé une lettre à Werner Baumann, le P-DG de Bayer. Au cœur de notre missive, une question clé : « Est-ce que Bayer va assumer après la fusion les dommages anciens et en cours causés par Monsanto ? » Manifestement rédigée par les petites mains du service de communication, la réponse fut très évasive : « Comme vous le savez, Bayer a fait une offre pour acquérir Monsanto. [...] Tant que la transaction n'est pas conclue, les deux entreprises continuent d'opérer de manière indépendante. Nous ne sommes donc pas actuellement en mesure de répondre à des questions concernant l'activité de Monsanto. »

Le 14 septembre 2016, un mois avant la tenue du TIM, un communiqué conjoint des deux mastodontes confirmait leur mariage, pour la somme astronomique de 59 milliards d'euros ! Un prix largement supérieur à la valeur de Monsanto et qui donnait l'impression qu'un deal secret avait scellé leur redoutable union. C'est ainsi que, le 29 septembre 2016, une deuxième lettre partit au siège de Bayer à Leverkusen (Rhénanie-du-Nord-Westphalie), où nous interpellions le P-DG de Bayer sur cette question qu'aucun journal n'avait évoquée : « En tant que futur propriétaire des droits de succession de Monsanto, nous vous invitons à participer comme observateur au Tribunal international Monsanto, afin que vous preniez connaissance des pratiques de Monsanto et que vous puissiez évaluer les énormes coûts à venir qui pourraient affecter votre société. [...] Nous ne pouvons nous empêcher de penser que cette fusion est peut-être un moyen pour Monsanto d'échapper à ses responsabilités. »

Werner Baumann ne vint pas à La Haye et ne répondit pas à notre question. Pendant ce temps, la Commission européenne avait commencé à plancher sur la conformité de la fusion avec les règles européennes de la concurrence, qui s'opposent théoriquement à la création de monopoles. Du coup, le 3 mars 2017, nous reprîmes notre plume pour écrire à Margrethe Vestager, la commissaire chargée de la concurrence, qui supervise le dossier. « Il a été constaté dans le passé que des entreprises utilisaient l'outil de la fusion pour échapper à leurs responsabilités légales, disait notre lettre. Le drame de Bhopal, en Inde, constitue un exemple troublant. Jusqu'à ce jour, la compagnie Dow Chemical n'assume pas la responsabilité de ce désastre qui a eu lieu en 1984, bien qu'elle ait fusionné en 2001 avec Union Carbide, qui fut responsable des fuites mortelles du gaz[a]. Nous vous demandons d'assurer que, dans le cas de la fusion,

a. Survenue dans la nuit du 3 décembre 1984, la catastrophe de Bhopal fut provoquée par une explosion dans une usine d'insecticides de Union Carbide, qui entraîna la propagation dans l'atmosphère de quarante tonnes d'un gaz très toxique. D'après les associations de victimes, cet accident industriel a causé au moins 20 000 morts auxquels s'ajoutent 300 000 malades.

Bayer endosse l'entière responsabilité des actes et conséquences des produits, des méthodes de production et de la pollution causée par Monsanto sur la santé et l'environnement dans le cadre des procédures judiciaires en cours et à venir. »

Nous n'eûmes jamais de réponse à notre question. Au moment où j'écris ces lignes (7 septembre 2017), l'exécutif européen n'a toujours pas donné son feu vert à la fusion. Dans un communiqué publié le 22 août, celui-ci soulignait sa « crainte que la concentration ne réduise la concurrence dans des domaines tels que les pesticides, les semences et les caractères agronomiques », faisant écho à la commissaire Margrethe Vestager qui souhaitait que « les agriculteurs et les consommateurs aient le choix entre différentes sortes de semences et qu'ils ne soient pas coincés par un seul producteur et un seul genre de pesticides[4] ». La décision de la Commission européenne était attendue pour janvier 2018.

Monsanto n'agit pas en conformité avec les droits de l'homme

Le 18 avril 2017, à 14 heures, Françoise Tulkens, Dior Fall Sow, Steve Shrybman, Eleonora Lamm, et Jorge Fernandez Souza, accompagnés de Marcos Orellana qui fut (avec Chancia Plaine) l'un des deux greffiers du TIM, ont présenté à La Haye leur « avis juridique consultatif[5] ». Pour faciliter le travail des interprètes, ils ont décidé de s'exprimer en anglais, ce qui a privé de parole Dior Fall Sow et Jorge Fernandez Souza. C'est Marcos Orellana qui a présenté l'avis des juges concernant la première question qui leur était soumise : savoir si « la firme Monsanto a agi en conformité avec le droit à un environnement sûr, propre, sain et durable, tel que celui-ci est reconnu par le droit international des droits de l'homme[a] ». « Le tribu-

a. Le texte de référence est la résolution 25/21 du Conseil des droits de l'homme, 15 avril 2014.

nal a conclu que Monsanto affecte négativement le droit à un environnement sain, car ses activités ont un impact sérieux et néfaste sur la santé d'innombrables individus et communautés, mais aussi sur les plantes, les animaux et la biodiversité, a expliqué le juriste américano-chilien. Par exemple, Monsanto produit et commercialise de manière très agressive le Roundup, un herbicide, dont l'ingrédient clé est le glyphosate qui est lié aux semences OGM brevetées par la firme. La prolifération de cet herbicide et des semences OGM a conduit à une consommation accrue de ce produit et à l'augmentation concomitante de son impact sur l'environnement. Le glyphosate affecte les organismes et écosystèmes aquatiques, mais aussi la santé et la fertilité des sols, il favorise l'érosion des terres agricoles et les inondations. »

La deuxième question concernait les atteintes alléguées au droit à l'alimentation[a]. « Ainsi que l'ont rapporté de nombreux témoins, les activités de Monsanto ont un impact négatif sur la capacité des individus et des communautés à se nourrir eux-mêmes avec des aliments sains produits sur des sols sains, a résumé Eleonora Lamm. Le tribunal considère que le modèle agro-industriel dominant est hautement problématique, non seulement parce qu'il est dépendant de produits chimiques dangereux, comme les herbicides à base de glyphosate, mais aussi parce qu'il contribue au réchauffement climatique, à l'extinction de la biodiversité et menace la souveraineté alimentaire des peuples. »

La juge argentine a aussi synthétisé les arguments juridiques concernant la troisième question relative « au droit au meilleur état de santé que toute personne est capable d'atteindre[b] ».

a. Les textes de référence sont l'article 11 du Pacte international relatif aux droits économiques, sociaux et culturels, les articles 24.2 (c) et (e) et 27.3 de la Convention relative aux droits de l'enfant, les articles 25 (f) et 28.1 de la Convention sur l'élimination de toutes les formes de discrimination à l'égard des femmes.

b. Le texte de référence est l'article 12 du Pacte international relatif aux droits économiques, sociaux et culturels, et l'article 24 de la Convention relative

« Le tribunal a pris connaissance du rapport de l'EFSA de novembre 2015, puis du rapport de l'ECHA de mars 2017 qui affirment que le glyphosate n'est probablement pas une substance cancérigène, a-t-elle expliqué. Mais il souligne que ces conclusions sont fondées sur les propriétés supposées de la substance mais qu'elles ne tiennent pas compte du risque d'exposition des populations. Des documents de Monsanto rendus publics en mars 2017 à la suite d'un ordre de la cour fédérale de Californie ont montré que l'affirmation répétée de Monsanto que le Roundup est sûr ne repose par sur des études de qualité, comme la firme l'a toujours prétendu, mais plutôt sur un effort permanent de manipuler la science. Dès lors, le tribunal estime que la controverse scientifique sur les risques de cancer associés au glyphosate est close. Face aux preuves et tenant compte des risques et impacts négatifs liés à une exposition au glyphosate, le tribunal considère que la conduite de Monsanto constitue une offense au droit à la santé. »

La question n° 4 portant sur la « liberté indispensable à la recherche scientifique[a] » fut confiée à Steve Shrybman. « Comme chacun sait, la recherche scientifique objective et non biaisée fournit des informations cruciales et nécessaires sur les risques environnementaux, dont les individus et communautés humaines ont besoin pour pouvoir prendre des mesures, y compris de prévention, afin de protéger leur santé et leur environnement, a commencé le juge canadien. En conséquence, la liberté indispensable à la recherche scientifique garantit les autres droits, comme ceux à la santé, à l'alimentation, à l'eau et à un environnement sain. Les témoins

---

aux droits de l'enfant, garantissant le droit de l'enfant de jouir du meilleur état de santé possible.

a. Ce droit est garanti par l'article 15 § 3 du Pacte international relatif aux droits économiques, sociaux et culturels, ainsi que par l'article 19 du Pacte international relatif aux droits civils et politiques concernant les libertés d'opinion et d'expression. Il fait aussi partie des principes directeurs des Nations unies sur les entreprises et les droits de l'homme, adoptés par le Conseil des droits de l'homme de l'ONU en juin 2011.

que nous avons auditionnés ont dessiné une image récurrente d'une firme qui systématiquement a recours à des techniques malhonnêtes, trompeuses et non transparentes pour obtenir l'approbation de ses cultures transgéniques et de l'herbicide qui leur est associé. Monsanto a été accusé de discréditer et d'étouffer la recherche et le débat scientifiques qui menacent ses intérêts commerciaux. La firme a aussi été accusée de promouvoir un processus de réglementation faible et d'utiliser des techniques d'intimidation illicites pour faire pression sur les gouvernements afin qu'ils autorisent la commercialisation de ses produits. Le tribunal estime qu'il y a une différence claire entre le fait d'émettre des revendications quand une incertitude scientifique légitime existe et celui d'œuvrer pour faire taire et discréditer les scientifiques dont les résultats ne conviennent pas aux intérêts des industriels. Notre conclusion est donc que la conduite attribuée à Monsanto est totalement incompatible avec la liberté indispensable à la recherche scientifique, y compris avec la liberté d'expression. Cette incompatibilité est préoccupante étant donné les risques pour la santé et l'environnement que posent les produits de Monsanto. »

Le glyphosate pourrait être considéré comme un outil d'écocide

Pour la question n° 5 relative à l'« allégation de complicité de crime de guerre, en raison de la fourniture de l'agent orange par Monsanto à l'armée américaine pendant la guerre du Vietnam[a] », le tribunal a considéré qu'« en l'état actuel du droit international et en l'absence de preuves particulières étayant cette hypothèse, il n'est pas en mesure de répondre de manière définitive à la question qui lui est posée », a dit Marcos Orellana. Le juriste américano-chilien a poursuivi avec

a. Le texte de référence est l'article 8 § 2 du Statut de la Cour pénale internationale.

la dernière question, prospective, à savoir « si les faits attribués à Monsanto pourraient relever du crime d'écocide, entendu comme consistant dans le fait de porter une atteinte grave à l'environnement ou de détruire celui-ci de manière à altérer de façon grave et durable des communaux globaux ou des services écosystémiques dont dépendent certains groupes humains ».

« Compte tenu des interconnexions qui existent entre les humains et la nature, la communauté internationale a commencé a explorer comment la loi pourrait être utilisée pour protéger des processus environnementaux essentiels et les écosystèmes, a-t-il expliqué. La valeur fondamentale de la protection de l'environnement qui permet la vie sur la planète et le bien-être humain justifie pleinement l'imposition de sanctions criminelles pour des conduites qui résultent en des dommages environnementaux sérieux. La communauté internationale comprend aujourd'hui que la préservation de l'intégrité des écosystèmes et d'un environnement sain est vitale pour permettre une vie sûre et digne aux générations présentes et futures. Le terme "écocide" a été utilisé la première fois par Arthur Galston, un phytobiologiste dont la recherche a conduit à l'invention de l'agent orange, un herbicide toxique épandu par les États-Unis dans leur guerre contre le Vietnam. Lors d'une allocution qu'il a prononcée à Washington en 1970, il a défini ce crime – je le cite – comme "la dévastation et la destruction, dont le but est d'endommager ou d'anéantir l'écologie d'aires géographiques au détriment de toutes formes de vie, que ce soient des humains, des animaux et des plantes". Le tribunal considère que le temps est venu de proposer ce nouveau concept juridique et de l'intégrer dans une version amendée du Statut de Rome qui fonde la Cour pénale internationale. En effet, l'écocide est différent et ne peut-être assimilé aux formes de génocide actuellement reconnues par le Statut de Rome ou par la Convention de 1948 pour la prévention et la répression du crime de génocide. Si l'écocide était reconnu par le droit international, les activités de Monsanto pourraient relever de ce crime, dans ce sens qu'elles causent des dommages substantiels et durables à la biodiversité et aux écosystèmes affectant la vie et la santé de la population humaine, mais aussi les sols, l'eau, les plantes et les animaux. Parmi les produits fabriqués par Monsanto, dont on pourrait considérer qu'ils sont des outils du crime d'écocide, il faut citer les PCB et les herbicides à base de glyphosate, car leur usage massif a causé et continue de causer des dommages durables d'une grande magnitude. »

« Je voudrais ajouter quelque chose à propos de la responsabilité des États qui ont signé les conventions internationales censées protéger l'environnement, a dit Dior Fall Sow, en s'exprimant dans la langue de Voltaire. Nous avons vu à travers les témoignages et les documents qu'il y a des complicités, voire une collusion entre les entreprises et les États pour que ces conventions ne soient pas appliquées. C'est pourquoi je pense qu'il est important que le crime d'écocide soit reconnu, car il permettrait de poursuivre au pénal les entreprises, mais aussi d'engager la responsabilité des États.

— Dans notre avis juridique, nous avons souligné le fossé grandissant qui existe entre les droits de l'homme et le droit des entreprises, a poursuivi Jorge Fernandez Souza en espagnol. Nous estimons que les tribunaux nationaux et internationaux devraient placer les droits de l'homme au-dessus des droits commerciaux des entreprises, alors qu'en général, c'est plutôt l'inverse qui se produit. Les règles juridiques liées aux accords de libre échange et d'investissements rendent de plus en plus difficile la possibilité pour les États de développer ou de maintenir des politiques, des lois et des pratiques protectrices des droits humains et de l'environnement. C'est une question dont doit s'emparer la société civile, avec l'appui des Nations unies.

— Voilà !, a conclu Françoise Tulkens, la mission du tribunal est terminée. L'avis juridique que vous nous avez sollicité est entre vos mains. À vous de jouer ! »

Notes

Notes de l'introduction
(pages 5 à 15)

1 Marie-Monique Robin, *Le Monde selon Monsanto*, La Découverte/Arte Éditions, Paris, 2008. Le livre a été traduit en vingt-cinq langues et le film est l'un des plus... piratés de l'histoire du documentaire.

2 Marie-Monique Robin, *Notre poison quotidien*, La Découverte/Arte Éditions, Paris, 2011.

3 Voir Marie-Monique Robin, *Les Moissons du futur*, La Découverte/Arte Éditions, Paris, 2012 ; et *Sacrée Croissance !*, La Découverte/Arte Éditions, Paris, 2014. Les films éponymes ont été diffusés simultanément sur Arte. En 2016 est sorti au cinéma mon film *Qu'est-ce qu'on attend ?*

4 Vidéo visible à l'adresse <frama.link/ZSJEXTtW>.

5 Vidéo visible à l'adresse <frama.link/8Gmj4W1A>.

6 « Interdire le glyphosate et protéger la population et l'environnement contre les pesticides toxiques », février 2017, <frama.link/kLheYarM>.

Notes du chapitre 1
(pages 17 à 35)

1 J'ai révélé le drame de Paul François dans *Notre poison quotidien* (2011), où j'avais filmé la première réunion de l'association Phyto'Victimes.

2 Lire ou voir l'interview de l'ex-expert de Health Canada dans *Le Monde selon Monsanto* (film et livre).

3 « ICC Prosecutor, Fatou Bensouda, publishes comprehensive *Policy Paper on Case Selection and Prioritisation* », Cour pénale internationale, 15 septembre 2016, <frama.link/EnyC84sc>.

4 Chair, Global Human Rights Steering Committee and Office of Sustainability, Monsanto Company. La lettre était aussi signée par trois autres cadres de Monsanto : « An open letter from Monsanto », 12 octobre 2016, <frama.link/NhHtLDL>.

5 *Roundup désherbant jardin*, <www.roundup-jardin.com>.

6 « Nous ne pouvons pas nous permettre de perdre un dollar

de business. » Cette phrase a été rédigée le 16 février 1970 par un dirigeant de Monsanto dans une note interne adressée aux agents commerciaux qui s'inquiétaient d'informations récurrentes sur la dangerosité des PCB. J'avais révélé ce document, intitulé *Pollution letter*, dans *Le Monde selon Monsanto, op. cit*, p. 26.

7 Isabelle Tron *et al.*, « Effets chroniques des pesticides sur la santé : état actuel des connaissances », *Rapport de l'Observatoire régional de santé de Bretagne*, janvier 2001.

8 Attorney General of the State of New York, Consumer Frauds and Protection Bureau, Environmental Protection Bureau, *In the Matter of Monsanto Company, Respondent. Assurance of Discontinuance Pursuant to Executive Law § 63 (15)*, New York, avril 1998.

9 *Que Choisir*, n° 283.

10 L'objet de la lettre était intitulé « Alerte sur le risque de malformations liées aux désherbants à base de glyphosate, cas de mon fils de deux ans et demi » (le texte complet de la lettre est accessible sur le site de Sabine Grataloup, <www.theo.sg/>).

11 Tye E. Arbuckle, Zhiqiu Lin et Leslie S. Mery, « An exploratory analysis of the effect of pesticide exposure on the risk of spontaneous abortion in an Ontario farm population », *Environmental Health Perspectives*, vol. 109, 1er août 2001, p. 851-857.

12 Gilles-Éric Séralini *et al.*, « Differential effects of glyphosate and Roundup on human placental cells and aromatase », *Environmental Health Perspectives*, vol. 113, n° 6, 25 février 2005 ; Nora Benachour *et al.*, « Time and dose-dependent effects of Roundup on human embryonic and placental cells », *Archives of Environmental Contamination and Toxicology*, vol. 53, n° 1, juillet 2007, p. 126-133.

13 Janine F. Felix *et al.*, « Environmental factors in the etiology of esophageal atresia and congenital diaphragmatic hernia : results of a case-control study », *Current Gastroenterology Reports*, vol 12, n° 3, juin 2010, p. 215-222.

14 Jacques Rémiller, « Question écrite 66082 », 8 décembre 2009, <frama.link/gRsCUWnc> ; et Julien Dray, « Question écrite 71656 », 16 février 2010, <frama.link/YxqEz0R6>.

Notes du chapitre 2
(pages 37 à 62)

1 Le reportage a été diffusé le 18 octobre 2005 sur Arte et est disponible en DVD. Lire aussi *Le Monde selon Monsanto, op. cit.*, p. 174-190.

2 Alejandra Paganelli, Victoria Gnazzo, Helena Acosta, Silvia L. López, Andrés E. Carrasco, « Glyphosate-based herbicides produce teratogenic effects on vertebrates by impairing retinoic acid signaling », *Chemical Research in Toxicology*, vol. 23, n° 10, août 2010, p. 1586-1595.

3 Entretien réalisé avec l'auteure le 26 janvier 2017 dans son laboratoire.

4 Dario Aranda, « Et tóxico de los campos », *Página 12*, 13 avril 2009.

5 Dario Aranda, « Andrés Carrasco, científico y militante : gracias », *Lavaca*, 10 mai 2014.

6 David SALTMIRAS, James S. BUS, Terri SPANOGLE, Judith HAUSWIRTH, Abraham TOBIA, Simon HILL, « Letter to the editor regarding the article by Paganelli *et al.* », *Chemical Research in Toxicology*, vol. 24, n° 5, 16 mars 2011, p. 607-608.

7 Andrés CARRASCO, « Reply to the Letter to the editor regarding our article (Paganelli *et al.*, 2010 », *Chemical Research in Toxicology*, *ibid.*, p. 610.

8 Michális TREMÓPOULOS, « Safety standards regarding widely used pesticide. Parliamentary question to the Commission for written answer », Parlement européen, Buxelles, 1er octobre 2010.

9 John DALLI, « Answer given by Mr Dalli on behalf of the Commission. Parliamentary questions », Parlement européen, Buxelles, 12 novembre 2010.

10 BVL, « Glyphosate. Comments from Germany on the paper by Paganelli, A. *et al.* (2010) : "Glyphosate-based herbicides produce teratogenic effects on vertebrates by impairing retinoic acid signaling" », 19 octobre 2010.

11 « Answer given by Mr Dalli on behalf of the Commission », 17 janvier 2011, <frama.link/o-RGeqtX>.

12 EUROPEAN COMMISSION, « Commission Directive 2010/77/EU of 10 November 2010 amending Council Directive 91/414/EEC as regards the expiry dates for inclusion in Annex I of certain active substances, OJ L 230, 19.8.1991 », 2010.

13 Michael ANTONIOU *et al.*, « Roundup and birth defects : is the public being kept in the dark ? », <frama.link/0gN_uso4>, juin 2011.

14 Michael ANTONIOU *et al.*, « Teratogenic effects of glyphosate-based herbicides : divergence of regulatory decisions from scientific evidence », *Journal of Environmental & Analytical Toxicology*, vol. 4, n° 6, 2012.

15 Rafael LAJMANOVICH *et al.*, « Induction of mortality and malformation in Scinax nasicus tadpoles exposed to glyphosate formulations », *Environmental Contamination and Toxicology*, n° 70, 2003, p. 612-618.

16 Voir Paola PELTZER et Rafael LAJMANOVICH, « Morphological abnormalities in amphibian populations from the Mid-Eastern regions of Argentina », *Herpetological Conservation and Biology*, vol. 6, n° 3, 2003, p. 432-442.

17 Carla TEGLIA, Rafael LAJMANOVICH *et al.*, « Plasma retinoids concentration in Leptodactylus Chaquensis (Amphibia : Leptodactylidae) from Rice Agrosystems, Santa Fe province, Argentina », *Chemosphere*, n° 137, 2015, p. 24-30.

18 Michael ANTONIOU *et al.*, « Teratogenic effects of glyphosate-based herbicides », *loc. cit.*

Notes du chapitre 3
(pages 63 à 91)

1 Intitulée « Quelques pesticides et herbicides organophosphorés », la monographie a évalué, outre le glyphosate (p. 331-412), le malathion, le parathion, le diazinon et le tétrachlorvinphos (elle est accessible à l'adresse <frama.link/53CuaDyZ>).

2 Entretien de l'auteure avec Vincent Cogliano, Lyon, 10 février 2010.

3 « Monsanto disagrees with IARC classification for glyphosate »,

Monsanto.com, 20 mars 2015, <frama.link/AwW_jRbm>.

4 Carey GILLAM, « Scientist defends WHO group report linking herbicide to cancer », Reuters, 26 mars 2015.

5 Voir Marie-Monique ROBIN, *Le Monde selon Monsanto*, *op. cit.*, p. 14-15.

6 Claudia BOLOGNESI *et al.*, « Biomonitoring of genotoxic risk in agricultural workers from five Colombian regions : association to occupational exposure to glyphosate », *Journal of Toxicological Environmental Health*, vol. 72, n° 15-16, 2009, p. 986-997.

7 « Monsanto takes legal action to prevent flawed listing of glyphosate under California's Prop 65 », communiqué de Philip Miller sur le site de Monsanto, 21 janvier 2016, <frama.link/VnU3avZt>.

8 MONSANTO FRANCE, « Coupons l'herbe sous le pied à quelques idées reçues », septembre 2010, <frama.link/G7C74-wG>.

9 Marek CUHRA, Terje TRAAVIK, Thomas BØHN, « Clone and age dependent toxicity of a glyphosate commercial formulation and its active ingredient in *daphnia magna* », *Ecotoxicology*, n° 22, 2013, p. 251-262.

10 G. R. LANKAS et G. K. HOGAN, « A lifetime feeding study of glyphosate (Roundup technical) in rats », Project 77-2062, Unpublished study received 20 january 1982, Bio/Dynamics Inc. submitted by Monsanto to the EPA.

11 MONSANTO, « A three generation reproduction in rats with glyphosate. Final Report », Project 77-2063, submitted to EPA for evaluation (Bio/Dynamics. 31 March 1981).

12 A. L. KNEZEVICH et G. K. HOGAN, « A chronic feeding study of glyphosate (Roundup technical) in mice », Project 77-2061, Unpublished study received 29 January 1982, Bio/Dynamics Inc. submitted by Monsanto to the EPA.

Notes du chapitre 4
(pages 93 à 113)

1 Channa JAYASUMANA *et al.*, « Importance of arsenic and pesticides in epidemic chronic kidney disease in Sri Lanka », *BMC Nephrology*, vol. 15, n° 124, 2014.

2 Channa JAYASUMANA *et al.*, « Glyphosate, hard water and nephrotoxic metals : are they the culprits behind the epidemic of chronic kidney disease of unknown etiology in Sri Lanka ? », *International Journal of Environnemental Research and Public Health*, vol. 11, n° 2, 2014, p. 2125-2147.

3 Wannee JIRAUNGKOORSKUL *et al.*, « Biochemical and histopathological effects of glyphosate herbicide on Nile tilapia (*Oreochromis niloticus*) », *Environmental Toxicology*, vol. 18, n° 4, 2003, p. 260-267 ; Simeon AYOOLA, « Histopathological effect of glyphosate on juvenile African catfish (*Clarias gariepinus*) », *American-Eurasian Journal of Agricultural and Environnemental Sciences*, vol. 4, n° 3, 2008, p. 362-367.

4 Gilles-Éric SÉRALINI, Dominique CELLIER et Joël DE VENDOMOIS, « New analysis of a rat feeding study with a genetically modified maize reveals signs of hepatorenal toxicity », *Archives of Environmen-*

tal Contamination and Toxicology, vol. 52, 2007, p. 596-602

5 Karen Larsen *et al.*, « Effects of sublethal exposure of rats to the herbicide glyphosate in drinking water : Glutathione transferase enzyme activities, levels of reduced glutathione and lipid peroxidation in liver, kidneys and small intestine », *Environmental Toxicology and Pharmacology*, n° 34, 2012, p. 811-818.

6 Monsanto, « A three generation reproduction in rats with glyphosate », *loc. cit.*

7 Dontireddy Venkat Reddy et A. Gunasekar, « Chronic kidney disease in two coastal districts of Andhra Pradesh, India : role of drinking water », *Environmental Geochemistry and Health*, vol. 35, n° 4, 2013, p. 439-454.

8 « Kidney disease of unknown causes in agricultural communities in Central America is declared a serious public health problem », Organisation panaméricaine de la santé, Washington, 4 octobre 2013.

9 Catharina Wesseling *et al.*, « The epidemic of chronic kidney disease of unknown etiology in Mesoamerica : a call for interdisciplinary research and action », *American Journal of Public Health*, vol. 103, 2013, p. 1927-1930.

10 Carlos Manuel Orantes *et al.*, « Epidemiology of chronic kidney disease in adults of Salvadoran agricultural communities », *Medicc Review*, vol. 16, n° 2, avril 2014, p. 23-30.

Notes du chapitre 5
(pages 115 à 140)

1 Myriam Fernandez, Robert Zentner, D. Gehl, F. Selles, Don Huber et P. Basnyat, « Glyphosate associations with cereal diseases caused by Fusarium spp. In the Canadian Prairies », *European Journal of Agronomy*, vol. 31, n° 3, 2009, p. 133-143.

2 Gurmukh Johal et Don Huber, « Glyphosate effects on diseases of plant », *European Journal of Agronomy*, vol. 31, octobre 2009, p. 144-152. Les constats de Don Huber ont été confirmés par de nombreuses études, comme par exemple : Molli Newman *et al.*, « Glyphosate effects on soil rhizosphere-associated bacterial communities », *Science of Total Environment*, vol. 543, partie A, 1er février 2016, p. 155-160 ; Ademar Pereira Serra *et al.*, « Influencia del glifosato en la eficiencia nutricional de nitrógeno, manganeso, hierro, cobre y zinc en la soja resistente al glifosato », *Ciencia rural*, vol. 41, n° 1, 2011 ; Luis Henrique Zobiole, Robert Kremer *et al.*, « Glyphosate affects micro-organisms in rhizospheres of glyphosate-resistant soybeans », *Journal of Applied Microbiology*, vol. 110, n° 1, janvier 2011, p. 118-127.

3 Roger Elmore *et al.*, « Glyphosate-resistant soybean cultivar yields compared with sister lines », *Agronomy Journal*, n° 93, 2001, p. 408-412.

4 Marie-Monique Robin, *Le Monde selon Monsanto*, *op. cit.*, p. 264-265.

5 De son côté, l'agronome Charles Benbrook a dépouillé en 1998 quelque 8 200 mesures de rendement effectuées par les universités agronomiques des États-Unis. Il en ressortait que le *yield drag* était en moyenne de 6,7 %, avec des

pointes à 10 % notamment dans le Midwest, ce qui représentait un déficit de 80 à 100 millions de boisseaux de soja pour la seule année 1999 (Charles BENBROOK, « Evidence of the magnitude and consequences of the Roundup Ready soybean yield drag from university-based varietal trials in 1998 », *AgBioTech InfoNet Technical Paper*, n° 1, 13 juillet 1999).

6 S. SANOGO, X. YANG, et H. SCHERM, « Effects of herbicides on *Fusarium solani f. sp.* glycines and development of sudden death syndrome in glyphosate-tolerant soybean », *Phytopathology*, vol. 90, n° 1, 2000, p. 57-66.

7 Stephen DUKE et Stephen POWLES, « Mini review. Glyphosate : a once-in-a-century herbicide », *Pest Management Science*, vol. 64, 2008, p. 319-325. Il faut souligner que Stephen Duke est un fervent défenseur du glyphosate, dont il vante les multiples « propriétés désirables » qui en font un « herbicide idéal unique ».

8 « Glyphosate-resistant "superweeds" may be less susceptible to diseases », *News Service of the University of Purdue*, 17 juillet 2012.

9 Jessica SCHAFER *et al.*, « Response of giant ragweed (*Ambrosia trifida*), horseweed (*Conyza canadensis*), and common lambsquarters (*Chenopodium album*) biotypes to glyphosate in the presence and absence of soil microorganisms », *Weed Science*, vol. 60, n° 4, 2012, p. 641-649.

10 *AgBioTech InfoNet Technical Paper*, n° 4, 3 mai 2001.

11 Charles BENBROOK, « Genetic engineered crops and pesticides use in the United States : the first nine years », octobre 2004, <www.biotech-info.net/Full_version_first_nine.pdf>.

12 Charles BENBROOK, « Impacts of genetically engineered crops on pesticide use in the U.S., the first sixteen years », *Environmental Sciences Europe*, vol. 24, n° 24, 2012.

13 WEED SCIENCE SOCIETY OF AMERICA, « International survey of herbicide resistant weeds », 2012. En mars 2017, le nombre des adventices résistantes au glyphosate était de trente-sept.

14 Voir par exemple : Laura BRADSHAW, Stephen PADGETTE, Steven KIMBALL, Barbara WELLS, « Perspectives on glyphosate resistance », *Weed Technology*, vol. 11, 1997, p. 189-198.

15 Parmi ces études, on peut citer : Mailin GAUPP-BERGHAUSEN, Martin HOFER, Boris REWALD, Johann ZALLER, « Glyphosate-based herbicides reduce the activity and reproduction of earthworms and lead to increased soil nutrient concentrations », *Scientific Reports*, vol. 5, article 12886, 2015 ; Paul VERRELL et E. Van BUSKIRK, « As the worm turns : *Eisenia fetida* avoids soil contaminated by a glyphosate-based herbicide », *Bulletin of Environmental Contamination and Toxicology*, vol. 72, n° 2, 2004, p. 219-224. Pour une revue des études montrant l'impact du glyphosate sur le sol, je recommande le rapport de la Soil Association britannique, intitulé « The impact of glyphosate on soil health. The evidence today », juin 2016, <frama.link/byNoXrcZ>.

16 D'après l'USDA, en 2010, le prix d'un boisseau de semences de soja conventionnel était en moyenne de 33,70 dollars contre 49,60 pour des semences OGM ; pour le

maïs, le prix était de 58,13 *versus* 108,50. Depuis, l'écart s'est encore creusé (source : Charles BENBROOK, « Impacts of genetically engineered crops on pesticide use in the U.S., the first sixteen years », *loc. cit.*).

Notes du chapitre 6
(pages 141 à 172)

1 Stephen DUKE et Stephen POWLES, « Mini review. Glyphosate : a once-in-a-century herbicide », *loc. cit.*

2 Leah DUNHAM, *America's Two-Headed Pig. Treating Nutritional Deficiencies and Disease in a Genetically Modified, Antibiotic Resistant, and Pesticide Dependant World*, Wholesome Note Publication, 2013.

3 Leah DUNHAM, *America's Two-Headed Pig, op. cit.*, p. 32.

4 Carey GILLAM, « Scientist warns on safety of Monsanto's Roundup », Reuters, 24 février 2011.

5 Voir l'interview vidéo de Don Huber par Joseph MERCOLA, « Sudden death syndrome : the hidden epidemic destroying your gut flora », 10 décembre 2011, <frama.link/du9SeWq4>.

6 Voir l'interview de Don Huber par Joseph MERCOLA, « The failed promises and flawed science of genetic engineering : a special interview with Dr. Don Huber », 3 octobre 2013,<frama.link/rL5kbHUN>.

7 Courriel d'Art Dunham à l'auteure, 10 août 2016.

8 Elvira B. KAU, *Dairy Cattle Fertility and Sterility Book*, Hoard's Dairyman, Fort Atkinson, 2011, p. 5.

9 Dennis MCDONALD, « Testimony of the Ranchers-Cattlemen Action Legal Fund, United Stockgrowers of America, to the Senate Agriculture Committee hearing on livestock issues for the New Farm Bill », 24 juillet 2002.

10 Joe VANSICKLE, « Researchers scramble to solve failure to thrive syndrome », *National Hog Farmer Magazine*, 15 septembre 2008.

11 Yanyun HUANG, Steve HENRY, Robert FRIENDSHIP, Kent SCHWARTZ, John HARDING, « Clinical presentation, case definition, and diagnostic guidelines for porcine periweaning failure to thrive syndrome », *Journal of Swine Health Production*, vol. 19, n° 6, 2011, p. 340-344.

12 Adam MOESER *et al.*, « Defects in small intestinal epithelial barrier function and morphology associated with peri-weaning failure to thrive syndrome (PFTS) in swine », *Research in Veterinary Science*, vol. 93, n° 2, 2012, p. 975-982.

13 Leah DUNHAM, *America's Two-Headed Pig, op. cit.*, p. 47.

14 *Ibid.*, p. 49.

15 « Student of the soil » est le pseudo qu'utilise Howard Vliegler pour son adresse mail disponible sur Internet : studentofthesoil@gmail.com.

16 Judy CARMAN, Howard VLIEGER *et al.*, « A long-term toxicology study on pigs fed a combined genetically modified (GM) soy and GM maize diet », *Journal of Organic Systems*, vol. 8, n° 1, 2013.

17 Voire moins encore, comme une étude qui n'a duré que trente et un jours et portait sur trente-deux porcelets seulement : Maria WALSH *et al.*, « Effects of short-term feeding of Bt MON810 maize on growth performance, organ morphology and function in pigs », *Journal of*

British Nutrition, vol. 107, n° 3, 2012, p. 364-371.

18 « Progress in the understanding of hemorrhagic bowel syndrome », *Extension*, 10 juillet 2012 ; voir aussi : « Syndrome hémorragique intestinal chez une Holstein », *Le Point vétérinaire*, n° 265, 1er mai 2006.

19 Marie-Louise Hermann-Bank *et al.*, « Characterization of the bacterial gut microbiota of piglets suffering from new neonatal porcine diarrhea », *BMC Veterinary Research*, vol. 11, n° 39, 2015.

20 Beate Jonach *et al.*, « Fluorescence *in situ* hybridization investigation of potentially pathogenic bacteria involved in neonatal porcine diarrhea », *BMC Veterinary Research*, vol. 10, n° 68, 2014.

21 Monika Krüger *et al.*, « Pathogenese des chronischen Botulismus. Bedeutung der gastrointestinalen Homöostase bei Kühen. Verbundprojekt Botulinom ; Schlussbericht C8, Berichtszeitraum 1.8.2007-31.7.2010 », p. 30.

22 Monika Krüger *et al.*, « Relationship between gastrointestinal dysbiosis and *Clostridium botulinum* in dairy cows », *Anaerobe*, vol. 27, juin 2014, p. 100-105.

23 Voir Awad Shehata, Manfred Kühnert, Svent Haufe, Monika Krüger, « The effect of glyphosate on potential pathogens and beneficial members of poultry microbiota *in vitro* », *Current Microbiology*, vol. 66, n° 4, 2013, p. 350-358.

24 Monika Krüger *et al.*, « Glyphosate suppresses the antagonistic effect of *Enterococcus spp.* on *clostridium botulinum* », *Anaerobe*, vol. 20, avril 2013, p. 74-78.

25 Andreas Rummel, *Pesticides et santé : l'équation sans solution*, Arte, 31 mars 2015, <frama.link/gu8hGQ4u>.

26 Monika Krüger, Anke Grosse-Herrenthey, Wieland Schrödl, Achim Gerlach, Arne Rodloff, « Visceral botulism at dairy farms in Schleswig-Holstein, Germany : prevalence of *Clostridium botulinum* in feces of cows, in animal feeds, in feces of the farmers, and in house dust », *Anaerobe*, vol. 18, n° 2, avril 2012, p. 221-223 ; Arne Rodloff et Monika Krüger, « Chronic *Clostridium botulinum* infections in farmers », *Anaerobe*, vol. 18, n° 2, avril 2012, p. 226-228.

27 Monika Krüger *et al.*, « Chronic botulism in a Saxony dairy farm : sources, predisposing factors, development of the disease and treatment possibilities », *Anaerobe*, vol. 28, août 2014, p. 220-225. Dans une étude conduite *in vitro* sur du jus de rumen (le liquide de fermentation provenant de la panse des vaches), Monika Krüger a montré que le glyphosate stimulait la dysbiose (le déséquilibre de la flore intestinale) et favorisait la production de la toxine botulique : Wagis Ackermann, Manfred Coenen, Wieland Schrödl, Awad Shehata, Monika Krüger, « The influence of glyphosate on the microbiota and production of botulinum neurotoxin during ruminal fermentation », *Current Microbiology*, vol. 70, n° 3, mars 2015, p. 374-382.

28 Monika Krüger a utilisé trois outils : la chromatographie liquide haute pression/performance (HPLC) ; la chromatographie en phase gazeuse couplée à la spectrométrie de masse (GC-MS) et le test ELISA (Enzyme Linked ImmunoSorbent Assay) de la société Abraxis qui est une

technique immuno-enzymatique de détection.

29 Monika KRÜGER *et al.*, « Field investigations of glyphosate in urine of Danish dairy cows », *Journal of Environmental and Analytical Toxicology*, vol. 3, n° 186, 2013.

30 Michelle MCGUIRE, Marc MCGUIRE, Daniel GOLDSTEIN, Pamela JENSON, John VICINI *et al.*, « Glyphosate and aminomethylphosphonic acid are not detectable in human milk », *American Journal of Clinical Nutrition*, vol. 103, n° 5, mai 2016, p. 1285-1290. L'acide aminométhylphosphonique (AMPA) est le principal métabolite (produit de dégradation) du glyphosate.

31 W. P. RIDLEY et K. MIRLY, « The metabolism of glyphosate in Sprague Dawley rats excretion and tissue distribution of glyphosate and its metabolites following intravenous and oral administration », Monsanto, 23 mars 1988.

32 Voir Monika KRÜGER, Wieland SCHRÖDL, Ib PEDERSEN et Awad A. SHEHATA, « Detection of glyphosate in malformed piglets », *Environmental & Analytical Toxicology*, vol. 4, n° 5, 2014.

33 Voir Martin TANG SØRENSEN, Hanne DAMGAARD POULSEN et Ole HØJBERG, *Memorandum on « The feeding of genetically modified glyphosate resistant soy products to livestock »*, Danish Centre for Food and Agriculture, Aarhus University, 4 février 2014.

Notes du chapitre 7
(pages 173 à 205)

1 Rachel CARSON, *Silent Spring*, First Mariner Books, New York, 2002 (trad. fr. : *Le Printemps silencieux*, Plon, Paris, 1968 ; rééd. Wildproject, Marseille, 2009).

2 *Ibid.*, p. 16. Voir le chapitre « Élixirs de mort », *in* Marie-Monique ROBIN, *Notre poison quotidien*, *op. cit.*, p. 47-56. Rachel Carson a donné son nom à un prix, créé en 1991 en Norvège, attribué aux femmes qui ont apporté leur contribution à la protection de l'environnement. J'ai eu le privilège de l'avoir obtenu en 2009 pour mon film et livre *Le Monde selon Monsanto.*

3 Rachel CARSON, *Silent Spring*, p. 6.

4 *Ibid.*, p. 8.

5 *Ibid.*, p. 99.

6 Judy HOY, Robert HOY *et al.*, « Genital abnormalities in white-tailed deer (*Odocoileus virginianus*) in west-central Montana : pesticide exposure as a possible cause », *Journal of Environmental Biology*, vol. 23, n° 2, avril 2002, p. 189-197.

7 Judy HOY, Gary HAAS, Robert HOY, Pamela HALLOCK, « Observations of *brachygnathia superior* (underbite) in wild ruminants in Western Montana, USA », *Wildlife Biology in Practice*, vol. 7, n° 2, 2011, p. 15.

8 <www.glyphosate.eu/>.

9 Voir Virginia APARICIO, Eduardo DE GERÓNIMO, Damián MARINO *et al.*, « Environmental fate of glyphosate and aminomethylphosphonic acid in surface waters and soil of agricultural basins », *Chemosphere*, vol. 93, n° 9, novembre 2013, p. 1866-1873.

10 Voir Leonardo LUPI, Karina MIGLIORANZA, Virginia APARICIO, Damián MARINO *et al.*, « Occurrence of glyphosate and AMPA in an agricultural watershed from the southeastern region of Argentina »,

Science of the Total Environment, 1er décembre 2015, p. 536-687.

11 Carey GILLAM, « Special report : are regulators dropping the ball on biocrops ? », Reuters, 13 avril 2010.

12 Robert KREMER et Nathan MEANS, « Glyphosate and glyphosate-resistant crop interactions with rhizosphere microorganisms », *European Journal of Agronomy*, vol. 31, n° 3, 2009, p. 153-161.

13 Tom LASKAWY, « USDA downplays own scientist's research on ill effects of Monsanto herbicide », *Grist*, 21 avril 2010.

14 Luis Henrique ZOBIOLE, Robert KREMER *et al.*, « Glyphosate affects micro-organisms in rhizospheres of glyphosate-resistant soybeans », *Journal of Applied Microbiology*, vol. 110, n° 1, janvier 2011, p. 118-127.

15 Robert KREMER *et al.*, « Glyphosate interactions with physiology, nutrition, and diseases of plants : threat to agricultural sustainability ? Mineral nutrition and disease problems in modern agriculture : threats to sustainability ? », *European Journal of Agronomy*, vol. 31, 2009, p. 111-113.

16 Tsehaye TESFAMARIAM *et al.*, « Glyphosate in the rhizosphere. Role of waiting time and different glyphosate binding forms insoils for phytotoxicity to non-target plants », *European Journal of Agronomy*, vol. 31, 2009, p. 126-132.

17 Günter NEUMANN *et al.*, « Relevance of glyphosate transfer to non-target plants via the rhizosphere », *Journal of Plant Diseases and Protection*, n° 20, 2006, p. 963-969.

18 Alicia RONCO, Damián MARINO *et al.*, « Water quality of the main tributaries of the Paraná Basin : glyphosate and AMPA in surface water and bottom sediments », *Environmental Monitoring Assessment*, vol. 188, n° 8, août 2016, p. 458.

19 Jezabel PRIMOST, Damián MARINO *et al.*, « Glyphosate and AMPA, "pseudo-persistent" pollutants under real-world agricultural management practices in the Mesopotamic Pampas agroecosystem, Argentina », *Environmental Pollution*, juillet 2017.

20 Silvana BUJÁN, « Llueven tóxicos : glifosato y atrazina en aguas de lluvia de la región pampeana », *Agencia Argenpress*, 9 décembre 2014.

21 Victoire N'SONDÉ, « Tampons et protections féminines : une réglementation s'impose ! », *60 millions de consommateurs*, n° 513, 23 février 2016.

22 Lise LOUMÉ, « Les tampons contiendraient du glyphosate, quel risque pour la santé ? », *Sciences et Avenir*, 30 octobre 2015.

23 Olivier LEVRAULT, « Autant de pesticides dans l'air à Paris qu'à la campagne », *Le Monde*, 11 mai 2016.

24 AIRPARIF, « Les pesticides dans l'air parisien, campagne 2013-2014 », mai 2016.

25 Feng-Chih CHANG, Matt SIMCIK, Paul CAPEL, « Occurrence and fate of the herbicide glyphosate and its degradate aminomethylphosphonic acid in the atmosphere », *Environmental Toxicology Chemistry*, vol. 30, n° 3, 2011, p. 548-555.

26 Carey GILLAM, « U.S. researchers find Roundup chemical in water, air », Reuters, 31 août 2011.

27 William BATTAGLIN *et al.*, « Glyphosate and its degradation product AMPA occur frequently and widely in U.S. soils, surface water,

groundwater, and precipitation », *Journal of the American Water Resources Association*, vol. 50, 2014, p. 275-290.

28 Générations futures, « Des pesticides dans 89 % des points de mesure en eaux de surfaces ! », 14 mars 2015, <frama.link/xeoC-9KV>.

29 Monsanto France, « Coupons l'herbe sous le pied à quelques idées reçues », *loc. cit.*, p. 11.

30 À la fin de cet article : Industry Task Force on Glyphosate, « Le glyphosate dans les eaux de surface », <frama.link/3vym88Vt>.

31 World Health Organization, *Guidelines for Drinking-water Quality*, 2008, <frama.link/qGSrW2xk>.

32 René Truhaut, « Le concept de la dose journalière acceptable », *Microbiologie et Hygiène alimentaire*, vol. 3, n° 6, février 1991, p. 13-20.

33 Il s'agit de l'étude que m'avait commentée Anthony Samsel (voir *supra*, chapitre 3) : Monsanto, « A three generation reproduction in rats with glyphosate », *loc. cit.*

34 International Programme On Chemical Safety, *Environmental Health Criteria 159. Glyphosate*, World Health Organization, Genève, 1994, <frama.link/85Q4BcsY> (paragraphe 7.5.2. Reproduction studies).

35 Sur l'incroyable histoire de la DJA, voir Marie-Monique Robin, *Notre poison quotidien*, *op. cit.*, chapitre 12, « La formidable imposture scientifique de la "dose journalière acceptable" de poisons », p. 247-274.

36 Ulrich Beck, *La Société du risque*, Flammarion, Paris, 2003, p. 116.

37 Environmental Protection Agency, *Registration Eligibility Decisions Glyphosate*, septembre 1993, p. 15, <frama.link/Jot3AGDV>.

38 Joint FAO/WHO Meeting on Pesticide Residues, *Pesticide Residues in Food. Report 2011*, « Glyphosate and metabolites », p. 145-159, <frama.link/5oxuXp-U>.

39 Entretien de l'auteure avec Erik Millstone, Brighton, 12 janvier 2010 (Marie-Monique Robin, *Notre Poison quotidien*, *op. cit.*, p. 249).

40 Entretien de l'auteure avec Bernadette Ossendorp, Genève, 22 septembre 2009. L'exemple qu'avait pris la toxicologue n'était pas le glyphosate, mais le chlorpyriphos, un insecticide. Mais cela ne change rien à la méthode.

41 Le lecteur peut consulter la liste entière sur le site de l'Union européenne : *EU Pesticides Database*, <frama.link/ttQGzvkx>.

42 European Food Safety Authority, « Opinion on the modification of the existing MRL for glyphosate in lentils », *EFSA Journal*, vol. 10, n° 1, 2012, p. 2250.

43 Monsanto Canada, « Les avantages d'une application en prérécolte », 15 juillet 2015.

44 Glyphosate Task Force, « Preharvest treatment with glyphosate based herbicide », <frama.link/jvdQTGsf>.

45 Stephen Padgette *et al.*, « The composition of glyphosate-tolerant soybean seeds is equivalent to that of conventional soybeans », *The Journal of Nutrition*, vol. 126, n° 4, avril 1996.

46 Thomas Bøhn, Marek Cuhra *et al.*, « Compositional differences in soybeans on the market : glyphosate accumulates in Roundup Ready GM soybeans », *Food Chemistry*, vol. 153, 15 juin 2014, p. 207-215.

47 Marek Cuhra, « Review of GMO safety assessment studies : glypho-

sate residues in Roundup Ready crops is an ignored issue », *Environmental Science Europe*, vol. 27, n° 20, 2015.

48 Bruce HAMMOND, John VICINI, Gary HARTNELL, Mark NAYLOR, Christopher KNIGHT, Edwin ROBINSON, Roy FUCHS, Stephen PADGETTE, « The feeding value of soybeans fed to rats, chickens, catfish and dairy cattle is not altered by genetic incorporation of glyphosate tolerance », *The Journal of Nutrition*, vol. 126, n° 3, avril 1996, p. 717-727.

49 Ian PRYME et Rolf LEMBCKE, « *In vivo* studies on possible health consequences of genetically modified food and feed-with particular regard to ingredients consisting of genetically modified plant materials », *Nutrition and Health*, vol. 17, 2003.

50 Entretien de l'auteure avec Ian Pryme, Bergen, 22 novembre 2006.

51 Marek CUHRA, Thomas BØHN *et al.*, « Glyphosate-residues in Roundup-Ready soybean impair *daphnia magna* life-cycle », *Journal of Agricultural and Chemical Environment*, vol. 4, 2015, p. 24-36.

52 Voir aussi Thomas BØHN et Marek CUHRA, « How "extreme levels" of Roundup in food became the industry norm », *Independent Science News*, 24 mars 2014.

53 Gilles-Éric SÉRALINI *et al.*, « Long term toxicity of a Roundup herbicide and a Roundup-tolerant genetically modified maize », *Journal of Food and Chemical Toxicology*, vol. 50, n° 11, septembre 2012.

54 Robin MESNAGE, Matthew ARNO, Manuela COSTANZO, Manuela MALATESTA, Gilles-Éric SÉRALINI, Michael ANTONIOU, « Transcriptome profile analysis reflects rat liver and kidney damage following chronic ultra-low dose Roundup exposure », *Environmental Health*, vol. 14, n° 70, 25 août 2015.

55 Robin MESNAGE, Georges RENNEY, Gille-Éric SÉRALINI, Malcolm WARD, Michael ANTONIOU, « Multiomics reveal non-alcoholic fatty liver disease in rats following chronic exposure to an ultra-low dose of Roundup herbicide », *Scientific Reports*, vol. 7, n° 39328, 2017.

56 John PETERSON MYERS *et al.*, « Concerns over use of glyphosate-based herbicides and risks associated with exposures : a consensus statement », *Environmental Health*, vol. 15, n° 19, 2016.

57 Entretien de l'auteure avec Theo Colborn, Paonia (Colorado), 10 décembre 2009.

58 Theo COLBORN, Dianne DUMANOSKI et John PETERSON MYERS, *Our Stolen Future. Are we Threatening our Fertility, Intelligence and Survival ? A Scientific Detective Story*, Plume, New York, 1996 (trad. fr. : *L'Homme en voie de disparition ?*, Terre vivante, Mens, 1998).

59 Nicolas DEFARGE, Eszter TAKÁCS, Verónica LOZANO, Robin MESNAGE, Joël SPIROUX DE VENDÔMOIS, Gilles-Éric SÉRALINI, András SZÉKÁCS, « Co-formulants in glyphosate-based herbicides disrupt aromatase activity in human cells below toxic levels », *International Journal of Environmental Resources and Public Health*, vol. 13, n° 3, février 2016.

Notes du chapitre 8
(pages 207 à 246)

1 GÉNÉRATIONS FUTURES, « Quelle exposition des Français au glyphosate ?

(l'herbicide le plus vendu au monde », 6 avril 2017. <frama.link/Xun6gycM>.

2 Nicole Sagener, « Overwhelming majority of Germans contaminated by glyphosate », *Euraktiv.de*, 7 mars 2016.

3 Monika Krüger, Andrea Lindner, Johannes Heimrath, « Members of the EU Parliament excrete glyphosate with their urines », rapport au Parlement européen, 2016.

4 « German beer industry in shock over glyphosate contamination », *Sustainable Pulse*, 25 février 2016.

5 Monika Krüger *et al.*, « Detection of glyphosate residues in animals and humans », *Environmental & Analytical Toxicology*, vol. 4, n° 2, 2014.

6 The Detox Project, « UCSF presentation reveals glyphosate contamination in people across America », 25 mai 2016, <frama.link/LGx2Az7D>.

7 « The 2015 European Union report on pesticide residues in food », *EFSA Journal*, vol. 15, n° 14, 11 avril 2017.

8 European Food Safety Authority, « Opinion on the modification of the residue definition of glyphosate in genetically modified maize grain and soybeans, and in products of animal origin », *EFSA Journal*, vol. 7, n° 9, septembre 2009, p. 17.

9 Joint FAO/WHO Meeting on Pesticide Residues, *Pesticide Residues in Food. Report 1994*, 19-28 septembre 1994.

10 Ces données sont extraites des rapports annuels du UK Expert Committee on Pesticide Residues in Food, 2006 à 2011 et fin juin 2005.

11 David Murphy et Henry Rowlands, *Glyphosate : Unsafe on Any Plate. Food Testing Results and Scientific Reasons for Concerns*, Food Democracy Now !, Clear Lake, 2016, <frama.link/awFz5XAw>.

12 Kathleen DiChiara, *The Hidden Connection. Discover what's Keeping you from Feeling Happy, Healthy and Symptom-free*, Rhode to Health, North Providence, 2014.

13 Zen Honeycutt et Henry Rowlands, « Glyphosate testing rull report : findings in American mothers' breast milk, urine and water », Moms Across America and Sustainable Pulse, 7 avril 2014.

14 Voir sa présentation sur le site *GMO Answers* : <frama.link/zP9BY2Lv>.

15 Je l'avais rencontrée le 18 octobre 2009, à son domicile de Washington (voir *Notre poison quotidien*, *op. cit.*, p. 368-373).

16 John Robbins, « Monsanto's lies and the GMO labeling battle », *Common Dreams*, 23 octobre 2012.

17 Ronald Kleiman, « Mass general pediatrics chief says glyphosate, used with some GM crops, no danger in breast milk », *Genetic Literacy Project*, 6 mai 2014.

18 Carey Gillam, « Moms exposed to Monsanto weed killer means bad outcomes for babies », *Huffington Post*, 4 avril 2017.

19 Anthony Samsel et Stephanie Seneff, « Glyphosate's suppression of cytochrome P450 enzymes and amino acid biosynthesis by the Gut microbiome : pathways to modern diseases », *Entropy*, vol. 15, n° 4, 2013, p. 1416-1463. Pour les références des autres études, consulter le site de Stéphanie Seneff : <https://people.csail.mit.edu/seneff/>.

20 Nancy Swanson, André Leu, Jon Abrahamson, « Genetically engineered crops, glyphosate and the dete-

rioration of health in the United States of America », *Journal of Organic Systems*, vol. 9, n° 2, 2014.

21 Judy Hoy, Nancy Swanson, Stephanie Seneff, « The high cost of pesticides : human and animal diseases », *Poultry, Fisheries & Wildlife Sciences*, vol. 3, n° 1, 2015.

22 Pour un compte rendu très détaillé de la saga, j'invite le lecteur à lire l'excellent article de Stéphane Foucart, « Roundup : le pesticide divise l'Union européenne et l'OMS », *Le Monde*, 28 mars 2016.

23 « Conclusion on the peer review of the pesticide risk assessment of the active substance glyphosate », *EFSA Journal*, 12 novembre 2015.

24 Peter Clausing, « Glyphosate and cancer. Authorities systematically breach regulations », Global 2000, juillet 2017, <frama.link/_F9eGTN4>.

25 « Glyphosate unlikely to pose risk to humans, UN/WHO study says », *The Guardian*, 16 mai 2016.

26 AVAAZ, « Protect our health, Stop Monsanto », 8 juin 2016, <frama.link/7p6xVQm5>.

27 Arthur Neslen, « UN/WHO panel in conflict of interest row over glyphosate cancer risk », *The Guardian*, 17 mai 2016.

28 Voir Marie-Monique Robin, *Notre poison quotidien, op. cit.*, chapitre 12.

29 Tobacco Free Initiative, « The tobacco industry and scientific groups. ILSI : a case study », février 2001.

30 Derek Yach et Stella Bialous, « Junking science to promote tobacco », *American Journal of Public Health*, vol. 91, 2001, p. 1745-1748.

31 La liste des donateurs de l'ILSI en 2012 est accessible sur le site de US Right to Know, à l'adresse suivante : <frama.link/LprD56Xd>.

32 Corporate Europe Observatory, « The International Life Sciences Institute (ILSI), a corporate lobby group. European Parliament Report on EFSA budget rightfully judges links to ILSI as conflict of interest », mai 2012.

33 « Glyphosate not classified as a carcinogen by ECHA », ECHA/PR/17/06, 15 mars 2017.

34 « EU to propose 10-year license renewal for weed killer glyphosate », Reuters, 17 mai 2017.

35 Voir la presentation de son livre sur le glyphosate (*Whitewash. The Story of a Weed Killer, Cancer and the Corruption of Science*, Island Press), à paraître en octobre 2017 : <http://usrtk.org/author/carey/>.

36 Le témoignage de Claire Robinson s'inspirait d'une enquête très fouillée publiée par Jonathan Matthews, le fondateur de GMWatch : « Smelling a corporate rat », *Spinnwatch*, 11 décembre 2012. J'avais rencontré Jonathan Matthews en novembre 2006, où il m'avait raconté les dessous d'une incroyable campagne de dénigrement conduite par Monsanto contre Ignacio Chapela, un scientifique de l'université de Berkeley (Californie) qui avait révélé la contamination du maïs traditionnel mexicain par le maïs transgénique (voir Marie-Monique Robin, *Le Monde selon Monsanto*, *op. cit.*, p. 292-295).

37 Échange de courriels entre Bruce Chassy et Wallace Hayes, 26 septembre 2012 (disponible sur le site de US Right to Know, <frama.link/wCjP6tNY>).

38 Voir ici la « notice de rétractation » : <frama.link/4mUXGnqu>.

39 Gilles-Éric Séralini, Émilie Clair, Robin Mesnage, Steeve Gress, Nicolas Defarge, Manuela Malatesta,

Didier Hennequin, Joël Spiroux de Vendômois, « Republished study : long-term toxicity of a Roundup herbicide and a Roundup-tolerant genetically modified maize », *Environmental Sciences Europe*, vol. 26, n° 1, 2014, p. 1-14.

40 *Plaintiffs' Case Management Statement. Pursuant to the Court's February 1, 2017 order, Plaintiffs submit this joint case management statement* (disponible sur le site de US Right to Know, <frama.link/MV4t_Qhc>).

41 Cité par Stéphane Foucart, « Ce que les *Monsanto papers* révèlent du Roundup », *Le Monde*, 18 mars 2017.

42 Cité par Carey Gillam, « Internal EPA documents show scramble for data on Monsanto's Roundup herbicide », *Huffington Post*, 7 août 2017.

43 Cité par Danny Hakim, « Monsanto Emails raise issue of influencing research on Roundup weed killer », *New York Times*, 1er août 2017.

44 Cité par Carey Gillam, « Questions about EPA-Monsanto collusion raised in cancer lawsuits », *Huffington Post*, 13 février 2017.

45 Carey Gillam, « Collusion or coincidence ? Records show EPA efforts to slow herbicide review came in coordination with Monsanto », *Huffington Post*, 17 août 2017.

46 Cité par Stéphane Foucart et Stéphane Horel, « *Monsanto papers* : la bataille de l'information », *Le Monde*, 19 juin 2017.

47 Carrey Gillam, « Monsanto spin doctors target cancer scientist in flawed Reuters story », *Huffington Post*, 16 juin 2017.

48 Michael Alavanja, Aaron Blair *et al.*, « Cancer incidence in the agricultural health study », *Scandinavian Journal of Work and Environmental Health*, vol. 31, suppl. 1, 2005, p. 39-45.

49 *Videotaped Deposition of Aaron Earl Blair*, Washington, 20 mars 2017 (transcription disponible sur le site de US Right to Know, <frama.link/R8m8ERdG>).

50 Cité par Stéphane Foucart et Stéphane Horel, « *Monsanto papers* : la guerre du géant des pesticides contre la science », *Le Monde*, 1er juin 2017.

51 « *Monsanto papers* : quand le CIRC contribue à la mascarade du "Tribunal Monsanto" cher à Mme Marie-Monique Robin, *Blog de Seppi*, 30 juin 2017.

52 Benjamin Sourice, « Lobby OGM et stratégie de diffamation des lanceurs d'alerte », *Combat Monsanto*, 6 juillet 2015.

53 Cité par Stéphane Foucart et Stéphane Horel, « *Monsanto papers* : la guerre du géant des pesticides contre la science », *loc. cit.*

Notes de la conclusion
(pages 247 à 257)

1 Coralie Schaub, « Bayer-Monsanto, alchimie monstrueuse », *Libération*, 23 mai 2016, <Frama.link/L-TEVCXP>.

2 *Ibid.*

3 Cécile Boutelet, « Pourquoi Bayer rachète Monsanto », *Le Monde de l'économie*, 15 septembre 2009.

4 « L'Union européenne va enquêter sur le rachat de Monsanto par Bayer », *Le Monde.fr* (avec AFP), 22 août 2017.

5 Dont le texte complet est accessible sur le site du TIM : <frama.link/8sWy_C9g>.

Table

CPI
FIRMIN-DIDOT

Composition Facompo, Lisieux.
Achevé d'imprimer par CPI Firmin Didot
à Mesnil-sur-l'Estrée en octobre 2017.
Dépôt légal : octobre 2017
Numéro d'imprimeur : 143618
Imprimé en France